泡の中の感動

NON STOP DRY

瀬戸雄三

聞き手

あん・まくどなるど

G.PAM COMMUNICATIONS

ANNE'S TOP GUN SERIES I

清 水 弘 文 堂 書 房

泡のなかの感動　NON STOP DRY　目次

S　T　A　F　F

PRODUCER , DIRECTOR, ART DIRECTOR & EDITOR 磯貝 浩
ASSISTANT PRODUCER あん・まくどなるど
ASSISTANT EDITOR 磯貝白日
COVER DESIGNERS 森本恵理子 *(erin)* 二葉幾久
DTP OPERATOR 石原 実
PROOF READERS 池田浩栄 *(*創作集団 ぐるーぷ・ぱあめ *'60)*
ASSISTANT 福島大輔
COMPUTER'S OPERATORS
細川理加
高橋 薫
鈴木玉美
川本めぐみ
牧野朱里
二宮玲奈
関端裕理子
福島大輔
制作協力 / ドリーム・チェイサーズ・サルーン *2000*
*(*旧創作集団ぐるーぷ・ぱあめ *'90)*

写真撮影■磯貝 浩
写真提供■瀬戸雄三 アサヒビール株式会社 富夢想野舎
資料提供■瀬戸 雄三 アサヒビール株式会社

※この本は、オンライン・システム編集と *DTP(*コンピューター編集*)* でつくりました。

「起」の章

瀬戸雄三（せと・ゆうぞう）

アサヒビール株式会社代表取締役会長

昭和5（1930）年2月25日生まれ／昭和28（1953）年3月　慶應義塾大学法学部法律学科卒業／昭和28（1953）年4月　アサヒビール株式会社入社／昭和51（1976）年10月　神戸支店長／昭和52（1977）年3月　理事　神戸支店長／昭和54（1979）年10月　理事　営業第一部長／昭和56（1981）年3月　取締役　営業第一部長／昭和57（1982）年9月　取締役　大阪支店長／昭和61（1986）年8月　常務取締役　大阪支店長／昭和61（1986）年8月　常務取締役　営業本部長／昭和63（1988）年2月　代表取締役専務取締役　営業本部長／平成2（1990）年6月　代表取締役副社長　営業本部長／平成2（1990）年9月　代表取締役副社長／平成4（1992）年9月　代表取締役社長／平成11（1999）年1月　代表取締役会長

あん・まくどなるど

カナダ初のAFS交換留学生として清教学園（大阪府在）に留学（1年間）／日本の文部省の奨学生として熊本大学へ留学（1年間）／ブリティッシュ・コロンビア大学東洋学部日本語科を主席で卒業／アメリカ・カナダ大学連合日本研究センター（旧スタンフォード・東京大学日本研究所）研究課程終了／富夢想野塾卒塾／創作集団ぐるーぷ・ぱあめ'90代表／上智大学コミュニティ・カレッジ講師／全国環境保全型農業推進会議委員（農林水産省関連）／元カナダ・マニトバ州駐日代表／株式会社清水弘文堂書房社外重役／県立宮城大学専任講師／財団法人　全国漁港協会理事／財団法人　地球・人間環境フォーラム客員研究員（環境庁・IPCC第三次評価報告書作成の支援および解析業務）［年代順］

まずは、スーパードライで乾杯！

アン　瀬戸さんがお生まれになられてから今日にいたるまでの人生の「起承転結」のすべてを、じっくりと時間をかけてお聞かせ願いたいと思っているんです。

瀬戸　Once upon a time.（笑い）。

アン　Oh Yeah, once upon a time, where we should start！　あの古き良き時代の一九三〇年代からってことになりますか？（笑い）……冗談はさておき、わたしの周辺に瀬戸さんのことを尊敬している人がいまして、ずっと昔からいろいろとお噂を聞いていまして……ちょっと緊張しています。瀬戸さんって、ヒーローのイメージがあるんですね、わたしの中には。

瀬戸　そんなこと。思いこみが大きすぎますよ。

アン　ビジネスマンとして、頂点からどん底、そしてまた頂点――天国と地獄で、いろんなご経験を味わってこられた方。フィロソフィー、信念がおありになって、何事にもめげない。わたしが瀬戸さんに対して持っているイメージは、ものすごく信頼できる人……良いときだけじゃなくて、悪いときにでも人とつきあうタイプで、人との関係を大切にする人。信念とフィロソフィーが、しっかりしている非常に良心的な実業家……アサヒビール**（以下、本文では、原則としてアサヒと省略＝編集部注）**のヒット商品であり、二〇世紀末の

福地茂雄現社長　樋口廣太郎元社長　村井勉元社長

SETO'S KEY WORD 1
感動の共有を大切に。

アサヒの繁栄を招いた主力商品であるスーパードライの誕生から、その今日のありようまで深く関わっていらっしゃることを実績として第一にあげるべきでしょうが、あの商品に関しては、瀬戸さんのほかに、現社長の福地茂雄さんも含めた歴代社長の村井勉さん、樋口廣太郎さんなどの方々が、共同ビジョン・リーダーだと、わたしは解釈しています。瀬戸さん流に言えば、スーパードライは、OBも含めたアサヒの全社員の「感動の共有」が生んだ「スーパー商品」。生意気な言い方になりますが、瀬戸さんを「スーパードライ神話」の主役の一人として評価するのは当然のこととして、「環境問題に本気で取り組む企業」としてのアサヒの土台を社長時代に、ビジョン・リーダーとして推進なさった実業家としても大きく評価したいのです。この実績で瀬戸さんは日本の実業界の歴史に残る人だと思っています。

瀬戸　あまり褒めすぎないように。

アン　いえいえ（笑い）、本当にそう思っているんです。そんな人に実際に会ってしまうと、舌がまわらなくなって……（笑い）。三十分前は大人だったのに、だんだんと三歳の子供のようになっちゃう（笑い）。

瀬戸　だんだん話をしているうちに、このヒーローも、たいしたことがないなと思うから。まあ、それはさておいて、まず乾杯！

アン　ああ、おいしい。

瀬戸　いいでしょ、スーパードライの生。泡がいいでしょ。

苦労人は多くを語らない。

瀬戸　アンさんの本、『原日本人挽歌』（清水弘文堂書房刊）、読みましたよ。

アン　ありがとうございます。

瀬戸　熊本でおばあちゃんたちと苦労してイグサ植えをする話から信州の田舎でおじいちゃんと田植えをしたり稲刈りをしたりする話。いい話がたくさんありましたねえ。なによりも、日本の農家のおばあちゃんたちとのつきあい方がいいねえ。

アン　これまでの日本の生活で人との出会いには恵まれました。本当に恵まれました。誤解されやすい言い方になるんですけれども、あまり高学歴でない、手や足で考える方たちのほうが、物事があんま

信州・信濃町のおばあちゃんと……（『原日本人挽歌』より）

りうまくいっていないときの気持ちをよく理解してくださる。

瀬戸　そうなんですね。

アン　だから、ああいった労働現場で、ある種の不思議な友人関係というよりも人間同士としての絆ができたんですね。

瀬戸　どういうふうに言えばいいのかな……大地にしっかり足をつけた関係だからね。だから、おたがいの心の琴線に触れあうことが、できたということなんでしょうね。良かったですね。いい経験でしたね。まわりの人との息の長いつきあいは大切です。田舎の人とのつきあいは、心が洗われる。

アン　とくに戦前に生まれ戦中を過ごし、そのあと戦争直後の混乱期をいろいろ体験した女性たちとの出会いは、本当に良かったです。

瀬戸　女性、とくに日本のおばあちゃんは強いですよね（笑い）。

アン　そうなんです。西洋人は日本の女性について誤解しているところがある。日本の女性は、物静かでいつも頭をさげてアイデンティティーを持っていない、と思っている西洋人が多いんですが、それは全然……

瀬戸　……違う、違う。

アン　すごく強い……鉄の強さを持っているんです。

瀬戸　今の日本の若い女性は、結構、いろんなところで発言をするけれども、アイデンティティーは昔の女性より少ないかもしれない。昔の女性は発言はしないけれども、きちっとした自分の信念を持って動いていた、ということじゃないでしょうか。

アン　だから、発言するから強い女、アイデンティティーを持っている女ということじゃないと思うんですね。一言も発言しなくても、すごいアイデンティティー

SETO'S KEY WORD 2

まわりの人との息の長いつきあいは大切。

苦労人は多くを語らない。

農村の苦労したおばあちゃん
（『原日本人挽歌』より）

を持っている女性がいっぱいいるということに、日本の農村に入ってからはじめて気がつきました。

瀬戸　それは、やはりあなたがその中で苦労したからじゃないでしょうか。農村や漁村のおばあちゃんたちは、子供のときから苦労した。家庭に入ってからも苦労した。しかし、そうした苦労に耐えたわけね。苦労にめげなかった。だから強い女性になった。しかし、強い女性になったからといって発言する機会は、なかった。だから、外国の人から見ると日本の女性は、なにかアイデンティティーがないということになる。しかし、言葉じゃなくって行動で彼女たちの強い部分を示してきた感じがする。あなたが本に書いていたとおりだね。

アン　本当の苦労人は多くを語らないと思う。

瀬戸　そう、そう。そうなの。

アン　瀬戸さんも同じですね。

瀬戸　いやあ、どうかな（笑い）。

アン　なんて言うかな、笑いながら自分を貫くことができる人たちは、やっぱり本当に苦労した人だと思うんですね。

瀬戸　日本の女性は強いけど男はダメだから（笑い）。

アン　いえ、いえ、とんでもない。苦労人の瀬戸さんに重い口を開いていただいて、根ほり葉ほりと、いろんなことをお聞きしたいと思っているんです。民俗学用語で言えば、「瀬戸語録《セトズ・キー・ワード》の採集」をやらせていただきたいんです（笑い）。

瀬戸　その前に、もう一度、乾杯！

アン　乾杯！

母の若いころ

■小学校時代に電車通学だったんですが、最後部にいくと車掌さんが宿題を見てくれたりしました。子供の時代から他人と接していることが、性格形成に役立ったのではないでしょうか。（平成十一［一九九九］年七月五日『産経新聞』インタビュー『お尋ねします』より）■

阪神大水害で死にかかったぼく——即断即決・現場主義の原点。

アン　瀬戸さんは神戸のお生まれですね。

瀬戸　ぼくが生まれたのは神戸市の真ん中です。四、五歳のころ芦屋へ移りましてね。あれはたしか、昭和十三（一九三八）年、八歳のときに、阪神大水害というのがありました。

アン　水害ですか。それは知りませんでした。最近の淡路・阪神大震災には、心を痛めましたが。

瀬戸　あのへんの川が決壊したんです。芦屋には芦屋川っていうのがあるんですが、それが大雨で決壊しましてね。そのときに、本当は死にかかったの。七月の何日かだった。正確な日にちは忘れましたけども。とにかく、すごい大雨だった。ぼくは芦屋から神戸市の小学校に通っていました。なぜ、神戸に通っていたかというと、兄も姉も通っていたから、ぼくも芦屋に移ってからもそうしていた。越境通学ってやつですね。ちょうどその日はすごい雨で母親が、「わたしも、ついて行ってあげる」と言って、ついて来てくれたんですよ。芦屋から省線——今のＪＲ——に乗った。芦屋駅、摂津本山駅、住吉駅……そこで大雨のため電車が止まった。あんまり雨が激しいので、母親が一瞬の判断で、「危ないから帰ろう」って言って、即、行動を起こした。すぐに、まだ動いていた反対側の電車に乗って、また住吉駅から芦屋に戻ったの。そして家に帰って五分たったら芦屋川が決壊した。ゴーというすごい音がして、家の前は濁流。摂津本山、住吉は、濁流の下。いろんなものが流されていく。人間も動物も、いろんなものが流されて。そんなわけで、ぼくが命拾いをしたのは、母のおかげなんだ。あそこでもし母親の決断が遅ければ、ぼくは今、この世にいないわけ。

アン　一瞬の決断……

瀬戸　……というのは大切。ぼくもよくアサヒの社員に言うんですけどね。「きみたち、遅い」ってね。

アン　瀬戸さんは、即断即決の人（笑い）。それにしても、お母様がもし一瞬ためらわれていたら……。

瀬戸　これがもし一台電車に乗り遅れていてもダメなのね。だから、人生ってすごく不思議ね。すごく不思議。

アン　あそこはすごく短い川だから、鉄砲水みたいだったんでしょうね。

瀬戸　そうなの。鉄砲水ですよ。芦屋川と住吉川というのが、あそこに流れていましてね。電車の上を川が走っているの。考えられないでしょう。天井川って言ってね。こんなこと、自然の摂理では考えられない。だから、洪水になるのは、当たり前なんだよね。

SETO'S KEY WORD 3
一瞬の決断は大切である。

芦屋の自宅前で

神戸市山手國民學校卒業記念アルバムから　下がぼく

SETO'S KEY WORD 4
現場主義を大切に。まず体で感じて、それから頭で判断する。

アン　ふだんは子供がパチャパチャと水に入って行っても平気な川なんですよね。

瀬戸　そう、そう。でも、いったん雨が降ると、山から海までの距離が短いから鉄砲水になるわけですよ、ドーンって……ドーンでストレートなんですよ。急勾配で一本筋。

アン　最近は、とくにひどいんでしょう。コンクリートで固めていますからね。

瀬戸　あのころの摂津本山なんて、もう一面川原になっちゃったんですよ、山の砂が流れてきて。

アン　こうやって瀬戸さんの幼児期のお話を聞いていると、やっぱり体験ってすごいなって、あらためて感じますね。机のうえの勉強よりも体験。

瀬戸　そうなの。これから、とつおいつ話が出てくるでしょうけども、現場主義は、大切です。頭で考えることも大事だけども、まず体で感じて頭で判断する。

アン　賛成です。わたしは、学際的なところから日本学を攻めています。この方法論だと国立民族学博物館名誉館長の梅棹忠夫先生――お目にかかったことは一度しかないんですが――がお書きになった本から受ける影響が強いんです。その梅棹先生も瀬戸さんと同じように現場主義をさかんに説いていらっしゃる。お二人の巨人、さすがだと思います。

瀬戸　ぼくをおだてちゃあいけない。ぼくはあの先生ほど偉くない（笑い）……そう、そう、ちょっとつけ加えておけば小学校を出たのは昭和十七（一九四二）年三月。國民學校第一回卒業だった。名前が変わったの。アメリカとの戦争が始まって、いちだんと激しくなってこようかというときに小学校の名前が尋常小學校から、國民學校という名前に変わって、その第一回卒業生。

山手國民學校の校舎と校長先生（神戸市山手國民學校卒業記念アルバムから）

皇紀二千六百年記念の記念撮影　二列右から四番目が小学校五年生当時のぼく

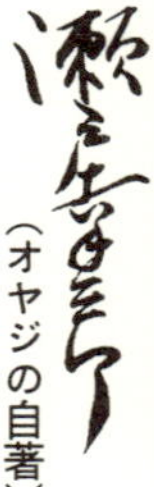

（オヤジの自著）

オシャレだった貿易商のオヤジ。

瀬戸　阪神大水害のとき、幸いなことに、ぼくの芦屋の家はたいした被害は被らなかったんですが、その水害を契機に神戸市の西にある舞子に移ったんです。今、明石大橋がかかっているところです。それからずっと舞子住まい。緑に囲まれたすばらしい自然の中で山野を駆けめぐって、少年時代を自由気ままに過ごしたことが、ぼくがのちに社長になってから、アサヒを「環境問題に本気で取り組む企業」に変身させる「原・原点」になっていると思います。オヤジも、「勉強しろ！」なんてうるさいことを言う人じゃなかったし……ぼくのオヤジは貿易商でした。貿易商といっても、一人でやっている貿易商ですから……当時は気楽にビジネスができたんでしょうね……ところで、アンさん、ハイカラってわかります？

アン　オシャレ？

瀬戸　非常に先進的というか。そう、神戸の人というのは、オシャレなところがある。横浜もそうですが、神戸は港町だから外国の船がたくさん入ってくる。外国人の方々が多く住んでいて、その人たちと同化しやすい環境にある。ですから、ファッションも非常に先進的なところがあって、ものの考え方も非常に新しい。オヤジは、そんな神戸に住んでいて貿易をやっていましたから……ハイカラなところがあった。瀬戸商会というのがオヤ

SETO'S KEY WORD 5
神戸の人はオシャレで先進的。

■　父の母は和歌山の松下嘉平の末裔であるらしい。神戸には母方の同族会社があって、麦捍《はっかん》真田の輸出をする信久組《しんきゅうぐみ》という商社があって、父幸三郎は東京高商（現一橋大学）を卒業後、そこでしばらく働き、独立して神戸の栄町に貿易会社、瀬戸商会を始

オシャレだった貿易商のオヤジ。

めた。（中略）父の創業は昭和十年頃だった。小さいころ父に連れられて父の会社に行った記憶が朧げに残っている。（平成十一［一九九九］年一月一日発行　加藤勝美著『親父のうしろ姿』［紫翠会出版刊］より）■

右から、母芳江、次兄慎二（22歳当時慶應義塾大學経済学部1学年）ぼく（12歳当時神戸市山手國民學校6年生）父幸三郎、悦子（17歳当時神戸女學院5年生）長兄幸一は不在

鳴尾ゴルフ倶楽部の猪名川コースでゴルフをするオヤジ　左は優勝カップ

■「親父は神戸育ちで、いつも時代の先取りをした人。そして自分のペースをきちっと踏まえて生きた人じゃないかと思っています」

関西の名門ゴルフ場の一つ、鳴尾ゴルフ倶楽部のメンバーで、優勝カップも残っているシングルプレーヤーであり、（中略）キャビン付きのヨットもあった。（中略）当時にあって、大変ハイカラで一流好みの人だった。（平成十一［一九九九］年一

ジの会社だったんですが、商売は、うまくいっていたようです。

アン　お父さんのお仕事の具体的な内容について、お父さんと、あまりお話をなさらなかったんですか？

瀬戸　ぼくは昭和五（一九三〇）年生まれの末っ子で、明治二十一（一八八八）年三月生まれのオヤジとはずいぶんと歳が離れていましたから、オヤジには可愛がられましたけども、そういう商売の話、ビジネスの話は、ほとんどしなかったですね。

アン　歳が離れていなくても、親子って案外と細かい話は、しませんもの。いつも一緒にいるから、一緒に暮らしているからでしょうか……わたし自身も父親のことを根ほり葉ほりと聞いたことがない。

瀬戸　とくに息子と父親っていうのは、なんか照れちゃうのね。だからあんまり話さない。オヤジは神戸在住の非常にハイカラな貿易商だったというアウトラインしか語れない……そう、そう、ぼくが六、七歳のころには、車を持っていましたよ。今から六十年以上前にね。ぼくの姉に聞けば車種その他、細かいことがわかるんだけど、二人乗りの外車だったという記憶しか、ぼくにはない。そう、そう、オヤジ、ゴルフはシングルだったんだ。

アン　英語はペラペラだったんでしょ？　息子はたいしたことないんだけど（笑い）。

瀬戸　英語は、ペラペラ。ぼくが慶應大学時代に下宿生活をしていたら、オヤジから手紙が来るんだけど、それが英語で来るんですよ。

アン　それって幸せなことなのか、プレッシャーなのか、どちらなんでしょうかねえ（笑い）。

瀬戸　もちろん、プレッシャー（笑い）。ぼくのオヤジは東京高商、

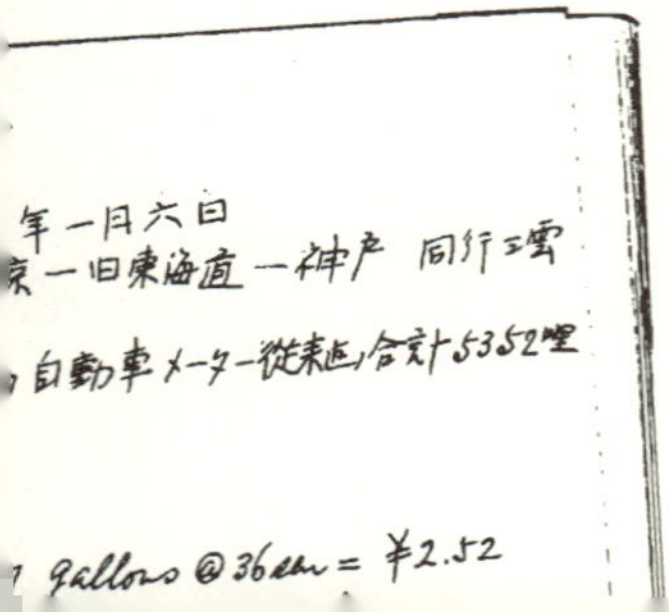

オヤジは、昭和八（一九三三）年十二月三十一日から翌年の一月六日にかけて　自分の車で東京―神戸間を往復した　その旅の克明なデータを黒塗りの上製ノート一冊に残した　そのノートをぼくは大切にしている

オシャレだった貿易商のオヤジ。

月一日発行　加藤勝美著『親父のうしろ姿』［紫翠会出版刊］より）■

SETO'S KEY WORD 6
ぼくの性格の中には、オヤジの性格がずいぶん入っている。

SETO'S KEY WORD 7
いろんなことに挑む。なんでもやってみる。

SETO'S KEY WORD 8
筋を通してやる。

SETO'S KEY WORD 9
父親をカッコいいと思っていた。尊敬していた。今も尊敬している。

今の一橋大学出身でね。明治四十四（一九一一）年の卒業です。「四四会」っていう会があって、わりあいと結束の固い同窓会を結成していた……とにかく、オヤジは英語もしゃべる。商売の貿易も当たった。車も持っている。ゴルフもやっている……。

アン　戦前でしょ。すごい！　当時のお父さんに対するイメージというか、気持ちはどうでしたか。カッコいいなと思っていらっしゃった？

瀬戸　うん、カッコいい、それはそう思っていた。尊敬もしていましたよ。今でも尊敬していますけどね。オヤジっていうのは、とても頼りになる存在だった。

アン　精神的に？　それとも……。

瀬戸　うん、経済的にも、生きているあいだは、ぼくたち家族に、なんの不自由もさせなかったけど、そのことよりも精神的に頼りになった。オヤジというのは、すごいなって気持ちはいまだに持っています。それほど強い影響を受けたから、ぼくの性格の中には、オヤジの性格が、ずいぶん入っていると思います。いろんなことを、やりたがる。新しいことでもなんでもやっていこうという気持ちが強い。筋を通してやっていくことかね……これはカッコよすぎる？（笑い）。

アン　でも、お話をうかがっていると、すごすぎるくらいのお父さんですよね。海外も行ったり来たりだったんでしょう。

瀬戸　それは、あんまり聞いたことがない。中国へ行ったりしていたことは、ぼくも見て知っていますが。アメリカへ行ったとかいうのは、聞きませんでしたね。

オヤジが最初に持った英国製ヨット　ネリュース号

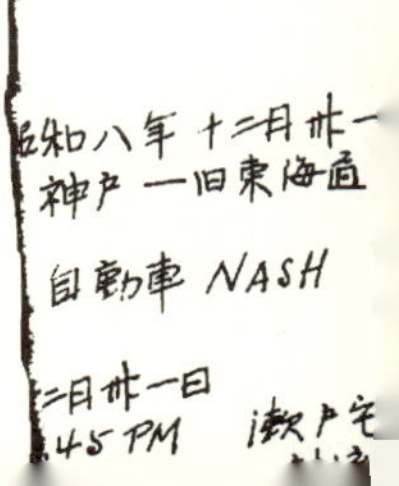

(加賀さんご本人の自著)

ぼくの「環境問題理解」の原点。気骨があって国際的な明治人との出会い。加賀さんと加賀山荘のことなど。

アン　しかし、それにしてもすばらしいエピソードですね。お父さんがそういうふうな人だった背景というのは、なんなんですかね。ルーツ探りになってしまいますけど。明治の人が、突然、そういうふうには、ならないんじゃないですか？

瀬戸　そのころの東京高商の人っていうのは、そういう気風があったんじゃないでしょうかね。

アン　おじいさんの代から瀬戸家は、そういう雰囲気だったってことは？　突然変異なんでしょうか？

瀬戸　突然変異なんじゃないでしょうか。オヤジの友人に加賀証券の加賀正太郎さんがいる。彼は東京高商のクラスメートなんですよ。話がちょっとずれるんだけど、ぼくのオヤジは、ぼくが大学一年生のときに亡くなったんですが、その翌年、月見の会をかねてオヤジの一周忌を大山崎——京都と大阪の境にあって、天下分け目の大山崎の合戦で有名なところです——の加賀山荘でやっていただきまし

加賀山荘

SETO'S KEY WORD 10
明治人のスケールの大きさから学ぶ。

加賀山荘内部

た。加賀さんが同窓生を集めて、そしてぼくもそこに呼ばれたんです。ここでちょっと加賀さんと加賀山荘のことを説明すると、加賀さんという人は大阪の大財閥で加賀證券をつくって、巨万の富を手にする。イギリスに長いこと住んでいたんです。まあ、留学でしょうかね。留学していたときにイギリスの山荘に心惹《ひ》かれた。日本に帰ってきたときに、どこかでイギリスふうの山荘を再現したいと思った。大山崎の山の中腹に格好の場所を見つけて、まさに彼が夢に描いた環境調和型の「夢の山荘」をそこに建てたわけです。その山荘のバルコニーにあがると、桂川、宇治川、木津川の三つの川が眼下に流れているのが、見えるわけですよ。ぼくのオヤジの一周忌をやっていただいたときに、「瀬戸さん、ちょっとバルコニーにおいで」って加賀さんに言われた。「ここから川が見えるだろう。あそこの土手にずっと木が植わってるのが見えるか？」って言われたから、「見えます」って答えた。「なんのために木が植わってるか、わかるか？」って聞かれたから、「いや、わかりません」……そしたら、「あれはわたしが植えたんだ」って。「おそらく十年か二十年たったときに、あの木は大きくなる。そうすると、ここから眺めたときの景色が最高に良くなる。そのために植えたんだ。もちろん、まわりの人もその風景を楽しめる。川にとっても、良いことなんだ」……そのことをぼくは忘れられない。そのスケールの大きさがね。それで、ぼくは、「はあ」と言って絶句した。大学二年生だから二十一、二歳のころの話。とにかく、ぼくは、すごいなと思った。金持ちのやることは、すごいなって。本物の金持ちはこれだなと。これが、ぼくが後年、環境問題に深い関心を抱くようになった「原点」のできごとと言えるかもしれない。この話には後日談がある。そのあと、しばらくそんなことは忘れていました。その加賀さんが亡くなったときに、ぼくはアサヒの大阪支店にいまして、お葬式に行きました、個人としてね。それからずいぶんたってから、アサヒが大山崎の加賀山荘を買い取る話が持ちあがって、はっと思ったわけ。

アン 偶然、そういうことになったわけですか？

瀬戸 当時社長だった樋口さんが買った。その山荘が荒れ果てていて、それをぶっ壊してマンションを建てるという計画があったんで、せっかくの文化遺産をなんとか京都府が守りたい。「樋口さん、買ってくれ」ってことになった。樋口さんは京都の出身ということもあって、この話に乗った。ぼくは加賀さんとの因縁話を、プライベートなことだからしなかった。黙っていたわけ。

樋口廣太郎（ひぐち・ひろたろう） 昭和元（一九二六）年、京都市生まれ。昭和二十（一九四五）年彦根高商（現・滋賀大経済学部）卒。野村銀行（現・大和銀行）に就職。半年でやめて、再入学した京大経済学部を昭和二十四（一九四九）年に卒業して住友銀行入行。昭和五十七（一九八二）年副頭取。昭和六十一（一九八六）年同行の上司でアサヒビール社

アン 男の美学。カッコいい！

瀬戸 いやあ、そんなカッコいいことじゃなくて……なんて説明したらいいかねえ……加賀山荘をアサヒが買ってアサヒビール大山崎山荘美術館がオープンしたときに、バルコニーに、もう一度立ってみた。並木が実に立派になっている。いいなあと思ってね……昔の加賀さんの山荘を改修すると同時に、その隣に環境を壊さないようにしながら新しい美術館をくっつけたんだけども……その設計者の安藤さんにこの話をした。実は赫赫然々《かくかくしかじか》だって。こんな因縁があるんだ、なんて。安藤さん、「ええっ！」って驚いてね。アンさん、安藤忠雄さんって知ってる？

アン あのう、建築家の。今、東大で教えていらっしゃるのかな？ 東大教授としては、唯一高校出の方。建築家が、どこどこの大学を出ましたって威張っている中で独学で勉強した方。高校二年生のとき

長に就任した村井勉に呼ばれてアサヒビールに移り社長に就任。同社会長を経て、現在、名誉会長。

SETO'S KEY WORD 11
公私混同をしない。

左手のコンクリートの建物が安藤忠雄氏設計の美術館

にプロボクサーとしてタイのバンコクへ試合に行ったのがはじめての海外旅行という方。「住吉の長屋」や六甲にユニークな集合住宅をつくったり。とにかくすごい人ですね。

瀬戸　そう、そう。彼も、加賀さんのスケールに感心していた……こういう人生の因縁というかご縁って、ありがたいもんだと思っています。学生のときに、このバルコニーに立ったのが、まあ、今、この年になって、四十年くらいたってからそれを買い取る企業の一員として、また立っているというのは感慨無量だった。それで、樋口さんが、「おまえ、なんで黙っていたんだ？」。そりゃ言いませんよ。だって会社が、ぼくに因縁のある建物を買うことと、オヤジとその友人のことは関係ありません。「おまえ、口が、固いな」とも樋口さんは、言っていましたが……固いもくそもありませんよ。うれしそうに言うべきことじゃないじゃないですか……とにかく、あそこはすばらしい。一度、行ってみてください、ぜひね。ご案内しますから。

アン　それはぜひとも。わたしが今のお話で、一つ痛切に感じたのは、リーダーになる人は、若くて感性の鋭いころに、いい人との出会いに恵まれて、知らず知らずのうちに帝王学を身につけているということ。わたしがいい人というのは、社会的に偉いということではなくて、とにかく、職人さんでもなんでもいいわけです。いい人間と若いころ出会った感性の鋭い若者が、いいリーダーになって、次の時代に文化を伝承していくんだということを今感じたんですけどね。アサヒが「環境問題に本気で取り組む企業」になるためのビジョン・リーダーだった瀬戸さんの片鱗を見た思いが、今しました。瀬戸さんのお話を聞いていると、もちろんお父さんも偉い人だったけども、その周辺にいた「知的に偉い人」との出会いに恵まれた方だと思いました。生意気なことを言うようですが、ご本人にもその感性があったことがポイント……。

瀬戸　ぼくに感性はないけれども、オヤジのおかげで、加賀さんだけでなく明治生まれのすごい人たちと少年期から青年期にかけて会えたってことは、たしか。知名度が高い人とか、そんなことは関係なくてね。懐深い人たちとね。

アン　わたしは、明治生まれの農村の職人さんしか知りませんけど、つねづね明治の日本人というのは、すごいと思っているんです。これは誤解されやすい言い方かもしれませんが、昭和生まれの日本人よりも、ある意味で国際的だと思うんですよね。インターナショナルでコスモポリタンの雰囲気を持っていたと思うんですよね。

瀬戸　うん、持っていたね。全部の人がそうだったわけではないが、一部の人はそうだった。そういう人は、とにかく目立つから。アンさんから見れば、昭和ヒトケタの人より国際的に見えるのかもしれません。

SETO'S KEY WORD 12
人生の因縁——人とのご縁は、ありがたい。明治生まれの懐の深いすごい人たちと少年期から青年期にかけて会えたことは幸せ。

アサヒビール大山崎山荘美術館に展示してあるバーナード・リーチの作品

船オタクだった少年時代。

瀬戸　オヤジは小学生だったぼくを、よく船に乗っけてくれたんですよ。

アン　どんな船ですか？

瀬戸　外国航路の船。シアトル航路っていうのは、神戸から横浜へ向かう。神戸からその船に乗るわけ。たとえば、今、横浜港にある氷川丸っていうのに、オヤジと一緒に乗ったことがある。あの船の場合は神戸から出港して、名古屋に泊まって清水港で泊まって……なんで清水港に立ち寄るかというと、そこでアメリカ向けのお茶の葉を積むわけね。それから横浜に向かう。神戸から横浜まで二泊三日の船旅。オヤジは、ぼくを一等に乗せてくれた。当時、船というのは階級意識が非常に強くって……今は、飛鳥に乗ってもふじ丸に乗っても船の階級意識というのは、全然、ありませんよね。部屋はもちろん違うけども、食堂はみんな一緒……でも、当時、一等船客というのはすごくカッコいいわけ。そういうのに乗せてもらったり。それから、日本郵船の諏訪丸って、欧州航路の船にも乗ったなあ。沈んでしまったけどもね……今も、ぼくが船がすごく好きだっていうのは、オヤジに連れられて子供のころに船によく乗っていたっていうことが強く影響しているね。

アン　神戸港に入った船の煙突を見れば、どれがどの会社の船か、少年時代に全部わかっていらっしゃったという瀬戸伝説

■――よく船で旅行をされるとか
4月はじめに東京―佐世保間を3泊4日で旅行しました。（中略）波の音を聞くと楽しいですね。（平成十一［一九九九］年七月五日『産経新聞』インタビュー『お尋ねします』より）■

は、本当ですか？

瀬戸　うん、全部わかっていた。船の煙突の格好を見れば「これは何丸、総トン数何トン、スピードは何ノット」というのが、みんなわかっていた。ぼくは、船オタク。神戸という土地柄の影響もあるし、オヤジが子供のとき船によく乗せてくれたっていうのもある。

アン　引退なさったら船旅をするというのが人生最後の夢だってお聞きしたんですが……。

瀬戸　そう、これまで苦労をかけた家内と二人で、ゆったりと豪華客船で世界一周ができればというのが夢……いつになるか、わからないが、かならず実行するつもり。

アン　いきなり、引退後のことになると話をどこに持っていけばいいのか、わからなくなってしまいますけど（笑い）。船はあくまでも憧れの世界ですか？

瀬戸　憧れの世界。船っていいなあ。

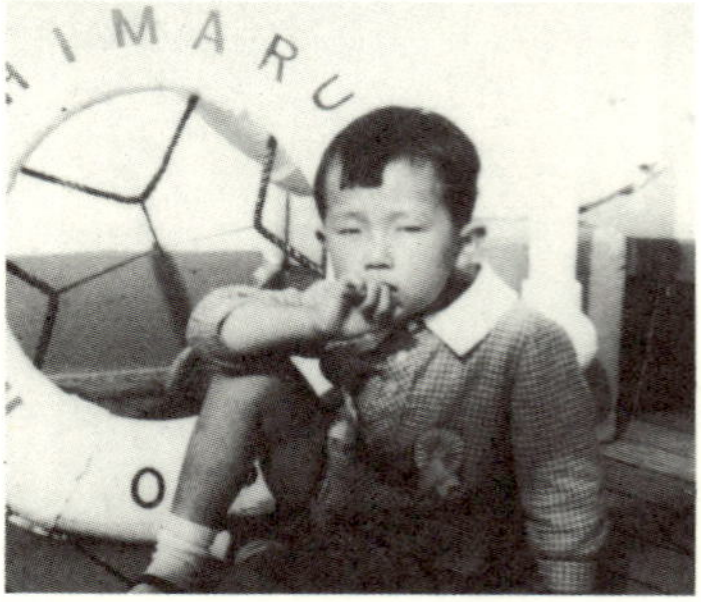

少年時代　オヤジはぼくを　よく船旅に連れていってくれた

慶應の学生だった二人の兄を戦時中に結核で亡くした。

今は亡き兄たち　右が長兄の幸一　左が次兄の慎二

アン　子供のころ、一九三〇年代に一等船客に乗って船旅をしたり、外車にも乗ったりしていた人生が、いったん全部なくなる。

瀬戸　そういう今までの世界が突然なくなるということは……

アン　……バルーンにピンを刺されたような状態？　そうやって今までの世界が急になくなったのは、いくつのときだったんですか？

瀬戸　バルーンにピンが刺さったのは、一つは戦争が始まったとき。正確に言えば、戦争が始まった翌年。ぼくの兄姉は四人なんです。兄が二人、姉が一人とぼくが末っ子なんですが、戦争が始まった翌年に兄が亡くなったんです。享年、二十四歳。結核で亡くなったんです。兄も慶應だったんですが、在学中に亡くなった。ぼくが中学一年生のときにね。それから二番目の兄も翌年亡くなった。これも結核で。これまた慶應の学生。

アン　まあ、お二人とも！

瀬戸　うん。同じ病気で、一年おきにね。戦争がどんどん激しくなって、空襲も頻繁にあって緊張感の連続の日々だったから、親もそのせいである程度耐えられた

SETO'S KEY WORD 13
自分の子供を持ったことで逆縁のつらさを理解した。

とは思います……いずれは、日本が戦争に負けたらみんな死ぬんだという気持ちがあったから。戦争で死ぬか、病気で死ぬかの違いだけだと親は自分に言い聞かせていたと思います。そうは言っても、二人の兄の死で、ぼくの家庭が、つらい思いをしたのは、事実。

アン　わたしは高校時代に、一度日本に来て、大阪の河内長野でホームステイしていたんですけど、そのときに、大学生だったそこの長女がスキーの事故で亡くなったんですね。そこのお父さんとお母さんの嘆きは、それは、もう……それが原因でお父さんは、アル中になって、娘を失ったショックから立ち直るのに十数年の歳月が必要だった……親というのは、まさか自分の子供が先に死ぬなんていう心の準備はしていないんです。だから、子供二人が一年おきに亡くなってしまうなんてことは、想像を絶する大変なことだと思います。

瀬戸　そう、大変。だからぼくは子供を持つ身になって、そんなことになったら、どうなるのかなって思うようになりましたけどもね。両親はよく耐えましたよね。そのあと戦争がすんで、ぼくが同じ慶應に行くって言ったら、親はそれを認めてくれた……「もう東京へ行くな、おまえだけは行かせないぞ！」ということになるのが普通だと思うんですけども。あらためてぼくの親は偉いと思ったね。

長兄はヨットに乗るのが好きだった……二代目ヨット「ホガラカ」(国産) でクルージングを楽しんでいる長兄と彼の友人

小学校の調書にオヤジの職業を「無職」と書くつらさ。戦中のわが家の経済状況。

アン　……ところで、戦中の瀬戸家の経済状況をお話し願えますか？

瀬戸　戦争が終わって、オヤジが亡くなってからのわが家は、ご多分にもれず非常に厳しい経済環境でした。でも、オヤジの生きていた戦中は、大変だったが、それなりに……。

アン　お父さんの貿易商としての仕事がなくなった？

瀬戸　日本には、民間貿易そのものがなくなる。当然、オヤジの仕事はなくなる。戦争が始まった時点で、なくなった。失業です。あのころは、一家のだれかが働いていないといけなかったわけ。働いていない人は非国民。小学校で調書を書くときに、ぼくはつらい思いをした。普通の人はオヤジの職業を「会社員」とか「商店主」とか書くわけだ。でも、ぼくのオヤジは、もう仕事をやめちゃっているわけだから「無職」と書かざるをえない。これは非常につらかった。非国民扱いになるし。でも、オヤジは悠々と暮らしていた

舞子の家の庭で　姉と近所の友だち（右端がぼく　その隣が姉）

わけね。こんなことをぼくが言うのは、良くないいんだけど、結構、蓄えはあったんでしょうね。

アン　聞けば聞くほど、すごいお父さんだったことが、実感として伝わってくる。

瀬戸　今から考えると、すごいと思う。

アン　お父さんのことになると謙虚な瀬戸さんも手放しで……（笑い）。

瀬戸さんはハイソなおぼっちゃま？

アン　話は元に戻りますが、仕事がなくなったというつらさを、お父さんは家族に感じさせなかったんですか？

瀬戸　感じさせなかった。全然、感じさせない。

アン　もう、前とまったく変わらない態度で？

瀬戸　そう。戦争が終わるまでは、その姿勢が全然、変わらなかった。

アン　へえ、すごい人！

瀬戸　だから、子供には、なに一つ不自由させない。まあ、そういうことだったと思います。

アン　大きな家にお住みになっていらっしゃったんでしょう？

瀬戸　少年時代に過ごした最後の家である舞子の家は、芦屋に住んでいたときに別荘として買った家で、それが住まいになったんです。山の中の一軒家です。結構、広い家でした。犬がいつも七、八匹いましたね。山の中の一軒家だから不用心だってこともあったのかもしれません。

アン　八匹!!

瀬戸　雑種ですよ（笑い）。たいした犬じゃありません。犬がいて、子供を産んで、かわいそうだから置いといてやれって言っているうちに、それがどんどん増えちゃって。

アン　それにしても、当時の基準で言うとブルジョアジーの暮らしですよね。要するに、瀬戸さんは戦前のハイソ（ハイソサエティ）なおぼっちゃまだったんですね。わたしの知らない世界。

瀬戸　ブルジョアだのハイソだなんて考えたこともありません（笑い）。

アン　どんなお屋敷だったんですか？　広さはどれくらい？

瀬戸　屋敷の敷地は、五百坪ぐらいで、前の畑が六百坪、花畑が四百坪で、全部で千五百坪くらいあったんです。

アン　すごい！　やっぱりハイソ（笑い）。

瀬戸　ぼくの家の前の畑は、イチゴ畑で、春になるとお客を呼んで庭でイチゴ狩りをして……なんてね。こんなこと、はじめて語るんだけど、自分では少年時代の思い出を、たんたんと語っているつもりのこういう話が、なんか生意気に聞こえるのが、一番イヤなんです。そう、そう、思い出といえば、近所に住んでいた人たちのことも懐かしい。これはそのころの話になるんですが、省線の舞子駅を降りて、しばらく山のほうへ行くと、牛尾さんって人の家があるわけ。牛尾治朗さんって、この前まで経済同友会の代表幹事をやっていた人が育ったその家を過ぎると、今度はね、呉錦堂って中国の大富豪の別荘があるわけですよ。孫文が日本に亡命したときにかくまったという、いわゆる大物ですね。彼は、ぼくが舞子で暮らしていたころには、もう死んでいなかったんですけど、孫がいたわけです。それからずっと上、畑を通り越して行くとぼくの家がある。とまあ、こういうシチュエーションです。この牛尾君と呉錦堂さんの孫とぼくが、そのへんのガキなんだわな。でね、呉さんの家は、これがまたすごいんだよね。孔雀を飼っているんだよね。

アン　オー、ファンタスティック！　中国の典型的な金持ちって感じですね。

牛尾治朗（うしお・じろう）兵庫県生まれ。昭和二十八（一九五三）年新制東大法学部を第一回生として卒業。昭和三十（一九五五）年カリフォルニア大大学院に留学。家業のウシオ工業副社長を経て、昭和三十八（一九六三）年、分離・創業したウシオ電機社長に就任。昭和四十四（一九六九）年、日本青年会議所（JC）会頭、経済同友会代表幹事などを歴任。（『朝日人物事典』朝日新聞社刊より）

瀬戸　そう、そう。その孔雀がね、午後の何時ごろになると羽根を広げるとか、そういうのがあるわけ。牛尾君とぼくと呉君とが、「そろそろ羽根を広げるぜ、おい」とかなんとか言って、孔雀の前に座って……優雅なもんだよねえ。「ああ、開いたあ」なんてね。少年時代のそんな思い出が鮮明によみがえってくる。

アン　牛尾さんとはおない年ですか？

瀬戸　いいや、彼はぼくより一つ下。お兄さんは、ぼくより一つ上だけど。

アン　じゃ、幼なじみだったってことですね。

瀬戸　そうです。幼なじみ。とまあ、こういう環境だったってことですよ、舞子時代はね。ぼくは、正確な個人史のために、今まで人に話さなかった少年時代の思い出を正直に語った。アンさん、ぼくがブルジョア的生活をうれしそうに……

アン　……お話になったのではないことは、よく理解しているつもりです。それで、そういう環境で優雅に暮らしていらっしゃるときに戦争が始まって……

瀬戸　……そう、戦争が始まって、さっきも話したように、ぼくが中学一年のときに一番上の兄が死んで、翌年に二番目の兄が死んで、家の中が若干暗くなったのは事実。

ぼくが学んだ神戸三中は、自由な学校だった。

大森 実（おおもり・みのる）神戸市生まれ。昭和十六（一九四一）年神戸高商（現・神戸大）卒。毎日新聞外信部長を経てフリーに。

神戸三中の生物の授業風景（『二十二回生卒業記念寫眞帖』より）

アン　小学生から中学生になられた瀬戸さんは、名門校神戸三中に進まれた……。

瀬戸　名門校というよりも非常に自由闊達《かったつ》な学校だった。たとえば、『暮しの手帖』の元名編集長、自由人として生涯をまっとうした花森安治が、のびのびと学校生活を送ったような学校。

アン　伝説の人ですね。わたしは編集者としての花森さんを尊敬していますが、あの方は神戸三中から東大へ行って美学を専攻なさった。

瀬戸　そう、そう。それから毎日新聞の記者として辣腕《らつわん》を振るった大森実がいたり、映画評論家の淀川長治がいたり。

アン　才人が、たくさん（笑い）。

瀬戸　そう、ちょっと変わった人が輩出している。ダイエーの中内功さんがいたりね（笑い）。牛尾さんも三中です。とにかくリベラルだったんでしょうねえ。リベラルってことは、先生も生徒の高さまで降りてきて一緒になって自然体で教育するっていうこと。三中は長田にあった。阪神淡路大震災で一番大変だったところね。今の長田高校。ぼくは旧制の神戸三中の最後の卒業生。

純情な青年だった……

■私たち昭和ひとけた生まれは、子どものころから時代の大きな変化の波にいかに対応するか、試練の連続でした。（平成十［一九九八］年十一月七日　朝日新聞』夕刊『ビジネス戦記　山あり谷あり』より　聞き手・構成　長谷川利幸）■

学徒動員。グラマンの機銃掃射を浴びながら高射砲の照準装置をつくった。

瀬戸　……それで、中学のあいだ、勉強はほとんどしないで、「学徒動員」っていうのに行く。

アン　ガクト？

瀬戸　学徒動員。みんなが働かなきゃいけないから、中学生も全部総動員で工場なんかで働け、というのが当時の日本の現状。勉強なんかする暇ないよ。工場へ行って働いて兵器をつくりなさいというわけね。

アン　ガクドウソカイは知っていましたが、その言葉、知りませんでした。ガクトドウインは何歳から何歳までですか？

瀬戸　中学二年生でしたから、昭和十八（一九四三）年。十三、十四、十五歳のころ。

アン　学徒動員のときは先生も一緒になって働いたんですか？

瀬戸　一緒になって働いた。

アン　なにをつくったんですか？

瀬戸　高射砲の照準装置。兵器……いわゆる戦う武器。これをつくりなさいとい

SETO'S KEY WORD 14
ぼくは信じやすいタイプ。

■神戸三中二年生のとき三木飛行場の整地作業に動員され、そこから帰ってくると三菱電機の和田岬工場へ。刈藻島と大倉山に高射砲陣地があり、工場では照準装置（と聞かされたもの）を作った。空襲が激しくなると工場は三中の教室に移され、八月十五日をそこで迎えた。（平成十一［一九九九］年一月一日発行加藤勝美著『親父のうしろ姿』［紫翠会出版刊］より）■

う。アンさんのために、あえて説明を加えれば、日本は戦争中、ぼくたちの世代は、みんな学徒動員。もうちょっと下の人は、アンさんも知っている学童疎開で、ぼくたちより上の人は戦争に駆り出されたわけ。予科練なんてところで訓練を受けてね。

アン　はあ、なるほど。

瀬戸　毎日毎日、高射砲の照準装置をつくるわけですよ。ぼくは三菱電機という会社に動員させられまして、そこで働いた。

アン　どういうお気持ちだったんでしょうか？

瀬戸　お国が勝つか負けるかってときだから、みんなで一所懸命働こう、という気持ちになりますね。

アン　心からそういうふうにお思いになられたんですか？　お信じになったんですか？

瀬戸　信じた。ぼくは結構、信じるタチです（笑い）。本当によく働きました。工場は、軍の施設が固まっている神戸の海のほうにあって、ぼくたちの学校は山のほうにあった。工場にどんどん爆弾が落ちるもんだから工場の機械設備をぼくたちの学校に運んできた。たとえば、旋盤機械を教室に持ってきて、機械は重いから木の床を全部はぎ取っておく。アメリカさんは、ちゃんと航空写真を撮って学校や病院の位置は、把握していた。そこには、あまり爆弾を落とさないでしょ。だから日本は学校を「隠れ工場」にしたわけ。

アン　学校が工場になってしまうなんて……そういう時代というのは不思議。のんきなカナダ人のわたしなんかには考えられない世界です。

瀬戸　日本の今の若者も、みんなわからないと思う。

学徒動員。グラマンの機銃掃射を浴びながら高射砲の照準装置をつくった。

SETO'S KEY WORD 15
ぼくらの世代は仲間意識（連帯意識）が、すごく強い。

アン　今は学校が塾になるというのは、わかるかもしれないけど（笑い）……学校が工場になるなんて想像できないです。

瀬戸　戦争末期にはアメリカさんが制空権を握っていたでしょ。最後のころには、あっちこっちの学徒動員を受け入れている工場が激しい爆撃にさらされて、ずいぶん中学生や女学生が死んだんですよ、動員先の工場で。われわれも命がけで学校へ行った。学校という工場に行くわけ。

アン　「隠れ工場」も、そのうち空爆されると感じたんですか？

瀬戸　感じた、感じた。

アン　農村や漁村を中心に日本でフィールド・ワークをやるときに、わたしはお年寄りに戦時中の話をよく聞くんですが、B29は、うんと高いところから爆弾を落として、グラマンが低いところにやって来て機銃掃射をしたんですって？

瀬戸　そう。そのB29を、われわれがつくった照準装置が組みこまれている高射砲で撃つわけだ。撃っても届かないわけよ。高いところを飛んでいるから撃っても届かない（笑い）。いくら撃ってもダメ。そこで特攻隊の零戦が体当たりをしようとしてもむずかしい。一回、ぼくも見ましたけどね。とにかく、毎日が一方的な空襲……ともに死と直面したということで、ぼくらの年代は、すごく仲間意識が強いの、連帯意識が。みんな、いつ死ぬかもしれないから、みんなで一所懸命働こうと。ともにああいう時代を過ごしてきたでしょ。ですから今にいたるまで、しょっちゅう会っている。同窓会とかを、しょっちゅうやってね。

アン　ああ、そうですか。日本に来て、やたら同窓会が多いな、とくに歳を取った方々のそれが多いな、日本人は同窓会が好きなんだなって思ったんですが、そういう理由もあったんですね。

神戸三中22回同窓会（昭和29［1954］年8月21日　前列左から4番目がぼく）

昭和51（1976）年に開かれた山手國民學校同窓会で立ってスピーチをしているぼく

瀬戸　ぼくらは小学校の同窓会、中学の同窓会、大学の同窓会、もう、しょっちゅうやっている。年に一回だけども、クラス会をやったり学年会をやったりしているわけ。それはなぜかというと、今も言ったように戦争中、いつ殺《や》られるかわからないという、少年時代の連帯意識が働くからじゃないかなというふうに思います。

SETO'S KEY WORD 16
純情な青年だった。

九州でイグサ植えをするアン（『原日本人挽歌』［清水弘文堂書房刊］より）

アン　近くに爆弾が落ちたり、目の前で仲間が死んだっていうご経験は？

瀬戸　仲間の死というのは、ありませんが、機銃掃射で、すぐそばに弾が飛んできたりとかはあった。

アン　当時の服装は、防空ずきんに……

瀬戸　……国民服。

アン　防空ずきん……あの綿のヘルメットの話を聞くと、農村で聞いた話を思い出すんです。九州でイグサ植えをしたことがあります。そこのおばあちゃんが、われわれのアルミのおべんとう箱までお国が集めにきたときには、自分の国はもうおしまいだと感じたという話。まだ子供だったけど、感覚というか本能的にそう思ったって彼女は話してくれました。

瀬戸　そう。工場が学校に移ってきた。空襲もしょっちゅうある。そのうち大阪も空襲で燃えたとか、いろんなニュースがどんどん入ってくるでしょ。そういう状況の中で、だんだん日本は負けそうだなと思っていましたけども、そこはやっぱり若いんですな。どんなことがあっても日本は勝つと、最後はそう自分に言い聞かせていたわけです。悪い情報は、たくさん入ってくるんだけども、日本は最後には神風が吹いて勝つ。だからぼくらも頑張ってやろう。こういう、ものすごく純情な青年たちであったわけ。

アン　まわりがみんな……

瀬戸　……そうだった。

アン　なんとかなる、なんとかするという信念があったということですよね。

瀬戸　大人から、植えつけられたんでしょうな。日本は勝つ、かならず勝つと。十三歳から十五、六歳の子供っていうのは、物事を信じやすいんだね。

アン　じゃ、負けたときはショックだったですか？

瀬戸　ショック、すごいショック。

天皇の玉音放送を聞いて――
敗戦の日の青い空。

瀬戸　負けたときに、ラジオから天皇の玉音放送が流れてきたわけね。

アン　あの放送、お聞きになりました？

瀬戸　はい、聞きました。

アン　どこで聞かれたんですか？

瀬戸　学校。「学校工場」で。十二時から始まるからみんな集まれって。今日は天皇陛下のお言葉があるというので八月十五日十二時、みんな、ラジオの前に集まった。そのラジオが、全然、聞こえない。雑音がひどくて。雑音の中から天皇陛下の声が、かすかに聞こえてくる……よく聞き取れないんだけども、戦争に負けたということは子供心にも、なんとなくわかるわけだ。

アン　で、大人たちはどういう態度だったんですか？

瀬戸　大人たちや先生方が、そのとき、どういう態度を取ったかということは全然、記憶にない。われわれの同級生が渡り廊下のところに並んで直立不動で立って聞いていてね……いろんなところにラジオが配置してあったと思うんだが、それを三十人くらいで聞いていた。放送がすんだあとに、「どうもこれは負けたらしいぞ」と、だれかが言ったわけですよ。それで

天皇の玉音放送を聞いて——敗戦の日の青い空。

SETO'S KEY WORD 17
敗戦——涙枯れるまで泣いた。

SETO'S KEY WORD 18
終戦直後、日本はかならずまた再起しなくてはと思った。

急に悲しくなった。そこでみんなで泣いた。うん。涙枯れるまで泣いた。これだけ一所懸命やったのに負けたって。十四、五歳の子供がみんなで負けたって大声をあげて泣いたのね。泣いたあとなにを思ったかというと……日本は、かならずまた再起しなきゃならないと。

アン　まあ、その直後に！　それはすごいですね。わたしだったら一か月は休憩(笑い)。

瀬戸　負けた以上、米英に占領されることになる。そこで、ふたたび立ちあがるときのために、できたての高射砲の照準装置の製品を校庭に埋めようってことになったの。

アン　それは、学生たちの考え？

瀬戸　先生は関係ない。自分たちだけで決意してシャベルを持ってきて学校の庭を掘ったんだよ、こうね、(と穴を掘る仕草をする) 穴を掘って土を掻《か》い出したあとに、油紙、今でいう防水紙を引いて製品を一つ一つ油紙で包んで、それを一つずつ埋めて。

アン　三十人全員で!?

瀬戸　全員で、全員で。

アン　こういう言い方は失礼ですが、でもおもしろいですね。若さがあったからやれたとも言えると思うんですけど。

瀬戸　そう、まさに若さ。若さというか純情、純粋さ。油紙の防水紙に包んで埋めた——そんなものが、いずれまた使えると思うところは幼稚だったんだね。考え方がね。幼稚だけども……

アン　……前向きですね。キラキラしています。

瀬戸　そう、キラキラしている。放送を聞き終わってからみんなで、思いっ切り泣いたあと、あの作業を始めてから終わるまでに三、四時間かかったんじゃないですか。

アン　夕方には終わったんですか?

瀬戸　うん、終わった。夕方には終わった。それで、帰ろうってことになって、上を見あげたときの青い空の色を覚えてるんだ。青空なんだ。そう、青空だった。その日の空を見てね、今日は敵の飛行機、飛んでこないなって。そういうほっとした気持ちが、じわじわとわいてきた。これはいまだに覚えている。戦争の最中は、いつ飛行機が飛んでくるか、いつ爆弾が落ちてくるか、そういう不安がずっとあったんでしょうね。

アン　空を見る目が全然……

瀬戸　……違った。空を見る目。青空が心に染みたってのは、敵の飛行機が飛んでこないっていう安心感のせいだったのかもしれない。

敗戦とともにこの姿ともさようなら（右端がぼく）

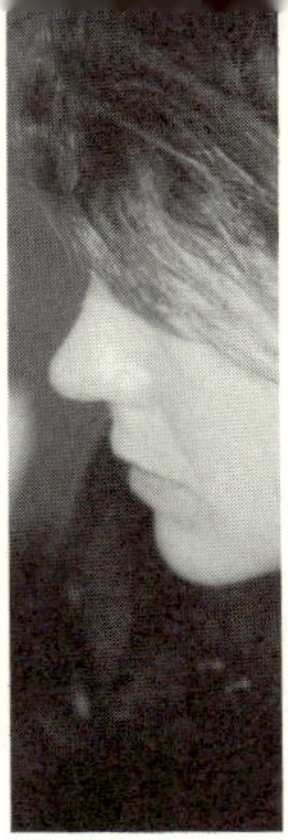

「終戦の日の大人たちって、どんなふうでしたか？」

アン　終戦の日の大人たちの様子は？

瀬戸　ぼくは電車で通学していましたが、終戦の日の夕方、平常どおり電車は動いていたし、通勤や通学の人もちゃんと平然と電車に乗っていた。

アン　それって国民性でしょうか？

瀬戸　国民性だね……同じ敗戦国のイタリアのことをあれこれ言うつもりはないが、あの国だったら、「戦争がすんだ」というと、肩を組んで、「平和になった」と大騒ぎしそうなイメージがある。幸か不幸か日本人は、あの敗戦まで戦争に負けたという体験のない国民だから、どう対処していいのかわからなかったのだと思います。それと長いあいだ、自分を表現するという訓練ができていなかった。集団で動くという国民性を植えつけられていましたから。学校で軍人がやる「教練」とかラジオ体操なんかがいい例。みんな集団でやる。みんなが自己表現を的確にする習慣がなかった……今も、その影を引きずっているところはあるが。

アン　わたしは、日本人は物静かな国民性を持った民族であると思うのですが。どう思われます？

瀬戸　物静か。基本的にはね。

SETO'S KEY WORD 19
集団で動くという国民性。

SETO'S KEY WORD 20
自己表現をきちっと的確にする習慣がなかった。

SETO'S KEY WORD 21
日本人は、物静か。

SETO'S KEY WORD 22
戦中も、戦後も中学時代の先生に対して不信感を持ったことはない。

今も信頼している神戸三中時代の恩師たち

アン　集団になるとちょっと、という感じはありますが……あれだけいろんなことを偉そうにそれまで言っていた大人たちが、終戦の日におたおたしていた中で、瀬戸さんたち中学生が、それがどんなに幼い行動であっても、即、行動を起こされたというのは感動的な話ですね。占領軍は、天皇の一声でなんの抵抗もなく、おとなしく敗戦を受け入れた日本人に驚いたようですが、敗戦直後から、今度はその大人たちが、手のひらを返すように、「民主主義、民主主義」と一斉に唱えだして、学校の教科書なんかも、黒塗りをするとか、変えるとか……こうした大人たちの変化を、どう思われたんですか？　不信感とか、いろいろあったと思うんですけども。

瀬戸　うん。先生方に不信感を持ったという同世代の人たちのいろんな話を聞きます。戦争中は天皇陛下のために働けと言いながら、戦争が終わったとたんに天皇制を否定しだすような先生がいて、すごく不信感を持ったっていう話を聞きますけどもね、われわれの中学では先生に対して、そういう不信感は全然、持っていないんです。いまだに、ぼくらの同級生は、だれも持っていない。それは、先生が生徒と一緒に行動したことが原因だと思います。さっきも話しましたが、学徒動員で工場で働いていたときの先生は、一所懸命にわれわれと一緒に働いた。その姿を見て、われわれは信頼した。戦争が終わったあとの、いわゆる価値観ががらっと変わったときも、われわれの先生は自分をさらけだして正直に、「日本は負けた。だから、これからの日本を一緒に築きあげていこう」とストレートに子供たちに訴えた。だから、ぼくらの学年の生徒は、先生に対する不信感はないんですよ。われわれは、いい先生に恵まれていたと思います。

ぼくの変革好きな性格は、変化にあふれた経験のせい？

アン　へたな表現ですが、ライブショーというか、映画を見ているような感じのお話でした……戦後、今まで日本を、ここまで引っ張っていらっしゃった、いわば戦後の日本を発展させるための尖兵とも言える瀬戸さんたちの世代のすごさが、お話の端々から、ひしひしと伝わってきます。

瀬戸　ぼくが言いたいのは、ぼくの生涯というのは、すごく変化にあふれたものだったってこと。家庭生活もそうだし、学校生活でもそうだし、会社に入ってからでもそうだし。その間、社会の制度もどんどん変わった。だから、最近「変化の時代」とか、「変化を先取りしろ！」とか言って騒いでいるけど、「そんなの当たり前じゃないか。ちょっとくらいの変化が起きてもなんともねえや」と心の底から思っているわけ。だから、ぼくは会社でも、「どんどん変えていけ！」って、しょっちゅう言っているんだけど。

アン　これはあくまでも外国人の目から見た感想ですけど、日本人は安定を好む国民じゃないかなと思うんです。メンテナンスの才能は、すごく持っている。一方、変化の波に上手に乗れる日本人は少

SETO'S KEY WORD 23
「変化の時代」？　「変化を先取りしろ！」——そんなの当たり前。ちょっとくらいの変化が起きてもなんともないと心の底から思っている。

SETO'S KEY WORD 24
「どんどん変えていけ！」

ないと思います。偏見かもしれないんですけど。新しい事態が最初パッと目の前に現れたときに、今までの保守的な方法論にしがみつく人が多いような気がする。「前例がないから……」ってやつ。なんとか、前と変わらないようにメンテナンスしなければいけないとか……。

瀬戸　うん。それはそうだとぼくも思います。たしかに日本人の性格の一つとして、それはあると思う。

アン　瀬戸さんは？

瀬戸　（きっぱりと）ぼくは違う。

アン　こういう一部の優れたリーダーが、戦後の日本をここまでもってきた……（つぶやくように）それに、おおぜいの人がぶらさがっている。

瀬戸　（笑いながら）なに？　……ぼくも、いろんな意味で生い立ちが普通の日本人と同じだったら、こういう性格にはならなかったかもしれません。この言い方を誤解しないでほしいが、エリートコースを歩んだとかそういう意味は、まったくなく……

アン　……もともと、そういう性格だったから（笑い）。

瀬戸　ああ、そうかな（笑い）。

アン　中国人の友だちの豪邸の庭で孔雀を見ていた「おぼっちゃま」なんて、やっぱり普通の人とは体験が違います。それに、瀬戸さんの世代の普通のお父さんは車なんて持っていません。英語、話せません（笑い）。二人の兄の死。そのあとの学徒動員。それだけじゃない。まだまだ、大学生時代も会社にお入りになってからも、辛苦はつづく。これから徐々に真相が明らかにされるわけですが（笑い）、よく耐えられたと思うんですよね、今までのディズニーランドみたいな変化に富んだ人生に。普通だったらゆがんでしまうと思うんですよねえ。

SETO'S KEY WORD 25

日本人は安定を好み、保守的な方法論にしがみつき、前例がないことを理由に新しいことにチャレンジしない傾向があるが、ぼくは違う。

SETO'S KEY WORD 26

この言い方を誤解しないでほしいが、生い立ちが普通の日本人と同じだったら、こういう性格にはならなかったかもしれない。

オヤジは敗戦を予感していた？

アン　ところで、瀬戸さんが敬愛し尊敬していらっしゃるお父さんは、日本が戦争に負けるってこと、わかっていらしたかもしれないですね。

瀬戸　ぼくのオヤジは貿易をやっていた関係もあって、いろんな人が戦争中に、ぼくの家に遊びに来ていた。たとえば、船の機関長さんが遊びに来たり財界の人が来たり。政治家は来なかったけども。そういった中で、ぼくがオヤジの横にいて聞いていた話では、どうも戦争は負けそうだという感じだった。

アン　それは、いつごろから？

瀬戸　昭和二十（一九四五）年の春くらいかな。八月に終戦ですからね。

アン　じゃ、敗戦を確信していらしたかもしれないんですよね。

瀬戸　そうなの。そりゃね、心ある大人はわかりますよ。どんどん南の島から部隊が撤退してくるわけだから。いくら日本の軍隊が強くて、大本営が、「転進だ」なんて言ってごまかしても、負けたことには間違いないんだから。まあ、われわれみたいな、十三、十四、十五歳くらいの子供は、さっきも話したように年長者の言葉を盲目的に信じて、「日本は勝つんだ」なんて思っていましたけども、心ある大人は結構、わかっていたと思います。武蔵がレイテ沖で沈みましたしね……当時、そのことは軍事機密だったけど、そのことをオヤジが家に来ている人と話しているのを聞きましたよ。南の島で沈んだらしいと。そういうことから総合判断すると、オヤジは負けることを、わかっていたんじゃないんですか。

アン　貿易をしていらっしゃったお父さんは、相当すごい情報網を持っていらしたんじゃないですか。逆に戦争が始まる前に蓄えを準備なさったというのは、「おれは不毛な戦争に参加しないぞ」という意思表示だったんじゃないでしょうか。

瀬戸　（笑いながら）まあそうかもしれない。戦争が終わった日、両親は非常に冷静だった。オヤジがとくにそうだったのは、印象的だった。

アン　今、もしご両親が生きていらっしゃってお父さんはあのとき、どんな気持ちだったかとか、当時のことを話せたらおもしろいでしょうね。

瀬戸　そりゃあ、おもしろい。

アン　わたしはいつも思うんですけど、自分が六十歳になったら両親とはじめていい会話ができるんじゃないかなと。でも、そのときには両親は、もういない。

瀬戸　そうだねえ、そのとおり。本当だね。長生きしてくれる両親は、語り部として貴重な存在。

アン　話はちょっと横にそれますけど、今の世の中は語り部としての両親とのつながりが、希薄になってきているんですよね、残念だけど。

瀬戸　核家族化して親と子が一緒に住んでいない家族が増えたからね。

進駐軍の兵士とぼく

進駐軍がやって来た。わが家にやって来た！そしてぼくはほじめてビールを飲んだ。

アン　さあ、戦争が終わった。進駐軍がやって来ました（笑い）。

瀬戸　ああ、進駐軍がやって来ました。そう、来たんですよ。昭和二十（一九四五）年……ぼくの家の南側は畑だったとさっき言いましたよね。舞子駅から坂を登って、牛尾さんの家があって、呉さんの家があって、畑があって、ぼくの家があったって話、しましたね。戦争中にその畑をつぶして船をつくる会社——三菱重工が、工場で働いている工員さんのために木造の社宅を、そこにつくったんです。それが敗戦後、そっくり進駐軍の兵舎になっちゃったの。

アン　家のまん前ですね。

瀬戸　そう、家の前、通りをはさんで。舞子の駅から来るときに、兵舎の中を通らないとぼくの家には帰れない。ちゃんとMPがいるわけだ。南側の入り口と北側の入り口に。ぼくはパスポートを持たされた。パスポートっていったって、定期券くらいの大きさのカード。「この男はこ

SETO'S KEY WORD 27
アメリカにも階級意識があることを、進駐軍と接することで知った。

の上の家に住んでいる者だ」なんて書いてある。最初はそれを見せて通っていたんだけど、そのうち顔パスになった（笑い）。これもまた、いい経験だった。

アン　顔パスになったのは、どれくらいたってから？

瀬戸　一か月くらい。すぐですよ。だって通る人がいないんだもの（笑い）。ハローなんて言ったら向こうもハローって、こんなもんですよ（笑い）。

アン　とにかく、そうやって、それまでの天敵が、目の前に住むようになったわけですね。鬼畜米英が（笑い）。

瀬戸　そう、そのとおり。鬼畜米英が。

アン　何人くらい敵は、いたんですか？

瀬戸　それがねえ、結構いた。二、三百人くらい、いたんじゃないかな。

アン　それって、それまでにくらべて、すさまじい風景の変化でしょ？

瀬戸　すさまじい。ジープは動いているは、英語は飛び交っているは、もう大変。連中、ぼくの家に遊びに来るわけよ。アメリカにも階級意識があるってことを、あのときに知ったね。

アン　アメリカ人に、階級？　本当ですか？

瀬戸　将校が最初、やって来た。そうすると兵隊は来ないね。

アン　基地の向こうの家はハイソサエティだって、向こうもなんとなく、わかっている。

瀬戸　そう。軍医さんなんかのインテリ階級が、訪ねてきた。うちのオヤジも気さくな男だから、すき焼きなんかで、もてなしたりしてさ。ぼくははじめてそのときビールを飲んだんですよ。連中がおみやげに持ってきた缶ビールをね。

アン　それは、なんのビールだったんですか？

瀬戸　今のアメリカのビール、たとえば

進駐軍がやって来た。わが家にやって来た！ そして、ぼくははじめてビールを飲んだ。

バドワイザーのようなハデなデザインは缶にほどこしてない。ジープ色というか草色というか……いわゆる軍隊の色をした缶に入った官給品ですよ。

アン 缶にはなにか書いてあるんですか？

瀬戸 黒い字でBEERとプリントしてあるだけ。とにかく銘柄は全然、入っていない。ただBEERだけ。

アン 鬼畜米英は、日用品として、すでに缶ビールを持っていたのですね。

瀬戸 そうよ。そうなのよ。

アン なんか、この話、カッコいいですよね。わたし、チョコレートとか、チューインガムとかハムを進駐軍からもらって喜んだって話は聞いたことがありますけど、缶ビールの「宅配」を進駐軍がするなんて話を聞くのは、はじめてです（笑い）。冷やして持ってくるんですか？

瀬戸 いや、さすがに冷やして持ってくることはなかった。そう、たしかにチョコレートも持ってきたねえ。だから、ぼくはいまだにハーシーのチョコレートを覚えている。リグレーのチューインガムとか、バンホーテンのココアとかね。みんな、名前を脳裏に焼きつけられている。

アン 瀬戸さんは、ジープに乗ったGIに向かって、「ギブ・ミー・チョコレート」なんて言う必要は、まったく、なかったんですねえ（笑い）。

瀬戸 そう。向こうが持ってくるんだ。

アン チョコレートはとにかく、ビールまで持ってきたっていうのは、すごいと思います。おシャレなことをしますねえ。

瀬戸 本当。感心します。中国に侵攻して占領した日本兵は略奪したが、アメリカの将校は、同じ占領軍でも、おみやげを持って遊びに来たんですからね（笑い）。

アン そういうアメリカ人と接したら好きになりますね。やっぱりね。

SETO'S KEY WORD 28
ぼくは人間が好き！　みんな好き！

瀬戸　そりゃ好きになりますよ。悪い印象なんてどこにもない。ぼくは、だいたい人間が好きなの。みんな好きになっちゃうほうだから。最近中国へも、しょっちゅう行くんだけど中国の人も好き。

アン　中国の話も、あとできっちり聞かないといけない。お話がたくさんありすぎて大変（笑い）……ところで、そのときに彼らが持参したビールは、どんな味でしたか？

瀬戸　甘かった。ビールっていうのは苦いものだっていう先入観があったけども、甘かったね。

アン　その前に日本のビールを飲んだこと、あったんですか？

瀬戸　いいや、飲んだことない。

アン　イメージとしては苦いものだというのがあったんですね。

瀬戸　そう、そう。噂では苦いと聞いていたのに、飲んでみたら甘かった。まあ、アメリカのビールだったからでしょうね、おそらく。ソフトタイプのビールだったんじゃないでしょうか。

アン　それって何歳のときのことですか？

瀬戸　昭和二十（一九四五）年だから……

アン　……未成年じゃないですか（笑い）。

瀬戸　もちろん未成年ですよ。十五歳（笑い）。あなたたち、欧米の人も、ビールを若いころに飲むんじゃない？

アン　はい、たぶん若かったころに試したと思います（笑い）。わたし、男に生まれていれば良かったなと痛切に思ったことがあるんです。お兄さんがアイスホッケーを、子供のころから、かなり本格的にやっていたんです。塩分を失うから試合のあとに、お父さんと一緒に、ビールを飲んでたんですよね。瀬戸さんの初体験と同じくらいの年齢のころ（笑い）。うちは五人兄弟姉妹で、男はお兄さんだけなんですけど、そのお兄さんだけが、お父さんとビールを飲んでいる。二人のあいだにはビールを通して会話が成り立って……。それをうらやましく思ったんです。ビールっていいな、男っていいなって、いつも思っていたんです。

瀬戸　なるほど、ごもっとも（笑い）……そういえば、つまみにコンビーフを持ってきてくれたりしたねえ。コンビーフなんて宝物でしたよ。

アン　あのころ、コンビーフなんて知らない人のほうが多かったのでは？

瀬戸　そう。

アン　鬼畜米英、元天敵、今やお友だちになったGIが持ってきたもので、不思議なものはありましたか？

瀬戸　それはねえ、チューインガムだってはじめてだし……ぼくの中学生時代に日本には、チューインガムっていうのはなかった。めずらしかった。チョコレートは、日本にも板チョコっていうのがあったからね。でも、連中のハーシーのチョコレートはうまいと思ったねえ。リグレーのチューインガムは、今から思えば、やたら甘かった。

アン　アメリカさんが持ってきたものは、ビールも含めて全部甘いものだったんですね（笑い）。

瀬戸　戦争中はお砂糖がなかったの。だから、甘みに飢えていたというかね。なんにしても、甘い、甘いと感じたわけ。甘みに対して感度が良かったんじゃないかな、たぶんね。

英語をしゃべるおじさんにアメリカ人もびっくり？

アン　……しかし、それにしても、アメリカ人のほうもびっくりだったでしょうね。たまたま駐留した兵舎の隣に英語のしゃべれるインテリのおじさんが、いるなんて思ってもみなかったでしょうね。なんで、瀬戸さんの家に出入りしたんでしょうか？

瀬戸　まあ、アメリカの人って、人なつっこいじゃないですか。この家はちょっと違う感じがするから入ってみようかとか、最初はそんな程度だったんじゃないですか。ぼくの家は、オヤジが買う前は、イギリス人の船長さんが日本に滞在するときの住まいにしていたみたいでね。

アン　じゃ、シャレた家だったんですね。

瀬戸　当時としてはめずらしい本格的な洋間があったんですよ。応接間も食堂もベッドルームも洋間。マントルピースがドンとあってね。だから、アメリカの人には、入りやすかったんじゃないですか。

アン　居心地が良かったんでしょうね。外観は？

瀬戸　外観は日本式なんです。瓦葺《かわらぶ》きのいわゆる洋館の二階屋。大きな煙突が家の屋根のところからドンと出ている。たしかに居心地が良かったんじゃないです

舞子の家は山の中の一軒家　庭の芝生は敗戦前後の食糧事情のため畠になった

SETO'S KEY WORD 29
波瀾万丈《はらんばんじょう》の話はいっぱいある。

か。暖炉があったりしたからね。
アン アメリカ人にしてみれば、やっぱり国は恋しいし、自分の故郷のオヤジの家を、思い出したのかも。来るときは何人で来るんですか?
瀬戸 三、四人。
アン そのころ、瀬戸さんは英語は全然ダメだったんですか?
瀬戸 全然(笑い)。だけど、あのころの経験のおかげで、その後、結構、しゃべれるようになりましたよ。
アン 昼間来るんですか、それとも夜?
瀬戸 夜来るの、食事に。はじめは、ちょろっと遊びにきたんだけど、オヤジが食事に来ないかと誘ったら、それが頻繁《ひんぱん》になった。
アン すき焼きでもてなすと、先方はビールを持ってくるんですね。鴨ネギ(笑い)。当時の日本でお肉なんかは、なかなか手に入らなかったんじゃないですか?
瀬戸 そこはそれ、オヤジが古くからつきあいのある肉屋を知っていたりとかね。
アン お話を聞けば聞くほど、なんか、瀬戸さんの人生って波瀾万丈《はらんばんじょう》というか、ねえ。これから延々と会社の大変なお話なんかもあるかと思うと、気が重い(笑い)。
瀬戸 今日、はじめてこんな話をするの(笑い)。波瀾万丈《はらんばんじょう》の話はいっぱいあるから、ぼくには、本当に。
アン 瀬戸伝説の一つ……大学時代におやりになったという闇屋の話も聞かないといけないんだけど。順番に聞かないといけないから、ここでは我慢して(笑い)、アメリカ人の話を、もう少しつづけたいと思いますが……。
瀬戸 ぼくには、そのころ二十歳を越えた年ごろの姉がいましたから、そういうのも、おもしろかったんでしょうねえ、彼らにしてみれば。ジープに乗ってきて、

姉（右から２人目）とぼく（その左隣）と進駐軍の友だち

「今度の日曜日にドライブしようか」とかね（笑い）。本当は、ぼくなんか連れて行きたくないんだろうけども、オヤジが、「おまえもついて行け」なんてね（笑い）。セイフティーネット。

アン その中のGIの一人とお姉さんが結婚なさったりっていうふうに話は展開しなかったわけですね。

瀬戸 しなかったですねえ……そう、そう、兵舎内で開かれる映画会なんかに、しょっちゅう呼んでくれたりもしたなあ。ところが字幕がついていないもんだから、全然、わからない。まあ、兵隊さん用の映画だからドタバタ喜劇みたいなやつが多くて、これは結構、おもしろかった。

アン 瀬戸さん自身が仲間として兵隊さんと深くつきあったりした人は……

瀬戸 ……いない。ぼくから見たら、連中は、ずいぶんと年上。こっちは、十五歳でしょ。向こうは二十歳以上だから、それは無理。軍医さんだった人が、テキサスに帰ったあと文通したことは、ありますけどね。今もってつづいている交流っていうのは、ないですねえ。

アン　日本人の瀬戸さんのお友だちは、瀬戸さんを取り巻くそういう環境をどう思っていたんでしょうか？「おまえ、すごいねえ」なんて言われませんでした？うらやましがったのでしょうか？大変な環境だと思っていたのでしょうか？お友だちの反応は、どんなふうでしたか？

瀬戸　どうなんでしょう。少なくとも大変だとは思わなかったでしょう。みんなが大変だった時代だったから。みんな大変な中で、「結構、やってるねえ、あの野郎も」なんて、まあ、この程度じゃないですか。

アン　なんにせよ、アメリカの兵舎の中を通らないと家に帰られないなんて、すごい環境ですよねえ（笑い）。普通じゃない。神戸でそういう境遇にあったのは、瀬戸さんの家だけだったと思うんですけど、どうですか？

瀬戸　少なくとも舞子では、ぼくの家だけ。

アン　なんか、隔離された島国の中の島国みたいですねえ（笑い）。

瀬戸　そう。

アン　おもしろいなんて言っちゃ失礼だけど、本当にユニークな少年時代を過ごされたんですねえ。

瀬戸　たしかにユニーク（笑い）。

アン　その米軍人たちとの交流っていうのは、何年くらいつづいたんですか？

瀬戸　三年。

アン　わたし、大学時代に信州（長野県）の創作集団ぐるーぷ・ぱあめ'90富夢想野塾という農村塾に五年間籍を置いて、実際に農業現場で働きながら農村調査をやっ

厳冬期　富夢想野塾のサウナやストーブのための薪運びをするアン（『原日本人挽歌』より）

たことがあります。「国籍年齢学歴不問」で塾生を受け入れていた、その風変わりな「自称・昭和の松下村塾」の塾長から、耳にタコができるくらい「手と足で考え

稲刈りをするアン（『原日本人挽歌』より）

アンが籍を置いた信州の農村塾の丸太の手づくりゲート・ハウス

なさい」と言われたんです。塾長というのは、マスコミ関係の七、八社のオーナー社長だったんですが、「日本のバブル経済に、みんなが浮かれてタコ踊りをしているのに耐えられない。今の日本と日本人は好きになれない」という理由で、調子の良かった会社経営の一線から手を引いて、東京から田舎に本拠を移した人なんですが……それはとにかく、その塾長から経験主義を説かれたわけですね。わたし、あのころ、とっても頭でっかちで——今もそうですけど——頭でっかちの代表者です。「脳みそは頭にあるのに、どうやって足で考えるの?」って（笑い）。やがて、時がたち、塾長が強調していた意味が、少しわかるようになったんですが、瀬戸さんのお話をうかがっていますと、瀬戸さんって、少年時代から経験主義と現場主義を体で、実践した人なんだなってことが、ひしひしと伝わってきますね。

「ボン」の竹の子生活。

■　雄三さんが在学中の二十四年八月一日、父は脳溢血で急死した。六十二歳だった。雄三さんは「学校をやめる」と言ったが、母の芳江さんは続けさせてくれた。

「時間が経つにつれて親父の重みというか、そういうものをだんだん感じるようになりました。親父というのは病気でもいい、植物人間でもいい、ちょっとでも長く生きていてくれればいい。息づかいを聞くだけでも何かを感じさせる。もっといろんなことを

アン　さあ、戦争が終わって……負けちゃって終わって……進駐軍とお友だちになって……お父さんは……

瀬戸　……オヤジは戦後まもなく、昭和二十四（一九四九）年に亡くなりました。これはぼくが慶應の一年生のとき。ちょっとわかりにくいと思うけど、ぼくは旧制中学から大学の予科一年に入った。

アン　えっと、神戸三中から……

瀬戸　……旧制の神戸三中を卒業して一年浪人して慶應義塾の旧制の予科に入って一年たったところで新制に切り替わる。外国人のアンさんには、あのころの混乱期の日本の学制は、ちょっとわかりにくいだろうね。

アン　一応、わたしは日本研究家ということになっていますから、一所懸命、勉強しています（笑い）。

瀬戸　それで大学一年のときにオヤジが亡くなった。享年、六十二歳。あの当時としては、まあまあ、という歳と言えるでしょう。頼りになるオヤジがいなくなって、収入の道がなくなって、売り食いが始まった。竹の子生活ですよ。

アン　竹の子生活と言うんですか？

瀬戸　竹の子の葉を一枚一枚剥《は》ぐように、モノを売って暮らすからそう呼んだ。あのころ流行った言葉。

アン　いい表現ですね。覚えておきます。今はもう考えられないことだけど。

聞くべきだった、と」

ヘビースモーカーだったその寝室には煙草の匂いが残っていて、雄三さんは父の死後ときどきその匂いを味わっていたという。（平成十一［一九九九］年一月一日発行　加藤勝美著『親父のうしろ姿』［紫翠会出版刊］より）■

SETO'S KEY WORD 30

竹の子生活をやっているときに、商人の本質を見たような気がした。

SETO'S KEY WORD 31

人の足元を見て手のひらを返すような人間にはなるまいと思った。

瀬戸　そう、そう。ぼくは竹の子生活をやっているときに、商人の本質を見たような気がする。関西弁では、アンさんが言うところの「ハイソなおぼっちゃま」のことを「ボン」と言うんだけど、オヤジが生きていたとき、家に出入りしていた骨董《こっとう》屋さんは、「ボン」って、ぼくのことを呼んだの。その「ボン」って呼んでいた人のところに家の骨董《こっとう》品を持って売りにいくの。

アン　どんなものを？

瀬戸　壷とか焼物とか……それを持って行くとね、オヤジが生きていたときには、「ボン、ええもんありまっせ」とかなんとか言って、関西弁で勧めていた人たちが、オヤジが死んだとたんに、君子豹変。学生の分際で、「これ買ってくれ」と言う若造に、「そんなもん、そんな値段では買えまへんで」と冷たい。ころっと手のひらを返したような態度になったわけ。関西弁で、こう言われて、かっときた。あれは、こたえた。あんな人にはなるまいと思った。

アン　前にお父さんと一緒にお会いになったときには、おべんちゃらを使っていた人たちが、ころっと姿勢を変えたってことですね。ふだんは柔らかく響く関西弁ですが、そういうときには冷たい感じが、ひしひしとこちらに伝わる。わたし、はじめて日本に来たときに、河内長野に住んでいたから、よくわかるんです。いいときはいいんだけど、落ちこんでいるときの冷たい関西弁って、心に刺さる感じがするんですよね。

瀬戸　足元を見るっていうやつね、日本語で言うと。あのときのことを、いまだに覚えている。

アン　でも、それはある意味で最高の体験だったと？

瀬戸　そう、最高。

SETO'S KEY WORD 32
青春時代に痛い目にあった経験は、なかなか忘れられない。

SETO'S KEY WORD 33
逆境にいる人との接し方は大切——人を大切にする原点を貧乏学生時代に学んだ。

アン　人間はすばらしいし、恐ろしいし、悲しいし、美しい……。

瀬戸　そう、あそこで人間の一つの面を見ました。

アン　でも、そういう局面で人間に絶望なさらなかったんですか？

瀬戸　絶望したりはしなかったけど、人間にはこんな面があるんだってことが、はじめてわかって、さっきも言ったように自戒することにした。

アン　すごい。そういう局面で、ゆがんでしまう人って結構多いのに。

瀬戸　なんにせよ、ぼくは、画商とか骨董《こっとう》屋とか、そういう連中は基本的にあんまり好きじゃないの。

アン　原体験のせいですね（笑い）。

瀬戸　だから、うちの会社にもいろんな画商とか骨董《こっとう》屋とか、そういう類の商売人が来るんだけど、ぼくはあんまりつきあわないようにしている。いい人もいると思うんだけど、あの種族はどうも……青春時代に痛い目にあった経験は、なかなか忘れられないものです。

アン　竹の子生活のころ、本当は価値のあるものを安く買い叩かれた可能性が高いのでしょうか？

瀬戸　うーん。安いものをオヤジが買わされていたのかもしれません。実際のところは、今となっては確かめるすべがないからわからないけども。ただ、一つ言えることは、逆境になったときに、相手が冷たく接してくると、すごくこたえますよね……ぼくが人を大事にしなきゃいけないと思う原点は、あのころの経験に負うところが多いかもしれません。

アン　納得って感じ……なんか瀬戸さんの人柄の秘密の一部を垣間見たような気がします。なるほど（アン、感心して、しきりにうなずく）……そこで、その竹の子生活時代のことで、最後にちょっとお聞

■父は金持ちのときは貧乏な顔を、貧乏なときは金持ちの顔をしろ、とよく言っていた。「これは非常に含蓄のある言葉で、企業でもそうなんですよ。業績が不振なときは外に対して思いっきり明るく、好調なときは謙虚にする。そういうことにつながってくる。自分が事業をやっていたことから生まれた親父なりの哲学なんじゃないでしょうか」（平成十一［一九九九］年一月一日発行　加藤勝美著『親父のうしろ姿』［紫翠会出版刊］より）■

きしたいことがあるんですけど。イヤな時代のいい人との出会いというのはなかったんでしょうか？　お父様が亡くなられたあと、足元を見るイヤな骨董《こっとう》屋の中に、これはっていう人物がいたとか……。

瀬戸　すごく教えられたことが一つあるの。それまでの都会の有産階級のほとんどが竹の子生活で、なんとかしのいでいた……みんな大変苦しかったんですよ。あのころ、楽な人なんて、だれもいなかったんですよ。そんな中で、ぼくのオヤジの親友の一人に東京のある生命保険会社——今でも日比谷にありますけども——の社長がいました。その人が、「もし苦しかったら助けてやるよ。きみのところに、いいお皿があっただろう。それを持っておいでよ、もし値段があえば買ってやるよ」と言ってくれました。たしかに、わが家にイギリスのウエッジウッドのお皿があった。スープ皿、デミタスカップとか、全部そろっていた。ちゃんと裏に通し番号が入っているようないいお皿。ぼくのオヤジとその親友が一緒にどこかで買ってきたんでしょうね。そこで、すごい荷物だったけど、ぼくはオフクロと一緒に、その全セットを風呂敷に包んで、それをさげて神戸から東京に持って行ったんですよ。「きみ、これ、いくらで売りたいんだ？」ってその人が聞く。

竹の子生活時代のぼく（右）

SETO'S KEY WORD 34
若いころに厳しく接してくれた人の無言の教訓は、あとあと役に立つ。

SETO'S KEY WORD 35
「貧すれば鈍する」——貧しいときのさもしい気持ちを反省。

SETO'S KEY WORD 36
「武士は食わねど高楊枝」的精神は必要。

具体的な値段は忘れちゃったんだけど、ぼくは、かけ値をしたんだと思う。

アン　高めにおっしゃったんですね。

瀬戸　うん。そしたら、そのオヤジさんというのは、厳しい人で、「きみ、そんな非常識な値段を言うのでは、買えない」と一言。それで終わり。取りつく島もない。好意で声をかけてくれた人に、ぼくは自分でもわかっていながら高い値段をふっかけた……その自分のさもしい気持ちが、ものすごくあとあとまで引っかかった。「貧すれば鈍する」——ああいうことをしちゃいけないなって反省した。

アン　でも、あの当時の状況だったら、一銭でも一円でも百円でも高く売れればと思うのは、人情じゃないですか？

瀬戸　それは、そうなんだけど。でも、そんなときほど、「武士は食わねど高楊枝」的精神が必要だと、しみじみ思ったわけ。その重い風呂敷を持って、そのまま神戸にすごすごと帰った思い出が、忘れられないんです。

アン　でも、その方はすごい！

瀬戸　すごい。すごいね。ぼくに最高の教訓を与えてくれた。だから、これはいい話になるのかどうか、わかんないけど、若いころのそういういい出会いって、あとあと役に立つ。厳しい出会いですが。

アン　でも、それをいい出会いと思えるというのが瀬戸さんのすごいところ。性格だと思いますけどね。「悪い時代にいい人に会った思い出を語れ」なんて言われたら、わたしだったら、なにかのすばらしいプレゼントをくれた人だとか、そういう、つまんないことを思い出すんですけど。なにかを教わったとか、精神的なことでエピソードを選ぶっていうのはすごい。その人の「お皿を持って帰れ！」っていうのが足長おじさんのパターンで、とってもいい。

ぼくはつらい経験を通して強くなった。

瀬戸　とにかく、オヤジが死んだあと、うちを切り盛りするのは、ぼくと母親と姉と義兄。なんとか食い支えなきゃいけない。そうなると人間、必死にならざるをえない。そんなつらい状況の中で、オヤジに対する気持ちは、なに一つ変わらなかった。

アン　でも、幸せですね、親に対する気持ちが変わらないっていうのは。

瀬戸　子供のころから、いろんな体験をして、良かったと思っている。まあ、ビジネスの世界に入ってからも、いろいろと修羅場があるわけですけど（笑い）。

アン　瀬戸さんは、淡々と少年期の自分史を話してらっしゃいますけれども、幸せだった「ボン」の時代のあと、二人の兄の死と父の死に直面せざるをえなかった戦中・戦後の混乱期には精神的に相当大変だった時期も……

瀬戸　……ありましたね。ぼくはそうした経験を通して強くなったと思いますよ。兄貴も健在、父も健在だったら、ぐうたら息子になっていたと思う。

アン　少なくともアサヒの社長・会長にはおなりになれなかった？（笑い）……冗談ですけど。

瀬戸　でも、本当にそう思うよ。うちの社員は、きっとボンボンのまんま、なんの苦労もなく今日まですいすいときたんだろうなって思っているかもしれませんが。

SETO'S KEY WORD 37
貧乏は人を必死にさせる。

SETO'S KEY WORD 38
つらいときも、オヤジに対する気持ちは、なに一つ変わらなかった。

SETO'S KEY WORD 39
子供のころから、いろんな体験をして、良かったと思っている。ぼくは体験を通して強くなった。

贅沢《ぜいたく》が人間をダメにした？

アン　聞き役のわたしが、自分のことを、しゃべるのは、どうかと思うんですが……でしゃばりで、すみませんが、少し話していいですか？

瀬戸　どうぞ、どうぞ。

アン　わたしたちのような先進国生まれの人間はものには恵まれているんです。でも、ある意味で、そのことは不幸だと思うんですね。わたしの父はウクライナ系カナダ人で開拓者の長男だったんです。瀬戸さんより三つ下です。一九三三（昭和八）年生まれです。

瀬戸　ああ、そうですか。

アン　瀬戸さんと同じように、わたしも父と会話したいんですけど……父がなにをしてきたとか、どういう仕事をしているとか。でも、あんまり聞かないで、ずっと過ごしてしまったんです。日本の農村に入っていったことで、「そうだ、そういえば、わたしのお父さんも農村育ちの人間だったな」と思ったりして……そこで、帰国した折りに開拓の話を聞こうと思ったんですよ。でも、父は全然、話してくれない。「ほかの人に聞いたほうがいいんじゃないの」とか言って。わたしの父は非常にシャイな人なんです。ある日、母が、「一緒に散歩しましょう」と助け船を出してくれて……森の中を散歩しながら、わたしに代わって彼女が聞き出してくれて。それでやっと父の過去を聞くことができ

たんです。それによれば、父はウクライナ系カナダ人の開拓者の長男でした。三歳から荒野の石を手で取って、牧場をつくる手伝いをしたそうです。長男だったから跡を継いで農業者になる予定だったんです。中学校を中退して、彼の父と一緒に開拓した牧場を二倍の大きさにしたところで、体がマヒして不自由になったので、農業ができなくなって、ふたたび勉強をする決心をしたんです。通信教育で中学と高校を卒業して、奨学金でアメリカの大学に行き、夜働いて家に仕送りをして……最終的にはアメリカの大学院で博士号を取って大学の先生になったんですが……十九歳のころまで、水道なし電気なしの生活をずっとやってきた人なんです。わたしから見ればそんなのは耐えられない。わたしには考えられないことをやってきているんです。

瀬戸　なるほど、なるほど。それはすごい（と深くうなずく）。

アン　冬は零下三十度にもなるカナダの農村で水道なし電気なしでどうやって生きていけたのか。でも、彼はどんな時代の波にも呑まれないで生きていけるような人なんです。精神力があるから。瀬戸さんとイメージがだぶります。でも、わたしの時代になると、そういう強さは、もう全然ないんです。今のようなふやけた時代がいいかどうかは、わからないのですけど。だから、ある意味で、父や瀬戸さんのような生活体験ができた人を、自分では無理だとわかっていても、うらやましく思うこともあるんです。

瀬戸　いえね、そういう環境になったら、あなたもエネルギーがわいてくる。

アン　でも、わいてくるか、沈没してしまうか、どちらか。真ん中はないと思うんです。とにかく、そういった逆境を乗り越えた父や瀬戸さんのような人は無条件に尊敬します。

瀬戸　まあ、それはとにかく、本当に日本が贅沢《ぜいたく》になってモノの世界になってね……人のことはあんまり考えないで自分のことだけ思うような世界に陥ったなあ、とは思いますけどね。アメリカ人もカナダ人もアジア人も基本的には人間っていうのは同じだとぼくは思っているんです。人が困っていたら救わなきゃいけないとか、みんなで助けあうとか、そういう気持ちは、心の底にだれもが持っているとぼくは信じている。だけど、今はあまりにも贅沢《ぜいたく》、潤沢な時代だからそれを発揮できないまま自分の欲とか、そういうものに走ってしまっているのかなと。本当はもっと苦しくなったら、人間はもっと良くなるのかもわかんない。

アン　そうすると、手をつなぐかもしれませんね。

瀬戸　贅沢《ぜいたく》が人間をダメにしてしまったのかもしれない。

SETO'S KEY WORD 40
人間は逆境になるとエネルギーがわいてくる。

SETO'S KEY WORD 41
人間はもっと苦しくなったら、良くなるかもしれない。

SETO'S KEY WORD 42
人のことをあんまり考えないで自分のことだけ思う今の世界はダメ。

SETO'S KEY WORD 43
何国人であっても基本的に人間は同じ。

SETO'S KEY WORD 44
困っている人を助けたいという気持ちは、だれでも持っているはず。

受験勉強は、それなりにちゃんとした。

アン　ところで、瀬戸さんは、どうして慶應に行こうと思われたんですか？

瀬戸　その答えは簡単。兄貴が二人とも慶應へ行って途中で死んじゃったから。どうしても慶應に行こうと。三度目の正直ってやつで。

アン　慶應じゃなきゃもう絶対にイヤだって人が、日本にはいる。ファミリーって感じの雰囲気ですかね、慶應って。

瀬戸　そうですね。

アン　ちょっと失礼な言い方になるんですが、旧制中学時代には、学徒動員で三年間工場で働いていらっしゃって、あんまり勉強をする時間がなかったと思うんですが、慶應に入るだけの勉強がよくできたなと思うんですね。

瀬戸　あんまり勉強、しなかった（笑い）。

アン　でも、今の偏差値偏重の日本では、そういう人が慶應に入れるなんて考えられないことですよね。

瀬戸　そうですよ。考えられない。

アン　それでも、そういう方が慶應大学をご卒業になり、その後、社長におなりになった、会長におなりになった。ちょっと言い方がへんですけど。

瀬戸　（ちょっと、おどけた様子で）学問とは、いったいなんだ？

アン　です、ですよ。本当に！　どこにも、ちゃんと勉強をしていた時期がお話の中に出てきませんね……という冗談は、

受験勉強は　それなりにちゃんとして……

SETO'S KEY WORD 45
勉強は自分にあったやり方でやればいい。

さておき、瀬戸さんのような方は、どこかで絶対に猛勉強をしていらしたんですよ。

瀬戸　それはね、戦争がすんだあとね。勉強、結構、やりました。たとえば、英語であれば、必死に単語を覚えましたよね。カードに単語を書いて電車に乗ればいつもそのカードを見て、この言葉はどういう意味だとか、やっていた。表に英語を書いて裏にその意味、日本語を書いてね。リングのついているやつでね。電車に乗ったらそういうのを、いつも見ているわけね。

アン　わたしは、大学で学生に、「先生、どうやって英語を覚えればいいんですか？」と聞かれるときに、「言葉を覚えるのは歯磨きと同じよ」と答えるんです。「一日の予定を立てる。シャンプーするのは何分、シャワー浴びるのは何分、化粧は何分っていう時間を縮めて、余った時間を、三十分でもいいから歯磨きにまわして、丁寧に歯を磨く感覚です」と言うんですが……「そのちょっとした時間を毎日英語を覚えるのにまわせば、世界が変わってくるんですよ」って。あんまり説得力がないかもしれないんですけど（笑い）。

瀬戸　そう、毎日の努力ね。

アン　それはとにかく、わたしも瀬戸さんと同じようにそういうカードをつくって勉強した。箱いっぱいになるほど、つくった。どこかで、だれかと待ちあわせとかしても、五分早くそこに行って、ポケットからそれを出して読むとか……瀬戸さんも、どこかで絶対に、こうした自分流のやり方で独創的な努力をした方であるとわたしは、にらんでいます。

瀬戸　そう、勉強は自分にあったやり方でやればいい。

アン　学徒動員のあいだの遅れを取り戻すために、寝る暇もないというような勉強のやり方は、なさらなかったのですね？

瀬戸　寝る暇はありました（笑い）。まあ、人並みにしたということじゃないですか。人以上に勉強したってことはありません。ぼくは結構、なまけ者の男で遊ぶのが大好き人間。そんな、ガリガリと勉強するっていうタイプじゃないですよ。できれば遊びたいの。なにかかに、とらわれたくない。型にはめられて勉強するのはイヤだ。自分のペースで勉強していく、まあ、そういうタイプですね。

アン　わかりました。典型的な慶應ボーイ（笑い）。まあ、どこでどんなふうに勉強したかっていうのは問題じゃないんですけど。大学入試なんていうのは、結果が、すべての世界ですから。

SETO'S KEY WORD 46
ぼくは、結構なまけ者で遊ぶのが大好き人間。

SETO'S KEY WORD 47
なにかかに、とらわれたくない。型にはめられたくない。

典型的な慶應ボーイ？

慶應予科入学。思い出は食べ物と……。

SETO'S KEY WORD 48
ぼくらの学生時代は、勉強よりも食事の確保のことばかり考えていた。

アン　……それで、とにかく、慶應に入学なさった。

瀬戸　入った。それで、ぼくの大学時代の思い出というのは、勉強のことよりも食べ物から入るんです。あのころは経済環境が悪くて食糧が大変不足していました。ぼくは東京に出てきて下宿生活をやった。四畳半の小さい部屋なんですけども、下宿代が一か月二千五百円。それにお米を五升持っていかなければならなかった。それを持っていかないとご飯が出ない。当時の日本では主食のお米の絶対量が不足していたから、どこかでお米を五升用意してこいっていうわけ。その下宿屋さんでは、それで、やっと三食のご飯を出してくれた。昭和二十六（一九五一）年当時のサラリーマンの月給が七千円くらいだったと聞いていますから、当時の二千五百円は、七万円くらいかな……下宿の場所は、東京都世田谷区下馬三の二九……今でも覚えているんだな。電車を降りるのは東横線の今の学芸大学前。そこから歩いていくの。歩いて七、八分。第一師範（当時）の校門の前……その下宿のおばさんは、厳しい人だったんだけど、朝はちゃんとご飯をどんぶりに一杯くれるんです。それに漬物とか魚とかがついてくる。昼ごはんも弁当をちゃんと持たせてくれる。ところが夜は、サツマイモ二本。それに進駐軍放出のレーズンとか乾燥のドライフルーツとかが横にちょっと乗っているだけ。ぼくは若いから、夜にそんなの食べたってすぐにお腹が減るじゃないの。それで、おばさんに、「朝はサツマイモでいいから、夜をご飯にしてくれませんか?」って言ったんだ。おばさん曰く、「朝、ご飯を食べないと脳の回転が良くならない」――ガンとして譲らないんだね。どうしようもないから、夕食を食べる前に、先にお布団を敷いとくの。そして、六時ごろにサツマイモと干しぶどうを食べたら七時ごろには、お腹が減らないうちに寝ちゃうんだよ。そりゃね、三時ぐらいに空腹で目が覚めるけども。あとは、うとうととしていればいいんだからね。こんな自衛策を講じながら生活していた。ほんと、ぼくらの学生時代は勉強をするっていうよりも、まず食事をどう確保するか、どうやってお腹が減らないうちに寝るか、そんなことばかりを考えるような青春でした。学生時代に、三回、下宿は変わりましたけどね。

アン　サツマイモがイヤになって?

瀬戸　イヤになったというよりも……下宿屋さんというのは二、三回変わるのが普通だったの、当時の学生は。やっぱり若いから飽きるのかな。どこか、もっといいところに変わろうとか、若い娘さんがいるところに変わろうとかね(笑い)。

アン　ああ、なるほど。納得です(笑い)。スタートは下馬で……。

瀬戸　そう。二番目が玉川奥沢ね。三番目も玉川奥沢なんだけど。どの下宿屋さんも会社に入ってから訪ねました。最初の一軒目と二軒目は跡形もなくて。三軒目の家はありましてね……ぼくはいまだに、その家族とおつきあいしていますけどね。もちろん、当時のおじさんやおばさんは亡くなってしまいましたけども。

SETO'S KEY WORD 49
学生時代の下宿屋さんの家族とは、おばさんが亡くなったあとも、つきあっている。

学生時代に闇屋もどきもやったことがある。

アン　瀬戸さんのお話をうかがっていますと、わたしなんかには、想像もできない世界が、まるで万華鏡の中の風景のように、目の前でチカチカしている感じです。ところで、瀬戸さんの学生時代は、食糧不足だけでなく、経済的にも大変だったのでは？

瀬戸　大変だった。神戸に帰省するときには、闇屋もどきのこともやったことがある……あのころは、モノの不足した時代だった。外人さんというのが一番モノを持っていて、日本人はモノを持っていない。ぼくは神戸で中国人の方を知っていた。それと進駐軍の人と結婚したドイツと日本のハーフの女性――ぼくの姉の友だちですけども――その人が東京に住んでいた。東京と神戸を往復するときに、神戸から東京に来るときには中国人の方からモノを仕入れて東京に持ってきて、東京から神戸へ帰るときには、その逆をやる。まあ、こういった闇屋もどきを、よくやっていたわけです。一年に五、六回、学期が終わって帰省するたびに、やった。切符を取ること自体が、なかなかむずかしい時代だったから、ぼくの住んでいる舞子の駅の駅長さんに頼んで切符を買っ

■（闇屋もどきとして運んだモノは）チョコレートとかチューインガムとかもありました。もともと商売に興味があり、好きだったんだと思いますね。（平成十一［一九九八］年七月五日『産経新聞』のコラム『転機』より　聞き手　中川淳）■

てもらっての往復。そのときどきによって運ぶモノの種類は変わる。それでナニガシかの利益があったのかというと、たいしたことはない。闇物資を運んで、それを知っている人に若干の利益を乗せて売って喜び、相手にも喜んでもらう、というのがなんか楽しくってやっていたというのが真相。

アン　生活の足しとか、学費の足しにするんじゃないんですね？

瀬戸　そう。当時、東京と神戸間の往復というのは、ぼくの学生時代の後半ごろには椅子に座って東京・神戸間を往復できるようになりましたけども、一番最初にぼくが受験に行ったときは、十六時間かかりましたよ、神戸から東京まで。復員列車――中国とか東南アジアから九州の諫早に引き揚げてきた元兵士、兵隊さんたちが復員列車に乗って日本の各地に帰る。その復員列車に、われわれ民間人も神戸から便乗して東京まで行く。この列車が、殺人的な混雑だった。ドアから入れるってのは、きわめてラッキーであって、普通は窓を乗り越えて入る。

アン　今のインドの列車を想像すればいいわけですね。

瀬戸　そう。大変な混雑ぶりの列車だったんです。それでも、乗れたら幸せ。乗ったらこういう格好（と体をななめにして、固まる格好をする）のままで東京まで行くわけです。むろん、手洗いに行くなんて想像もつかない。あのときに立ったまま寝るというのを、ぼくははじめて経験したけれども、ときどき隣りの人の膝が、立ったまま寝るからガクッとなる。そうすると、こちらも目が覚める。要するに馬みたいなもんですな。そういった混雑列車で十六時間……。

アン　そういうカオス状態は、何年ぐらい、つづきましたか？

学生時代に闇屋もどきもやったことがある。

■情報を聞いたらすぐに行動する、という考え方は社会人になっても変わらないですよ。（平成十一［一九九八］年七月五日『産経新聞』のコラム『転機』より　聞き手　中川淳）■

瀬戸　一年くらい。二年目からは、十六時間が十二時間になり、八時間になっていった。

アン　蒸気機関車ですね。夏は暑かったでしょう？

瀬戸　今みたいにクーラーなんてないわけですから、窓を開けなきゃいけない。窓を開けると、石炭を焚いて汽車が走っているわけだからススが、いっぱい入ってきて顔が真っ黒になる……冬はいいですよ。スティームが入りますから。

アン　背中が木の列車ですね。

瀬戸　もちろん木です。椅子に座れるということは、もう大ラッキー。床に新聞紙を敷いて座れれば幸せって感じだった……とにかく、みんな地べたに座っている。これはこれで、いい面もあった。結構、コミュニケーションがあるんです。「あなた学生だな」とか、「どこに住んでるの？」とか、みんなが話しかけてくる。今の日本人みたいに、みんなが知らん顔しているということはなかった。苦しい中で話がはずんで和気藹々《わきあいあい》とした雰囲気。ということは、すごく、車中の情報の連絡が早いっていうこと。そんなある日、東京から神戸へ帰るときに、静岡のあたりで、「今日はどうも名古屋で警察の検問があるらしい」と、こういう話が伝わってきた。検問というのは、お米や進駐軍のモノを隠し持っているかを調べるために、全員、列車から降ろされて、MPの立会いのもとに日本の警察に荷物を全部開けさせられて中をチェックされること。闇物資は没収されて、悪質な人は捕まる。静岡あたりでその情報が耳に入ってきたので、これは大変と。

アン　米は配給制度でしたね。お上の禁制品。進駐軍のモノも。

瀬戸　とにかく、検問の話は伝わるのが早い。すばらしい情報社会ですね（笑い)。ぼくはそのときに、ボストンバッグの中に進駐軍のモノを、いっぱい入れていた。ハーシーのチョコレートやセーターなどなど、いっぱい持っていた。その進駐軍物資の上に洗濯物——汚れた下着とか、そういうのを、きちっと入れて蓋をしていた。万一に備えてね(笑い)。そこで、一計を案じて、途中の豊橋駅で名前は忘れたけども、私鉄に乗り換えて、さらに名古屋で近鉄に乗り換えて、「してやったり」と思っていたら、中川という駅の手前で、ひっかかってしまった。線路の上で電車を止められた。ドアが開いて、「みんな降りてください」——飛び降りて、一列に並べってわけです。向こうを見たら、MPと警察がいるじゃない。「ありゃー。せっかく、ここまで努力してきたのに、こりゃ、なんだ」と。

アン 一巻の終わり!

瀬戸 終わり、終わり。しかし、そこは、気を取り直して、「えい、ままよ」と机の上に荷物をポンと置く。「開けてください」——「開けろ」という命令形だったか、「開けてください」と言ったか忘れたけども。恐いMPがヘルメットをかぶって日本の警察と一緒にいる。ぼくは慶應の帽子をかぶっていた。そこは、度胸と、ファスナーを勢いよくパッと開けて、「洗濯物!」と言った。

アン 英語で言ったんですか?

瀬戸 いや、日本語(笑い)。「ああ、わかった。おっ、学生さんか。ああ、よし」とこれで終わり。

アン 良かったですね。運がいい(笑い)。

瀬戸 それに度胸も大切。おどおどしちゃダメ、ああいうときには。

アン スリリングでしたね。

瀬戸 ……まあ、なんにせよ、大変な時代ではあった。

カストリに足を取られる快感。

アン　ところで、当時も、慶應大学は、前半が日吉で後半が三田だったんですか？

瀬戸　いやいや。一番最初の予科が稲田登戸。日吉は進駐軍に取られていたんだ。だからわれわれが、「田舎登戸」って言っていたところで予科を一年過ごして三田に帰ってきたんですよ。大学一年は三田。大学一年がすんだときに日吉が進駐軍から返還されて、また日吉に行ったんです。日吉に一年いて、また三田に帰ってきた。だから三田には合計三年いたんだね……それはとにかく、われわれの学生時代の思い出は、さっき話した食べ物のことと、あとはカストリ焼酎を飲むことが、ほとんどすべて。

アン　飲めればいいという感じですね（笑い）。

瀬戸　そうね、飲めればいい、酔えばいいの（笑い）。悪いお酒だから、まず足を取られる。ちょっと酔ったら足を取られて動けない。それがまたいい気持ちなのね。カストリ焼酎を飲むときには、恵比寿まで出かけた。今の山手線の恵比寿の近所に屋台がずっと並んでましてね。そこでカストリを飲ませる。そんな屋台の一軒のおばさんが好きになりました。ちょっとおぼろげで顔も覚えてないんですけど。そのおばさんと気があっちゃって、出かけていくんです。そこはカストリ一杯五十円なの。それを四杯飲む。しめて二百

カストリ焼酎
米またはイモから急造した粗悪な密造酒。（『広辞苑』より）

円。あとは、つき出しが五十円。二百五十円か三百円くらいを握りしめていくわけ。夜、サツマイモの夕食のあとに、恵比寿まで繰り出すわけよ（笑い）。下馬から

東横線に乗って渋谷まで行って、それから山手線に乗り換えてね。

アン　お若い（笑い）。

瀬戸　たしかに、今考えると若気のいたりだね……そのときは長靴を履いていくわけ。なんで長靴を履いていくかっていうと、当時、東京の道路は、すべてが舗装されているわけではなかった。冬、寒いときには霜柱が立つんです。それを踏むとサクサクと音がして砂利道みたいな感じ。短靴なんかでは歩きにくいし、第一、靴が傷む。これが一つの理由。もう一つの理由は、酔っ払ってふらふらになると溝にドボンと落っこちるから、落ちる用意をしていないといけない。だから長靴。

アン　ハッハッハ。すごいですね、準備万端で（笑い）。いつも、お一人で？

瀬戸　一人で行くのよ。孤独なんだな。おれ、こんな開けっぴろげな性格なのに、なんで一人で行ったのかな（笑い）。

アン　瀬戸さんっていうのは、やっぱり並みの人じゃないって感じ。だって、慶大生がサツマイモのあとに長靴を履いて、東横線から、山手線に乗り換えて、わざわ

カストリに足を取られる快感。

■ 泥だらけの長靴に感謝しつつ、はって下宿に帰るのが何とも言えない楽しみでした。（平成十［一九九八］年十一月七日『朝日新聞』夕刊『ビジネス戦記 山あり谷あり』より 聞き手・構成 長谷川利幸）■

ざ惚《ほ》れている屋台のおばさんのところに行くなんて（笑い）。

瀬戸 それでね、「カストリを四杯も飲める人なんて滅多にいない」なんて言われるとね、こっちも調子がいいもんだから、「今日は四杯飲むぞ！」なんて言ってね。

アン アッハッハッハ（と大笑い）。

瀬戸 店を出たとたんに電柱についている裸電球が、揺れているわけ。今みたいに立派な街燈じゃないから、揺れているんだなんて思うんだけど、これはもう完全に酔っ払っている証拠（笑い）。「ああ、いい気持ちだなあ」なんて思った次の瞬間、ドボンと溝に落ちるわけよ（笑い）……そういう青春でした、正直言ってね。

アン ちょっと気になるんですけど、その屋台のおばさんと、どんな話をしていたんですか……本当は、「どういう関係だったんですか？」とずばり、お聞きしたいんですけど（笑い）。

瀬戸 おばさんとはね、色っぽい話をしたとか、そんなのは全然ない（と思う……）。向こうからしたら坊やだっただろうからね。ぼくが今覚えている範囲で言うと、向こうは三十か四十歳くらいのちょっと妖艶なおばさん。妖艶ってわかる？

アン ええ、瀬戸さんの目を見ればわかります（笑い）。

瀬戸 ハッハッハ。なんか、そういうものに触れたいような気持ちがあったんでしょうね。一人で東京に出てきて、さみしいから、ちょっと色っぽい江戸前のおばさんに、「カストリを四杯も飲むような人は、豪の者よ」なんて言われたら、「おう！」なんて粋がって、そのうち呂律《ろれつ》がまわらなくなって、「じゃ、帰るわ」なんて……それだけ。

アン でも、そういうのって、カッコいいです、本当に。

銀座のビアホールで生まれてはじめて生ビールを飲んだ。

アン　当時はビールなんて贅沢品《ぜいたく》で、飲めなかったんですね（笑い）。

瀬戸　そうです。贅沢品《ぜいたく》。飲めませんよ、あんな高いもの（笑い）。慶早戦のときに慶應が勝ったりしたときに、金まわりの良さそうな先輩を銀座で見つけて、たかる以外には。

アン　早稲田は勝つと新宿、慶應は銀座なんですって？

瀬戸　早稲田は、歌舞伎町周辺。われわれは銀座に繰り出すんだけども、最初自前で安い酒を飲んで、人の良さそうな社会人の先輩はいないかなってキョロキョロしているわけ。そうすると、先輩のほうも「後輩、ちょっと来い」なんてね。これはしめたと思ってついていくと、うまいビールが飲めるいい時代でした。

アン　そのときのビールはアメリカのビールじゃなくて……

瀬戸　……国産のビールです。大学三年生のときに、生ビールが銀座ではじめて飲めるっていうビアホールの広告が新聞に出ましてね。戦後はじめてのオープンだという。その日は、みんな学校での勉強なんかそっちのけで、朝から水を一滴も飲まずに準備した。それで、夕方の四

■（戦後初めてオープンした銀座のビアホールに繰り出して）財布の都合もあったのですが、二、三杯は飲み干しました。（平成十［一九九八］年十一月七日　『朝日新聞』夕刊『ビジネス戦記　山あり谷あり』より　聞き手・構成　長谷川利幸）■

銀座のビアホールで生まれてはじめて生ビールを飲んだ。

時くらいかな、銀座四丁目に繰り出してビールを飲んだの。当時、尾張町の交差点と言っていましたけども……その角にライオンのビアホールがあった。これはサッポロビール（以下、本文では、原則としてサッポロと省略＝編集部注）のビアホールですね。そこに行って生まれてはじめての生ビールを飲んだ。ジョッキで飲んだ生ビール……うまかったなあ。

アン 当時、一杯いくらくらいだったんですか？

瀬戸 あのころ大びん一本が百二十五円くらいの時代だったと思うけど、生ビールは、中ジョッキ一杯百円くらいじゃなかったのかな。

アン 当時、給料が七千円くらいの時代だとしたら、とてつもない額ですね……今の中国とかロシアの感じでは？

瀬戸 そんな感じ、そんな感じ。

アン モスクワにマクドナルドが、はじめてできたときみたいな感じというか。ハンバーガーを並んで買うような感覚。

瀬戸 ハッハッハ。そんなところだ。

アン しかし、当時できたてのビアホールに顔を出すなんていうのは、いかにも慶應の学生らしいですね。早稲田の学生では、できない感じ。瀬戸さんと同世代の早稲田出身の人は、あのころのビアホールを知らないと思いますよ（笑い）。

瀬戸 それは偏見だよ。

アン 新宿にはビアホールは、当時なかったと思うという見解も偏見ですね（笑い）。

慶應の図書館をバックに（左がぼく）

酒と麻雀と玉突きと……大学時代の話に、勉強の話がなくて、申しわけない。

アン　話は変わりますが、当時の慶應には女子大生はいなかったんですか？

瀬戸　クラスに二人。いまだに同窓会に来てくれますけどね。

アン　瀬戸さんの時代から女子学生がいるなんて、慶應って開かれた大学！

瀬戸　ああ、そう。いることはいたんだけど、色気はちょっと……（笑い）。

アン　勉強が好きな女性たちだったんでしょうね……大学時代のロマンスを引き出そうとして、ちょっとカマをかけてみたんですが（笑い）……本当に、楽しみは飲みだけだったんですか？

瀬戸　もう、ひたすら飲みです。飲んだらとことん飲む。ほかに楽しみなんてないんですよ。ガールフレンドと映画に行くとか……そういうのは。

アン　麻雀は、まだなかったんですか？

SETO'S KEY WORD 50
飲むときには、とことん飲む。

慶應の悪友たちとともに（真ん中がぼく）

瀬戸　麻雀はありました。麻雀は、ぼく、強かったんです。本当にプロの手前くらいまでいきましたから。学校へ行くと、正門の前で三人くらいが待っているわけですよ（笑い）。「おお、瀬戸が来た。そろった、そろった」……で、学校が遠くなる（笑い）。学校のまわりには、麻雀屋さんと玉突き屋さんがいっぱいある。早稲田の界隈も似たようなもんでしたが……とにかく、校門のところで捕まったら、その日はおしまい。九時ごろから麻雀をやって、玉突き屋さんと麻雀屋さんが一緒になっているところへ流れて……ぼくは玉突きもうまいの。「法学部B組」というクラス会があるんだけど、そのクラス会に学生時代に入り浸っていた玉突き屋のおばさんを、ご来賓として招待した。十年ほど前にね。「おばさん、一度うちのクラス会に来ないか」って。おばさん喜んじゃってね、正装して来てくれた。うれしかったね。その方は三田に住んでおられてね。ぼくも三田に長らくいましたから……あの方は、おそらく八十いくつか九十歳近くになっておられる。

アン　そういうところが瀬戸さんのすごいところ！　いまだにつきあうっていうのは、本当に。

瀬戸　うちの家内も一緒にお訪ねするん

SETO'S KEY WORD 51

本当に勉強はしなかった。

ですよ。田村さんっていうんだけどね。敬老の日には、「ちょっと果物でも持って行こう」なんて言ってね。このところ四、五年行ってないので気にしているんです。いいおばさん……学生時代の話に、勉強の話が出なくて、申しわけないんだけど……本当に勉強はしませんでしたね。ぼくは、会社に入ってから四、五年、ずっと最後の卒業試験ができなかった夢を見つづけた。アサヒに内定しているのに、その試験が通らなくて内定取り消しって夢。パッと目が覚めて、冷や汗かいて、ああ、夢だったってね。そういうの見る?

アン　わたしも、いまだに見ます（笑い）……この話題の最後の最後に聞いておきたいんですが、瀬戸さんは学生時代には、スポーツは?

瀬戸　あまりやらなかった。草野球のライトで八番バッターだったと言えば、だいたいわかるでしょ。もっぱら、食うために腐心して、あとは飲むことと遊ぶことだけに専念した学生時代（笑い）。

酒と麻雀と玉突きと……大学時代の話に、勉強の話がなくて、申しわけない。

慶應大学の卒業アルバムから（下から２列目、左から３人目がぼく）

大学を卒業。さあ、社会人だ。「月給取りと先生にはなるな」と言ったオヤジ。

アン　……空腹と酒と麻雀と玉突きだけの生活だったとしても、とにもかくにも、大学は、ご卒業なさった（笑い）。さあ、社会人にならなくてはいけない。どうなんでしょう？　瀬戸さんは、若いころから、ずっと会社に入ってお仕事をなさりたかったのですか？　お父さんのように自分の会社をつくりたいというお考えは、おありにならなかったんですか？

瀬戸　オヤジが、生きていたころに言っていたのは、「月給取りになるな」「先生にはなるな」ということだった。

アン　それはどうしてですか？

瀬戸　どういうことかというと、オヤジは自分で仕事をおこして会社を持っていたでしょ。オヤジの働いていた時代は、月給取りっていうのを、ちょっとこう下に見る傾向があった。月給取り、今の言葉でいうとサラリーマンは、「毎日会社に行っていれば、月給が自然に入ってくる、だから、どうしても自分の人生に甘くなるんだ」とオヤジは言うわけ。そういっ

SETO'S KEY WORD 52
「サラリーマンは、毎日会社に行っていれば、月給が自然に入ってくる、だから、どうしても自分の人生に甘

いんだ」――甘い人生を送ってはいけないというオヤジの遺訓。

SETO'S KEY WORD 53
サラリーマンの階級を重視しなかったぼくは、会社の異端児だったと思う。

た甘い人生を送っちゃいけない、だから、月給取りになるなと、こう言いたかったんだと思います。と同時に、オヤジはサラリーマンになったことがないわけだから、自分の息子にもサラリーマンになってほしくないと思ったんでしょう。ぼく自身が、大学を卒業して、なんになるかということを問われたときには、オヤジはもう亡くなっていて、前に話したように、ぼくは財産を売ってしのぐ竹の子生活で大学を出たわけだから、ゆとりがないわけです。だから、収入の道がないことには生活ができない、という切実な気持ちがありましたから、しょうことなしに、企業社会に入ることになりましたけども。

アン　会社に入って、月給取りになるというのは、わたしも抵抗がありました。大学を出たときに、会社人にはなりたくないと。月給取りになって安定したら、働かなくなると思って、最初の五年間はフリーで仕事をやっていました。今は大学から月給をもらっていますが。でも、最初の半年間は、毎月決まった給料が、やった仕事と関係なく入ってくるのに対して、「本当に、もらっていいのかな」という気持ちを抱きました。今はもうなれてしまって、月給をもらうのが、当たり前のことになってしまっているんですけど……瀬戸さんの場合、このへんの感覚はどうでしたか？

瀬戸　サラリーマンというものに対して、憧れてもいませんでしたし、サラリーマンの中の階級――課長とか部長とかいう職階制に対しても、そんなにぼくは重きを置かなかった。だから、ぼくは会社に入ったあとも、すごく異端児だったと思います。そのへんのエピソードは、次の『「承」の章』で、イヤというほど出てくると思いますが（笑い）。

アン　お父さんがおっしゃった、もう一

SETO'S KEY WORD 54

常識に欠けているというのは、世間知らずと同意語。

SETO'S KEY WORD 55

ぼくは「先生」を馬鹿にしているわけではない。

SETO'S KEY WORD 56

安易な道を歩くな！　常識のある人間になれ！——というのがオヤジの遺訓の真意。

つの、「先生になるな」っていうのは？

瀬戸　この言い方はちょっと語弊があって良くないんだけれども、先生っていうのは、お医者さんであれ学校の先生であれ、人から「先生、先生」といっておだてられ、もてはやされていい気になるのが良くない。それに、世間とあまり交渉がない。たとえば、大学の先生ですと、象牙の塔にたてこもって、研究を一心不乱にやる。お医者さんは、もう医学の研究ばっかりやっている、ということで世間との交渉がなくなるわけですね。そうすると常識に欠けた人になるということをオヤジは言ったんではないか……要するにオヤジは、「なんにせよ、安易な道を歩いちゃいけないよ」ということと、「常識のある人間にならなきゃダメだよ」ということを、ああいう言葉で言い表わしたんではないかなというふうに思います。

アン　わたし、学者の家に生まれ育った人間で、まわりが学者ばっかりだったから、瀬戸さんのお父さんのおっしゃったこと、よくわかります（笑い）。今の職場も学者ばっかりですし……。人間は食糧問題を真剣に考えなければいけないということで、大学と大学院で農業関係のことを勉強して、そのまま学者になったわたしの父も世間からだいぶはずれています。瀬戸さんのおっしゃるとおりです（笑い）。

瀬戸　常識に欠けているというのは、世間知らずと同意語。それをぼくのオヤジは心配したんでしょうね。ぼくは「先生」を、あなどっているわけじゃない。その専門に深く入っていけば、スペシャリストとして、あなたのお父さんのように、すごく立派な業績をつくるようになるわけです。ぼくのオヤジが言ったのは、ゼネラリストとしての生き方のこと。それぞれ到達点が違うのね。

ぼくは、本当は牧場をやりたかった。

瀬戸　本来、心の中では、ぼくは牧場をやりたかったの。

アン　えっ!?　牧場？

瀬戸　（黙ってほほ笑む）

アン　オウ、ワーオ！　瀬戸さんが牧場っておっしゃると日本の牧場じゃなくて、なんかモンタナ州とかワイオミング州の広大な大牧場のイメージですね。

瀬戸　きわめて単純で浅はかな考え方なんだけれども、当時、戦争が終わったあとに、ずいぶんアメリカ映画が、日本で上映されましてね。西部劇もあったし……。

アン　ジョン・ウエインの全盛期ですね。わたしの親たちの時代。

SETO'S KEY WORD 57
企業社会に入って、人間関係にもまれるよりも、大自然の中で仕事をやりたかった。

瀬戸　そう、ジョン・ウエインの時代だね。その西部劇に影響を受けた。企業社会に入って、人間関係にもまれるよりも、なにか、ああいった大自然の中で仕事をやりたいという気持ちになった。当時、日本は食糧事情が悪かったから、牧場をやって、牛乳や牛肉を生産するといった食生活と関係する仕事の現場に人生を置くというのも意義があるかなと思ったわけよ。これはきわめて浅はかで、なんの深い考えもない、ただの憧れだったんだけど。憧れは、あくまで憧れだから、最終的にはサラリーマンになっちゃうんだけども。

余談。ぼくの青春時代の夢を語ったら息子が影響を受けて農学部に。

瀬戸　話があとさきになるけれども、後年、家で、「ぼくは大学を卒業するころには、牧場をやりたかったんだ」という話をしていたら、それを小耳にはさんだ長男が玉川大学の農学部に入ってしまって、トマトの栽培をやるようになったわけ。これは余談なんだけどね。

アン　自分のお父さんが……

瀬戸　……果たせなかった夢を、息子が果たしたいということで、学生時代、息子はカナダに行ったの。玉川大学というのは、カナダのバンクーバーの近くのナナイモというところに農場を持っている。その農場を見たいと言って長男が弟を連れて、カナダに行ってきたんですよ。その玉川大学の農場を見た長男が、カナダで農場をやりたいと言い出した。当時のカナダでは移民を受け入れるのに、特殊な技術を持っているか、あるいは、お金がないとダメだったのね。お金が二千万円いるっていうわけ。当時、ぼくのうちには、そんなお金はなかったので、それはダ

SETO'S KEY WORD 58
親が果たせなかった夢を息子が果たす。

余談。ぼくの青春時代の夢を語ったら息子が影響を受けて農学部に。

■ ——家族サービスはどうされていますか

家族サービスをしているなどというと、家族にしかられますよ。(平成十一［一九九九］年七月五日『産経新聞』インタビュー『お尋ねします』より)■

SETO'S KEY WORD 59

夢を追う企業の採算がなかなかあわないのは残念。

SETO'S KEY WORD 60

子供には自由な教育をした。束縛するような教育をしたことはない。

メだ、できないということで、断念させたわけです。子供がそういったことをやりたいと言い出したのは、オヤジの果たせなかった夢を自分が実現したいと思ったのかもしれません。

アン ところで、瀬戸さんは、自分のお父さんと同じように、子供さんに、こういう職業につかないでくださいというのは、なかったんですか?

瀬戸 それはありません。ぼくのオヤジも、ぼくに対して非常に自由な教育をしましたから、具体的には、なんになれとか、こうしろとは一言も言わなかった。唯一、さっき話したように、オヤジは、「先生になるな、月給取りになるな」ということは言ったけども、それ以外のことについては、なにも言わなかった。束縛するような教育はしなかった。ぼくも子供に対して、束縛するような教育をしたことはないんです。というより、ぼくは仕事ばかりして家にいませんでしたから、教育は家内まかせといったほうが正しいかもわかりません。

アン で、長男の方は、今でもトマトをつくってらっしゃる?

瀬戸 話が脱線しちゃっていけませんけども、余談ついでにつづければ、彼がつくっていたトマトというのは、水気耕栽培。大きな温室の中で、一本の太い木に二年間でトマトが一万五千個くらい、たわわになるわけですよ。要するに農業の工業化というやつですよね。筑波の科学博覧会に出展したりした。そういう技術を持っている丹波篠山の会社に、大学卒業後、就職したわけです。ところが、技術はいいんだけれども、採算があわなかった。二十五年ほど前の話。

アン 時代が早すぎたんですね。パイオニア・ワーカーの悲劇。今だったら大丈夫。

瀬戸　そう、そう。今だったら有機栽培ということもあるし、ああいう農法は注目の的。で、その会社が、トマトの栽培をやめたので、うちの子供は東京に来まして、こりもせず、またトマトの栽培をやる。千葉県の酒々井というところに、味の素と三菱の系列の企業で、そういったトマトをつくる会社がありまして、そこでまたトマトをつくっていたのですが、これもダメになっちゃった（笑い）。現在は冷凍食品――ピラフとかそんなような冷凍食品をやっている会社に勤めていますけど……ぼくの感化を受けたのが良くなかった。へんに農業なんかやりたいなんて息子に思わせたのがいけないんで、オヤジに大分責任があるね。

アン　でも、惜しい。瀬戸さんの長男のような人が本気になってやってらした農業が採算にあって成功していれば、日本の農業はここまで落ちなかったと思うんですけど。どの国でも同じですけど、行き詰まらないと新しい方向に行かない。

瀬戸　とくに日本はね。ぼくが息子に対して一番悪かったなあと思っているのは、あのときぼくに、二千万円のお金があれば、少なくとも子供はカナダで農場を持つことができた。まあ、そのあと、どうなったかは知りませんよ……ときどき家内と話しているんだけども、あのとき、彼の夢を砕いたなあって。

アン　向こうは、農家は経営者、実業家であるという感覚ですから、日本で農業をやる感覚とちょっと違うんですよね。

瀬戸　でしょ。

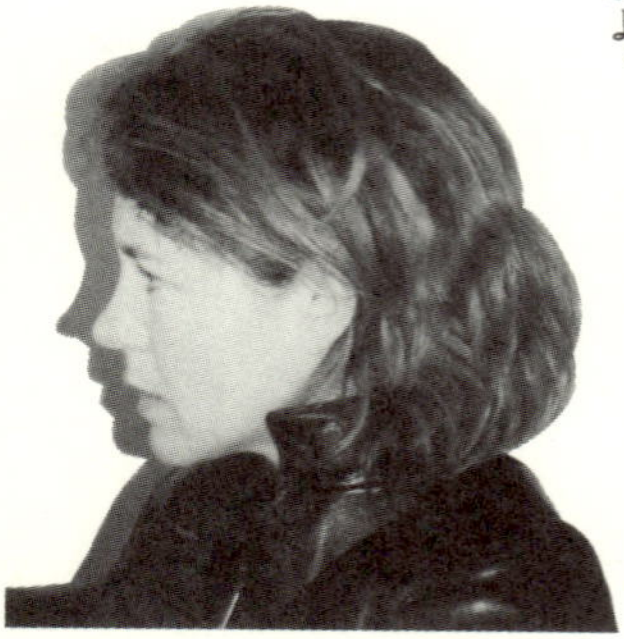

アサヒは第二志望だった。

アン　話を元に戻しますが……ビール会社に入ることを選ばれた理由は？

瀬戸　ぼくは本当は卒業するときに、船会社とか貿易会社に行きたかったんです。当時、日本は戦争に負けて船もなかったし、商社は、ほとんど壊滅状態だった……ぼくが卒業した昭和二十八（一九五三）年ごろは、敗戦後、まだ立ち直っていなかった。就職となると、当時人気があったのは三井鉱山なんかの石炭産業と砂糖の業界と繊維。考えられないでしょう。そんな中で食品産業は、人間っていうのは常に食べていないと生きていけないから、比較的安定していた。その中で、飲み物業界というのは、戦争に負けたあとはビールなんか少なかったけれども、そのうち世間が落ち着いてくると、飲み物の消費は、かならずあがってくるとにらんだわけ。もう少し具体的に説明すると、戦争がすんでから、ぼくが会社に入る昭和二十七、八（一九五二、三）年までのあいだは、要するに食べるということが一番の関心事だった。「食べて、なんとか生きる」ということに精いっぱいな時代だったから、食糧については、非常に関心がありました。それに、簡潔に言い切ってしまえば、食品産業というのは、いかに世の中の変化があろうとも、すたれるものではない。ビール業界に例を引いても、ビールというのは、低アルコールの飲料

SETO'S KEY WORD 61
大学を卒業したときには、船会社か貿易会社に行きたかった。

SETO'S KEY WORD 62
人間は常に食べていないと生きていけない。

SETO'S KEY WORD 63
飲み物の消費は、いつの時代でも、かならずある。

SETO'S KEY WORD 64
食糧については、強い関心があった。

SETO'S KEY WORD 65
簡潔に言い切ると、食品産業は、世の中がどう変わろうとすたれない。

SETO'S KEY WORD 66
ビールは低アルコールの健康飲料。

藤井利次さん

ですから、言ってみりゃ、健康アルコール飲料ですよ。だから、すたれない。そういった気持ちがあったから、ぼくはビール会社を選んだ。それともう一つ、人間関係がありましたね。ぼくは食品産業の中のビール業界を選んだ。第一志望は金融機関だったんだけどね……当時、千代田銀行という名前だった三菱銀行を受けてダメだった。第二志望がアサヒ……とまあ、こういうことになるわけ。

アン　今おっしゃったアサヒを受けられるきっかけの人間関係というのは？

瀬戸　アサヒを受けるきっかけっていうのは、当時ぼくの義兄、姉の主人が吹田の市民病院の耳鼻科の医長をやっていたんです。吹田の市民病院というのはアサヒの人が、ずいぶんとたくさん来るわけですよ。そこにこのあいだ亡くなられた藤井利次さん――ああ、藤井さんも慶應なんです。学生時代には、バスケットボールをおやりになっていた方です――っていう迎賓館の館長さんの息子さんが、今から五十年前に喉の病気が悪くなって入院したときに、ぼくの義兄が手術をしました。それが縁でね。「慶應を卒業して就職するんだったら、藤井さんを紹介するから」と義兄から言われたのが、アサヒの入社試験を受けるきっかけなんですよ。

アン　その藤井さんって方は当時アサヒの社員だったんですか？

瀬戸　藤井さんは、当時の大阪支店の副課長。

アン　平成十一（一九九九）年度の入社試験は書類選考の段階から数えると一万八千八百人の応募者のうち採用された人は六十六人だったそうですが、当時も入社の競争は大変だったんですか？

瀬戸　たしかな記憶ではないけれど、四十五人に一人とか。当時としては、すごい倍率だった……あの当時、アサヒって

■（昭和二十八〔一九五三〕年）当時のアサヒビールは先進性のある会社でして、広告、宣伝、パブリシティというものに、非常に熱心な会社だったんです。（平成十一〔一九九九〕年『実業の日本』五月号『特別インタビュー』より）■

いうのは就職の目玉だったの。

アン　カッコ良かったんですか？

瀬戸　カッコ良かった。当時、地下鉄銀座線に乗っていると、広告はアサヒの広告しかなかった。『春デス。イョイョビールデス』っていう広告がバーンと三月ごろに出るわけ。十一月ごろには『暖爐《だんろ》もえビールを夏のものとせず』なんていうのがドンとね。いいなあと思いました。シャレた広告を出していたんですよ。アサヒは広告戦略も斬新で新しかったんです。何事にも、なにか新しいものを吸収しようとする会社に見えたんです。

アン　夢を与えるような会社？

瀬戸　そう、そう。夢を与えるような会社だったの。そのビール会社に、ぼくは酒飲みだから入りたかった。ビールを飲むのが好きだったから入社試験を受けた。面接でもそう言った。そして、入った。理屈なんて、なんにもありませんよ。

SETO'S KEY WORD 67
就職試験は、無手勝流で。

筆記試験合格! 慌てて散髪に。

アン すごい競争率の試験を無手勝流でお受けになった?

瀬戸 無手勝流、無手勝流。当時の試験というのは、学科試験が最初にありましてね、学科試験でふるい落とすわけですよ。ふるい落とされずに残った人が、今度は面接試験を受けるわけ。課長面接、それから役員面接とつづくわけです。試験問題は、英語と国語と社会常識と論文形式の専門学科。ぼくは法学部の学生だったから、民法の相続税の問題なんかが出ました。そんなこと、ビールに関係ないのにねえ(笑い)。それがね、結構、ヤマ勘が当たったの、ぼく。あのとき、ぱちっと解答が書けた。ヤマ勘の当たった専門学科は良かった、大丈夫だったんだけども、あとの筆記試験は、いい答案が書けたとは思えなかったんで、絶対にダメだと思って、まあ、とりあえず結果を見に行こうと思って京橋の角のアサヒの本社に行ったのが、朝の八時ごろ。そしたら番号が出てんの、自分の番号。最終的には、二十八人採用されたんだけども、おそらく百人ぐらい取ったんじゃないですか、一次で。

アン 巷に伝わる瀬戸伝説では、そのあと、大急ぎで散髪にいらしたっていうことになっていますが、本当ですか?

瀬戸 そう、ほんと。

アン でも、よく行動を起こされました

■東京・京橋の本社に第一次筆記試験の合格発表を見に行ったら、自分の番号があるではないか。しかも一時間後の午前九時に面接試験をするという。ボサボサの髪を切らねばと、出張族のために早朝営業していた東京駅の理髪店まで全力で走りました。面接にはギリギリ間に合い、何とも忙しい思い出に残る朝となったのです。（平成十［一九九八］年十一月七日『朝日新聞』夕刊『ビジネス戦記 山あり谷あり』より 聞き手・構成 長谷川利幸）■

SETO'S KEY WORD 68

瞬間的にひらめくと、即、行動！

ね。わたしだったら、「一次試験に受かったって、本当かな、本当かな、面接試験、どうしよう、どうしよう」と内心焦りながら、ぼーっと立って自分の番号を何度も見ているだけ（笑い）。これって、もう普通じゃないです。髪の毛からもう異端児です（笑い）。だって、普通の人の感覚だと、トイレットに入って、そこで髪をなんとかしようとするじゃないですか。面接の時間がくるまで、この場から離れちゃいけないっていうのが並みの人の感覚。

瀬戸　人並みに学生服はちゃんと着ていたけれども、とてもトイレで直せるほど体裁のいい髪の格好ではなかったということなんです……受かると思っていなかったから、頭ぼうぼうで試験の発表を見に行ったことが、すべての発端。ところが、「ああ、こりゃ、通ってる！」ってことになって、一計を案ぜざるをえなくなった。すぐにぼくはエレベーターに乗って六階の人事課へ行ったの。そこで、「髪の毛、こんなぼさぼさでは、面接を受けられませんから床屋へ行ってきます」と言ったの。そしたら向こうが、「床屋なんて今ごろやってないよ」と言ったんで、「いや、そんなことありません、東京駅の中でちゃんと開いてます。ぼく、知ってます」「でも、きみねえ、床屋へ行っても同じことだよ」と。この言葉に、ぼくはずっと引っかかったわけね。床屋へ行くまでも、それからあとも（笑い）。「床屋へ行っても行かなくても、きみはダメだ」というのか、「そんな床屋なんかに行かなくったって、面接試験が良ければ、通るんだ」というのか、どっちかわかんないんだよね（笑い）。

アン　どっちにも取れますね。でも、ちゃんと断ってから散髪にいらっしゃったというあたりが、さすが瀬戸さん。ほかの人が、真似できないところですね。

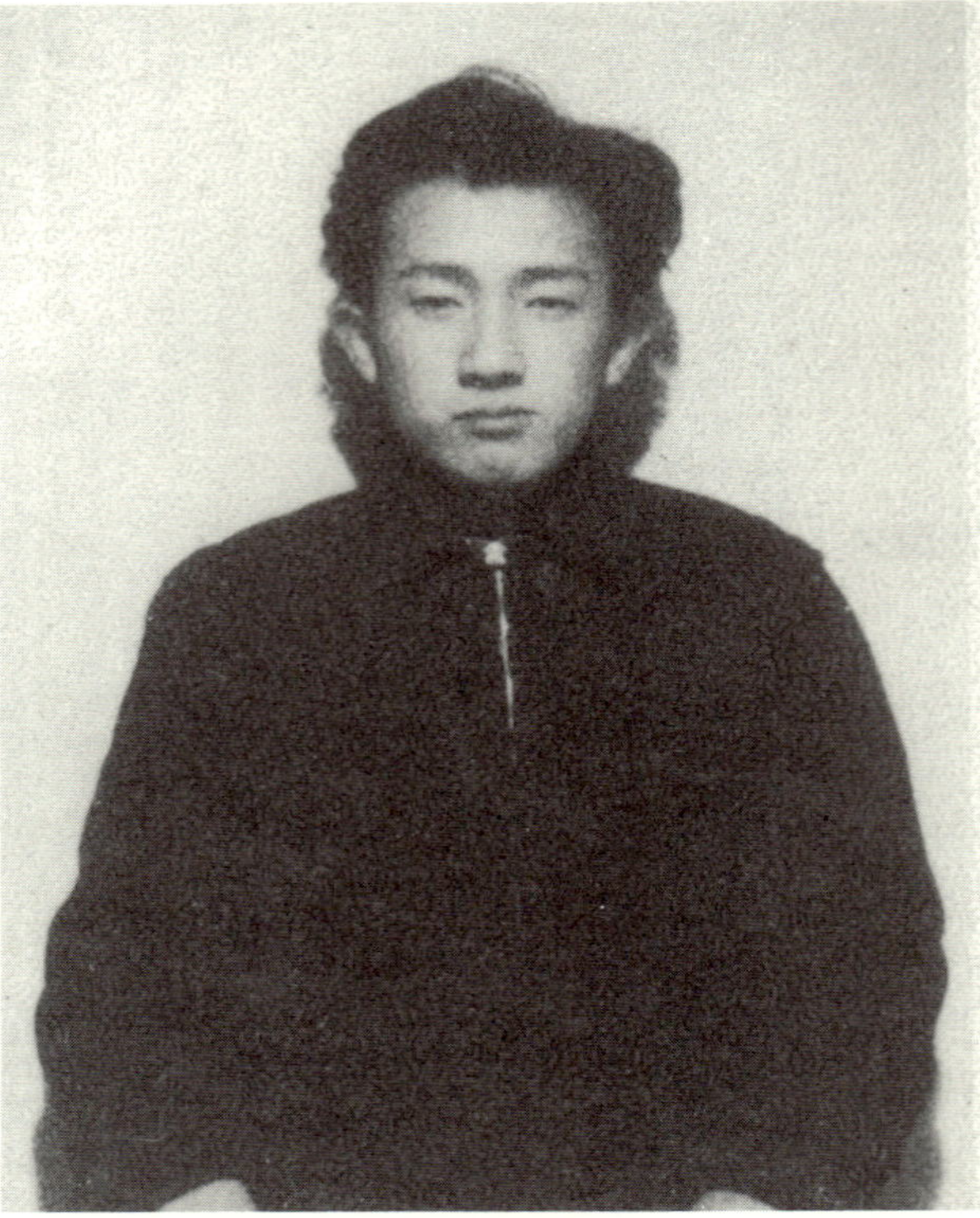
ぼさぼさの髪の毛を……

三次試験を突破して……。

瀬戸　このことをいまだに覚えているってことは、あのとき、すごく悩んだと思うんだよ……一応、許可をもらって床屋に行って帰ってきたら、九時五分すぎだったの。もう面接が始まってんの。ぼくは、たまたま順番がはじめから三番目ぐらいだった。床屋から帰ってきて、部屋へ入ってしばらくしたら、ぼくの名前が呼ばれたので、面接の部屋へ入ったの。そしたら、なんと面接官が、さっき散髪の許可をくれた山田光雄さんだった——まだ、あの方、お元気です——それに、小野正二さんっていう人事課長もいた。これも、いまだに覚えている。このお方は亡くなりましたけども。その二人が、ぼくが入

三次試験を突破して……。

っていくなり、「おお！　綺麗《きれい》になったな」とこう言ったわけ（笑い）。ほかの試験官の連中が、「なんだ？」と聞いた。「こいつは」って言ったか、「この学生は」と言ったか、どっちだったか忘れたけども、「さっき、髪の毛、ぼうぼうで来て、一次試験に通ったから床屋に行って、今帰ってきたんですよ」と二人が説明。そこでみんなドッと大笑いしたわけ。これで、「通った！」と思った（笑い）。

アン　ちょっと、この男は人とは違うという強烈な印象を与えたわけですね。インパクトありですね。課長面接というのは何人ぐらい？

瀬戸　課長が、七、八人ぐらいいたと思いますよ。

アン　で、どんな質問をされたんですか？

瀬戸　忘れちゃった、もう。

アン　覚えていらっしゃるのは、散髪事件だけ。

瀬戸　そう、そう（笑い）。三次試験の重役面接の記憶も、ないなあ……そう、そう、思い出した。専務さんや常務さんなんかの役員面接で一つ覚えているのは、「あなたは会社の中で不正が行われているということを知ったときに、どういう行動を取りますか？」という質問。この質問なんかは、今の時代にもあっていると思います。そこで、ぼくは、「ただちに上司に報告し、公にいたします。そうするのが、社員の努めだと思います」と答えた。

アン　情報公開の原理ですね。

瀬戸　倫理にそわない行動が組織内に存在したときには、正々堂々とディスクローズすべきであると思ったわけです。ぼくはあの質問は非常に、すばらしい質問だったと今でも思っています。岡本賢康さんという常務さんの質問だった。

「アサヒビール株式会社取締役社長、瀬戸雄三、こんな人間になれ!」と同級生がアルバムに寄せ書き。

アン　ちょっと話は変わりますが、前にサラリーマンには、憧れはなかったとおっしゃったんですが、会社に入る以上、なんらかの目標があったと思うんですが……課長になりたいとか部長なりたいとか……。

瀬戸　そんな気持ちは全然、わきませんでした。そんなことよりも、ぼくは会社の中でなにかやってみたい、エネルギーを発揮したいという思いが強かった。これから、どういう仕事が待ちかまえているか、わからないけども、会社の中で自分の力を試してみたい……まあ、これくらいの気持ちじゃなかったかと思います。

アン　将来、「おれは社長になるぞ」なんて思われました?

瀬戸　そんな気は、全然ありませんでした。なれるとも思っていなかった。ぼくの卒業アルバムに、同級生たちが寄せ書きをしてくれた。それを、この前、久しぶりに見たら、最初のページに、『朝日麥酒株式会社取締役社長瀬戸雄三（こうなっ

SETO'S KEY WORD 69

会社に入った以上は、そこで自分の力を試してみたい。

SETO'S KEY WORD 70

社長になる気など全然なかった。なれるとも思っていなかった。

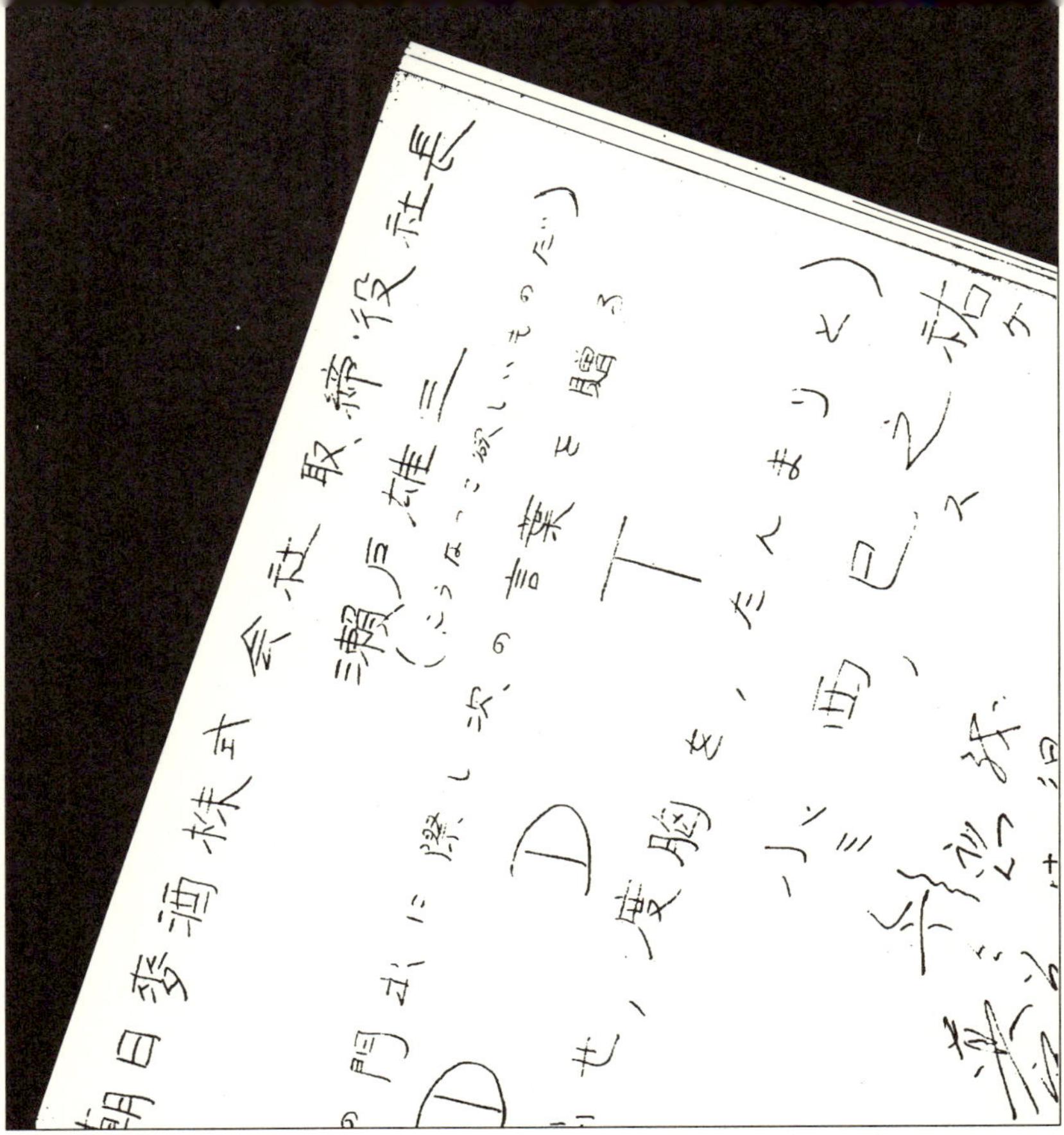

卒業アルバムの寄せ書き

て欲しいものだ』と書いている奴がいたんだよね（笑い）。書いた男――小西巳之祐君は、死んじゃったけど。

アン　先見の明がある方。

瀬戸　いや、「なって欲しい！」と書いてあるんだ。「なれる！」とは書いてなかった（笑い）。その男が、もし生きていたら、「おまえが書いてくれたことは、今から考えると感慨無量だなあ」と言ってやりたい……でも、社長になりたいなんて気持ちは、全然ありませんでした。そんなもん。さっきも言ったように、入った以上は、そこで思い切りやってやろうという気持ちだけだった。

アン　ちょっと調べてみたんですが、瀬戸さんがアサヒにお入りになったときは、アサヒは超一流企業で、三三・五パーセントですか、ビールのシェアが。そのあと入社の翌年から落ち始め、最終的にはダーっとシェアが九・六パーセントまで落

■私が入社した一九五三年、アサヒビールのシェアは三三％。キリンビール、日本麦酒（現サッポロビール）と同率ながら業界首位に立っていたのです。それが、私の入社の翌年から坂を転げ落ちるようにシェアを落とし、三十二年後の八五年にはついに九・六％と、一〇％を割り込むまで業績が悪化しました。（平成十［一九九八］年十一月七日『朝日新聞』夕刊『ビジネス戦記　山あり谷あり』より　聞き手・構成　長谷川利幸）■

ちこむんですよね……これから、そのへんの話は、おいおい出てくるとは思うんですけど、瀬戸さんの波瀾万丈《はらんばんじょう》の人生は、これからもつづくわけですね。少年時代から大学時代までと同じようなご経験を、また会社でもなさるわけですね。すごい人生！

瀬戸　そう、入社以後もいろいろあったからねえ……。

アン　人間というか、社員というのは悲しいもので、会社の調子が悪くなってくると今度は「内なる戦い」になってくるわけですね。そのへんの人間ドラマを、これから、じっくりお聞きしたいと思っています。第二部の「会社編」の『「承」の章』に入る前の予備知識として、ちょっと予告編をやってしまいました（笑い）。

瀬戸　伏線としての予告編（笑い）。社会人生活の伏線として、これまでのストーリーがあるんだということだね（笑い）。

入社試験を受ける人へのアドバイス。「おれはこういう人間だ！」と示せ！

SETO'S KEY WORD 71
会社に入ってからでないとわからないことを、入社前に、もっともらしく語るな！

アン　のちに社長から会長へと昇りつめる方は、どんなふうにして会社に入られたのかという興味があって、しつこいほど、瀬戸さんの入社試験のことをお聞きしましたが、ビールを飲むのが好きだからアサヒを受けて入られたというのは、とっても印象的でした。入社試験で瀬戸さんと同じような応対をする学生がいたら、入れますか？

瀬戸　これを読んで真似したのではダメだけどね（笑い）。今の人はねえ、「御社の商品開発はすばらしい」とか、「御社は環境問題にも、いろいろ取り組んでいる。その姿勢に憧れて」とか、もっともらしいことを言う。なにを言ってるんだ、なにもわからないくせして。そんなことは会社に入らないとわからないじゃないか、と思うんだけど。

アン　でも、そう言わないと雇ってくれないと学生は思っている。

瀬戸　そんなことはありません。

アン　社会全体が、これから就職して仕事をしようと思っている若い人たちに、そう思わせている時代でもあるんじゃないでしょうか。

瀬戸　それはそうなんですが、みんなが

SETO'S KEY WORD 72
人並みのテクニックで、入社試験をすり抜けようとするな！

SETO'S KEY WORD 73
自分でものを考えて個性的であれ！

ETO'S KEY WORD 74
無難に過ごすという風潮が蔓延《まんえん》しすぎた。

人並みのテクニックですり抜けようとするのはイヤだね。もっと、「おれはこういう人間だ！」って堂々と示してくれればいいのにね。自分でものを考えて個性的なことを言う子は少ないね。

アン　お言葉を返すようですが、わたしは、結局、今の日本の教育がそういうふうに教えていないと思うんです。みんな鎧《よろい》を着ているみたいに、良い子でいなくてはいけないって思っているみたい。子供のころから、偏差値、偏差値で画一的なテスト至上主義の教育しか受けていないから独創的な発想ができない。みんなが良い子でいなくてはいけないって無意識のうちに思っている。

瀬戸　良い子でいなくてはいけないし、人とあんまり離れてもいけないしね。人並みでいいと。無難に過ごすという風潮が蔓延《まんえん》しすぎた。

『「起」の章』のあとがき代わりに……
瀬戸流帝王学。

アン　瀬戸さんの経験主義と現場主義は、すごい。ここまでお話をうかがっただけで、「おまえがダメならおれがやる！」という気迫が、ひしひしとこちらに伝わってきます。

瀬戸　自分が人以上に苦労をしないと、人につらいことは言えないのです。それは一番大事なこと。だから企業でも……あんまり先に話を飛ばしちゃったらいけないんだけど、社長が一番つらくないといけないんですよ。社長が一番働いている、一所懸命やっている。そのうしろ姿を見て社員が、「よし、やらなきゃいけないな」って気持ちにならないと。

アン　社長は、どういうふうにつらくなくてはいけないんですか？

瀬戸　一番イヤな仕事は全部自分がやるくらいの気持ちが大切。たとえば、小さいことかもしれないけども、お客様からクレームが来る。もしそれが自分あてに来たんだったら、下の人に振らないで自分が電話を取って自分でクレームに答えるとかね。そういうことが大切。一番つらい仕事は自分がやるという覚悟が必要。それから、営業の世界で言うと、一番やっかいなお得意様のところには自分が行っ

SETO'S KEY WORD 75
自分が人以上に苦労をしないと、人につらいことは言えない。

SETO'S KEY WORD 76
社長が一番つらくないといけない。

ETO'S KEY WORD 77
一番嫌な仕事は全部自分がやるという気持ちが大切。

SETO'S KEY WORD 78
営業の世界で言うと、一番やっかいなお得意様のとこ

ろには自分が行って話をつけてくる。

SETO'S KEY WORD 79
現場主義を貫くことで、上司と部下の信頼関係ができてくる。

SETO'S KEY WORD 80
部下に心から信頼される。部下は心から心服する。

SETO'S KEY WORD 81
社長が先頭に立って努力する。それを見て社員がやる気を起こす。

SETO'S KEY WORD 82
努力したら伸びて、なまけたら落ちるという会社のほうが夢と緊張感がある。

SETO'S KEY WORD 83
ちょっと油断すると「大企業病」が出る。

て話をつけてくるとかね。こういう姿勢を持つことで、若い人に、「あの上司は一番つらいことを、おれのためにやってくれた」という気持ちを持たせるようにする。こういう現場主義を貫くことで、上司と部下の信頼関係ができてくると思う。企業社会で――アサヒは、四千人くらいの社員がいるんですけども――部下に心から信頼される、部下は心から心服する、そういう気持ちがないと同じベクトルに向けて仕事なんて、できません。もっと大きな企業になって、エスカレーターのように自動的に動くようになるといいのでしょうが。わが社は、まだまだ、たいした規模の企業じゃないから。もっとみんなが努力し、苦労しなきゃいけない。そのときに一番努力し苦労しなければいけないのはリーダー、すなわち社長。とにかく、トップが努力しなきゃいけない。それを見て社員がやる気を起こすと、ぼくは思う。

アン　アサヒはエスカレーターのような会社になればいいと思ってらっしゃるんですか？

瀬戸　そこまでなりたいような気持ちもなきにしもあらずですが、そんな会社って、あんまりおもしろくありませんね。努力したら伸びる、なまけたら落ちるという会社のほうが夢と緊張感があって、いいと思います。アサヒも、もし、いっときでも緊張感を欠いたら、ダウントレンドになるでしょうね（笑い）。この程度の規模でも、もうすでに、組織の一部で「大企業病」の兆候が出始めていると警告を発しています。

アン　自戒しつつ、ひたむきに前向きに進むということですか。では、第二章の「会社編」（『「承」の章』）に……。

瀬戸　じゃ、ここで、中締めの乾杯！

アン　乾杯！

「承」の章

研修はびんの箱詰め作業と大きな木の樽の掃除で始まった。

アン　昭和二十八（一九五三）年、「散髪事件」とともにアサヒに、とにもかくにもご入社なさった（笑い）……研修期間は？

瀬戸　東京本社で二週間、吾妻橋工場で約十日間、配属先の大阪支店で一か月。

アン　日本の会社の研修というのは、自分の希望をある程度、出せるんですか？

瀬戸　いや、会社が決めます。当時の研修というのは、その年、入社した二十八人が、前期と後期の二班に分かれる。ぼくは後期グループ。その十四、五人のグループが、本社の研修のあと工場へ行く。工場実習――現場の生産実習を、十日間ぐらいやったと思います。今、こうやって本社ビルが建っているここに、吾妻橋工場というのが当時はありました。ここでやったんです。

アン　どういう現場作業を？

瀬戸　栓を詰めたビールびんが、目の前にどんどん、やって来る。それを箱に詰める作業。今は全部機械でやるけども、当時は製造ラインからダーッとビールが流れてくるのを全部、手でつかんで箱に入れた。今はプラスチックのケースに二十本だけど、当時は木の箱に二十四本。こうしてこうして入れるわけ（と身振り

研修はびんの箱詰め作業と大きな木の樽の掃除で始まった。

今　ユニークな本社ビルが建っているところに吾妻橋工場があった

でやり方を説明)。で、隣にいる女性の社員は、すごくうまいんだ。パッパッパッと。われわれ男は、慌ててぽろんと落としたりして(笑い)。へただから、どんどんどんどん、ラインからビールびんはあふれて迫ってくる。チャップリンの『モダンタイムス』みたいに機械に追われるわけ。大変ですよ。

アン　結構、カルチャーショックが……

瀬戸　……あった、あった。箱詰め作業の次は、大きな木の樽の掃除。ビールは、酵母を加えて、一週間程度、前発酵というのをやったあと、今度は後発酵といって二か月間ぐらい樽の中で静かに寝かせて貯蔵する。そのあいだに、ビール独特のコク・キレ・香りなどが出てくる。こうやって熟成したビールをびんに詰める。そのあとの空になった木の樽を掃除するわけ。モップで洗う。これくらいの(と両腕で直径四〇センチほどの輪をつくる)穴から入って行って、中で洗うんだけども、ビールは炭酸ガスの入った飲料だから、樽の中に入ると息苦しい。それに、入り口が小さいから、中に入ったら暗い。まさに孤独そのもの。その孤独感と戦いながら、一所懸命、洗う。そんな作業をやらされたりしたね。

アン　どれぐらいの時間、樽の中に入っているんですか?

瀬戸　だいたい、樽が据えつけてある部屋は全体が二度から三度ぐらいに冷やしてあるから、そんなに長いことはいられない。今は、樽の中を冷やすから、そんなことはないけども、当時は部屋全体を冷やしていた。だから防寒服を着て、樽の中に入った。だいたい三十分くらい清掃作業をやると交代。この作業を二日間ぐらいやらされた……こんなふうに順番にいろんなカリキュラムが研修用に組まれていた。樽の中の二度か三度って結構、心

煙突からもくもくと出ている煙も今は昔（昭和27［1952］年ごろの吹田工場）

昭和29（1954）年ごろの西宮工場

細くて寒いのです。

アン　わたしの故郷は、零下三十度とか四十度になるところですから、二度という温度は秋とか春。ちょうど運動にいい温度じゃないですか（笑い）。

瀬戸　（ちょっと、あきれた顔で）アンさんにとっては、快適な温度なんだ。ぼくには、ちょっとね……。

研修期間中のエピソード一つ。

瀬戸　研修期間中に、おもしろいことがあった。後期研修のグループは、旧制の東大を中心に新旧帝大出身の連中が多かった。それに、慶應とか、私学の連中が少し混じっていた。実習がすんだあと、東大出の奴が、「だいたい慶應なんて、勉強もしない頭の悪い奴らの集まりだ」と言った。「なにを根拠に、そんなことを言うんだ！」とぼくは怒った。言う奴も言う奴なんだけど、こっちも血気さかんだから、「それじゃ、どっちが頭がいいか勝負しよう」って（笑い）。頭の勝負だからさ、喧嘩するわけにいかない。麻雀で勝負してどっちが頭がいいか決めようということになった（笑い）。慶應出身の新入社員で、だれか麻雀ができる奴は、いないかって聞いたら、船曳達也君が、「ああ、おれ、できるよ」って、出てきたんだ。

「二八会」の仲間たち

SETO'S KEY WORD 84
ぼくは遊びには強い。

アン　東大対慶應、二対二の血戦ですね。

瀬戸　そう、二対二。なれない労働で疲れたあと、浅草の近所の麻雀屋に行って……東大出の戦士は、大山健児君と玉井令一君の二人。彼らは、今も元気だ。それで船曳君に座るなりぼくが、「おい、きみ、どれぐらい麻雀、できる?」と聞いた。だって、それまで慶應同士といったって会ったことないんだから。そしたら船曳君が、「いや、ぼく、パイを並べるくらいならできる」って。「その程度なら、はじめからやれるなんて言うな!」って思ったんだが、あとの祭り(笑い)。もう、麻雀屋に来ちゃったんだから、「しょうがない。おれが、おまえの分も引き受けた」って。ぼくは、あんまり勉強はしなかったが、好きなことばっかりやっていたから、遊びには強い。それで、慶應連合軍が東大連合軍を二時間ほどで、やっつけたの。麻雀がすんでから、「おい、おまえたち、一生、おれに従うか」って(笑い)。

アン　ワーオー。新入社員のときから、社長の片鱗ありってとこですね。

瀬戸　東大勢は、「すまなかった」と。「よし、わかればいい」って和解成立。「二八会」という当時の仲間の同窓会は、今でも、年に三、四回集まっている。亡くなった人もいるけども。アサヒ飲料の会長の佐野主税君とぼくだけが現役で、あとはみんなOB。このあいだも、両君に確認した。「おい、きみら、覚えてるか?」って。「覚えてる、覚えてる、それを言うなって!」って(笑い)。大山君は、会社を途中でやめて、今、銀座の岩原総合法律事務所というところで、弁護士をやっています。都合がつけば途中でやめた仲間も含めて全員、出てくる。今、会長だとか、ほかの職業に就いているだとかということは全然、関係がないわけ。「よお!」「よお!」という感じで集まってくる。

大阪支店（昭和四十［一九六五］年二月撮影）

■ 難関の入社試験をくぐり抜けて、一九五三年四月に配属されたのは大阪支店の販売課でした。大阪はアサヒビールの前身である大阪麦酒が誕生した地。当時、大阪の市場はアサヒが六八%ものシェアを握り、当社きっての金城湯池でした。
　大阪市中心部の北浜にあった大阪支店も活気に満ち

Gーカットにポマードつけて……アサヒ始まって以来最悪の新入社員と言われた三人が、大阪支店に赴任。

瀬戸　研修が終わって一か月ぐらいたったあとに、ぼくはシェア六八パーセントと、もっとも勢いのいい大阪支店へ赴任した。

アン　大阪は断トツだったんですね。

瀬戸　断トツだった。金城湯池って言われた。アサヒの金城湯池。

アン　キリンビール（**以下、本文では、原則としてキリンと省略＝編集部注**）の営業マンが自転車で営業にまわっていたころに、アサヒの営業は、颯爽《さっそう》とスクーターに乗っていたとか……。

瀬戸　キリンは自転車だけど、われわれは全員がスクーター。

アン　当時、スクーターっていうとオシャレですよね。

瀬戸　そりゃ、アサヒマンは、オシャレですよ（笑い）。

あふれていました。一階の駐車場には、営業マン一人ひとりに与えられたベージュ色のスクーターがズラリ。当時、キリンの営業マンは自転車に乗っていたから、背広姿でさっそうと風を切るアサヒの営業マンを見るにつけ、トップシェアのビール会社に入ったんだなと誇らしげに思ったものです。

　ところが、七月に本採用されるまでの見習い期間は、大失敗の連続でした。大阪支店に配属された新入社員は私を含めて三人。これが徒党を組むと、よからぬことが必ず起きるのです。（平成十［一九九八］年十一月十四日『朝日新聞』夕刊『ビジネス戦記　山あり谷あり』より　聞き手・構成　長谷川利幸）■

SETO'S KEYWORD 85
ぼくらは、男気があったとい

アン　今でも銀行マンは自転車ですもんね（笑い）。ほんと、カッコいいですね。

瀬戸　そんな大阪支店へ赴任した新人は三人。この三人が、それから大変な暴れ馬になるわけです。

アン　その三人というのは瀬戸さんと……

瀬戸　永松裕君と猪口慶二君。二人とも死んじゃった。善人は若死するとよく言いますが、悪いのだけが残っている（笑い）。この三人が、アサヒ始まって以来のデキの悪い新入社員と言われた問題児。

アン　どういうふうに？

瀬戸　なんて言うかねえ、アンさん、おわかりになるかどうか……いわゆる、バンカラ……要するに学生気分が、なかなか抜けないというのか……よく言えば、男っぽくてワイルド。

アン　オオ。ワイルドウエストのワイルド？

瀬戸　旧制高校とか、旧制中学の連中は、男気があったというか、とにかく元気が良かった。要するに、ボロボロの洋服を着て、手拭いを腰からさげて、下駄をならして歩いて……自分を誇示するというようなところがあったわけですよ。そういった、世間の「かたち」にそわないような姿勢を誇示するとでも言うのかな……外国の人にわかりやすい表現で言えば、戦前の日本のヒッピー。社会に反抗し、既成の権威にたてつくライフスタイルを美学にしているようなところがあった……それで、ぼくは会社に入って、大阪支店へ赴任して、最初に配属されたのが、そもそもアサヒを受けるきっかけをつくってくださった慶應の先輩、藤井利次さんという副課長の下。つい二か月ほど前に亡くなりましたけども。当時の職制は課長、課長代理、副課長となっていた。副課長というのは、今もあります……その藤井

うか、とにかく元気が良かった。

さんの席の横に、ぼくの席があって、そこに座らされたわけです。着任した日に各部署の挨拶にまわって、庶務課長から支店の中のことをいろいろ教えてもらって、夕方席に帰ってきましたら、ぼくの机の上に「柳屋のポマード」が置いてあった。昔の整髪料、ヘアクリームですね。当時のサラリーマンは、みんな、これを頭につけていた。

アン　あの匂いの強いやつですね。

瀬戸　最近は、流行らなくなりましたが、あの橋本龍太郎さんみたいなリーゼントスタイルにするためのポマード。それが新聞紙に包んで、ポンと置いてあったの。藤井さんが、横にいたから、「藤井さん、これ、なんですか?」って聞いた。「これは、ぼくのきみに対するささやかなプレゼント」という答え。つらつら考えてみると、要するに、頭の髪の毛をぴちっとしろと。「おまえ、サラリーマンになったんだから、もう少しちゃんとした格好で会社へ来い」という忠告。当時、ぼくはガリガリのG-カットみたいな髪型だった。「明日からちゃんと整髪料をつけて会社に出てこい」という無言の教育です。

アン　で、おやりになりました?

瀬戸　やりましたよ、そりゃあ(笑い)。藤井さん、隣にいるんだもん。まして、ぼくの大学の先輩だし、入社のいきさつを考えるとノーと言えるわけがない。

アン　でも、瀬戸さんが、あのポマードの匂いを、お好きとは思えませんが。

瀬戸　大嫌いですよ。

アン　それから、そのポマードを?

瀬戸　ずっとつけていましたよ。ぼくも体制派の人間ですから(笑い)。

われら三人組（左から猪口君　ぼく　永松君）

新入社員三人の集団脱走？

瀬戸　それからあと、ずっと三人組が、悪いところに出てくる。次の失敗は「ボート事件」。大阪に着いてから三日目ぐらいのお昼休みに、ボートに乗りに行った。というのは、北浜二丁目の大阪支店のすぐそばに、堂島川というのが流れています。そこに貸しボート屋さんがある。お昼ご飯がすんだから、われら三人組は、ボートを漕ぎに出かけたわけ。川下のほうへ漕いで行ったの。すいすい行くじゃない。「ああ、気持ちいいねえ」って。それで、二十分か三十分か漕いで、中之島の朝日新聞社のへんまで行っちゃったあと、さあ帰ろうと思ったんだけど、川の流れと逆で、帰れないじゃないですか。帰りのことを、考えなかった。若気のいたり。あなた、貸しボート屋さんまで、やっとたどり着いたのは、一時半ごろ。もう会社は、昼からの仕事が、とっくに始まっている。走って帰ってきたら、みんなが総立ちで待っている。今年入った新入社員が三人、集団脱走したって（笑い）。「おまえら、なにしてた！」と問われたからさ、「いやあ、ボートを一所懸命に漕いでいたら、帰れませんでした」って答えた。罵声が返ってきた。これが第二回目の失敗。配属、三日目だった。

アン　いいですねえ、そういうのって。

瀬戸　いいですねえ（笑い）。引きつづき起こした事件は、「お手洗い事件」。

次の事件は、「お手洗い事件」。また、また、三人組が……。

アン　いつも三人が一緒……

瀬戸　……一緒。だいたい問題を起こすときは、いつも一緒なの。手洗いで三人組が会ったんですよ。で、ぼくが言った、「この会社は、おじん臭いな」と。あとの二人が、「そうだ、そうだ」と賛同した。

アン　アッハッハ（と大笑い）。

瀬戸　おしっこしながら、大声でそう言ったら、「大」のほうから寺岡弘支店長が、出てきたの（笑い）。みんな、「はあー」ってなもんよ。相手は、取締役大阪支店長ですよ。今でこそ、「支店長なんてなんだ」と思うけども、当時は、やっぱり、新入社員から見る支店長っていうのは気高いもんですよ。とくに大阪支店長は、別格というか上の地位だったですよね。当時は、支店も少なくて数支店しかなかった時代ですから。今は、厳密に言うと二圏本部、七地区本部、十二支社、六十一支店――全都道府県に営業拠点が、ありますけども。当時の大阪支店といったら、ナンバーワンの支店ですからね。

アン　その支店長さんは、「大」から出てこられたときに、なにか、ひと言、おっしゃったんですか？

瀬戸　いや、言いません。三人組の「はあー」で終わり（笑い）。もう少し気の利いた支店長なら、「おまえら、こういうところでは小さい声で話せ！」とその場で、叱《しか》って終わりなんだけど。なにも言われないっていうのはつらい。あとに残る。

アン　その後、目をあわせる機会は、あったんですか？

瀬戸　ありますよ、しょっちゅう。だけど、その支店長は非常におとなしい方でね。ジェントルマンでいらっしゃったから、その後、そんなにぼくは、迫害を受けたことはなかった（笑い）。

アン　でも、人によったら、大変だったでしょうね。もし、恨みがましい性格の人だったりしたら……

瀬戸　……「あの野郎、新入社員のくせに生意気だ」とか、「会社を批判しやがった」ということになる。

アン　へたしたら入社早々、窓際に追いやられた可能性も？

瀬戸　うん、あった、あった。その窓際にされる事件は、大阪支店で働き始めてから、三年たったときに、実際に起きた……この事件のことは、あとでくわしく話しましょう。

アン　オウ！　ワーオ！

SETO'S KEY WORD 86

悪いことをしたときに、なにも言われないのは、つらい。あとに残る。

■（ボート事件から）約一週間後。トイレで三人がバッタリ出会い、「この会社はどうも年寄りくさいな」と陰口をたたいていたら〝個室〟から出てきたのは支店長。これには参りました。（中略）そんな三人組も少しずつ仕事を任されていきます。昼はお客様に郵送するダイレクトメールのあて名書き。夜は二日に一回のペースで、宴会の出張サービスが待っていました。お客様が生ビールをたるごと買い取り、盆踊りや社員の慰労会で振る舞う。そのビールをジョッキにつぐのが、私たちというわけです。重い木の柱を立ててテントを張ったり、近所の氷屋さんで氷を買ってきてビールを冷やしたり、ジョッキ洗いも当然しました。（平成十［一九九八］年十一月十四日『朝日新聞』夕刊『ビジネス戦記　山あり谷あり』より　聞き手・構成　長谷川利幸）■

■仕事のつらさを吹き飛ばしてくれたのもまた、ビールでした。当時、社員には直営ビアホールのチケットが配られ、サインをすれば月給払いでビールが飲めたのです。（平成十［一九九八］年十一月十四日　『朝日新聞』夕刊『ビジネス戦記　山あり谷あり』より　聞き手・構成　長谷川利幸）■

入社そうそうの「おごりまくり事件」。

アン　瀬戸伝説の一つに、入社後しばらくは、給料がビールに消えたとか……その話をちょっと。

瀬戸　初任給は一万一千九百六十円……なぜか、覚えている。

アン　それって、当時のサラリーマンの平均的給料ですか？

瀬戸　うーん、昭和二十八（一九五三）年の初任給としては、平均よりちょっといいかな。

アン　ところで、先ほどの質問ですが……。

瀬戸　大阪へ赴任しました。そうすると、神戸の悪友がいっぱい来るわけです。三中時代の原点の悪友たちが、「瀬戸がアサヒに入って関西に帰ってきた。聞くところによると、あいつと一緒に飲めば、ビアホールでタダで飲めるらしい」とやって来る。タダじゃないんですよ。月給からみんな引かれちゃうんだよね。でも、連中は、そんなことは、おかまいなし。「ご馳走しろ」って言うんです。こっちも、まあ、調子のいいほうだから、「よし、ドンと、こい！」と言って、おごっちゃう。それで、みんなで、とことん飲むわけですよ。ビアホールのはしごをやる。

アン　当時、直営ビアホールは、たくさんあったんですか？

瀬戸　いっぱいあったの。大阪の駅前とか、梅田新道とか、千日前とか、いっぱい

■ ビール会社に入ったら、ビアホールでビールをサイン(つけ)で飲める。うれしくて友達を連れて毎晩のように飲みました。給料は一年間赤字で、支店長に呼び出されたほどです。普通の会社だったら、クビだったかもしれませんね。
　でも、仕事も人一倍やったつもりです。自分の持ち場だけは絶対他社に負けないという気持ちを持っていました。
(平成十一〔一九九八〕年七月五日『産経新聞』のコラム『転機』より　聞き手　中川淳■

あるわけ。だから、あの当時、ぼくはビアホールのウエイトレスとみんな顔馴染みだった(笑い)。「よお!」ってなもんでね。いまだに、そのビアホールで働いている人もいる。

アン　じゃ、今でも、ときどきお寄りになって、「よお!」って?

瀬戸　年にいっぺんぐらい。当時の第一線のウエイトレスさんが、ちゃんとお店にいるの、事務方で。「瀬戸さん、元気?」って気楽に言ってくれるのがうれしい……それぐらい、ぼくは顔を売っていたわけ。

アン　気になるお支払いですが……ビール券?　サイン?

瀬戸・チケット。それにサインをするの……サインをして飲めるっていうのは、そりゃ夢ですよ。

アン　当時、何歳でしたか?……カッコよくサインしたりしていらっしゃったのは。

瀬戸　昭和二十八(一九五三)年だから、二十三歳。サインして飲めるっていうのは、カストリをちびちびやっていた学生時代には考えられないことだった……それはともかく、ぼくのうしろに、神戸三中時代の悪友たちが、いつもぞろぞろぞろぞろと、入れ替わり立ち替わり、ついてくるんだ……一般企業だと、役員級接待。たまたま、ビール会社だから、できるんですけど、普通の会社でサインで飲めるなんていうのは、もう役員でしょうね。考えられないこと……それはいいんだけど、こんなことをやっていると、たちまち月給以上に飲んじゃうの……当時の月給袋というのは、茶封筒の上にペンで額面が書いてあった。まず基本給が書いてあって、それから残業手当とかがあって、その次に税金があって、その下に、朝日共栄払い……差し引きこうこうと。これは、ビアホールの会社の名前。そこに、一万五千円と書いてあるわけ。その下に総計と書いてあって、赤ペンで三千何十円と書いてあるわけ（笑い）。ということは、「あなた、月給はありませんよ」と、いうことなんですよ。それが、入社そうそう三か月くらいつづいたの。

アン 入社直後からですか？

瀬戸 そう、夏ぐらいまで。

アン どうやって生活してたんですか？

瀬戸 母親からね、ちょっとお金を……フッフッフ（と含み笑い）……当時は、少年時代を過ごした舞子の実家から通っていたから家賃はいらない。電車で一時間五分……ドア・トゥー・ドアで、一時間半。

アン 三か月赤字がつづいて……

瀬戸 ……三か月、赤字がつづいたときに、支店長から、「きみ、ちょっと生活が荒れてるんじゃないの」と言われたんだ。支店長自らですよ。「はあ!?　どうしてですか？」とぼくが聞いたら、「きみねえ、朝日共栄の常務からきみの毎月の金の使い方が荒いという報告を受けた。ちょっと生活を慎んだほうがいい」と言われたんです。足りない分は、母親からお金を借りて、全部払ってるわけだから、ぼくにしてみれば、だれにも迷惑をかけていないし、朝日共栄に対しても、なんにも問題を起こしてるわけでもない。だから、朝日共栄常務、大森寅之進さんにすぐ電話をかけた。「あんた、卑怯だ！　もし、ぼくの生活が荒れているっていうんなら、ぼくに直接電話するのが本当じゃないの。支店長に、ぼくの私生活のことを言いつけるというのは、非常に不愉快だ」って。

アン ワーオ。二十三歳のときに、そのセリフを？

瀬戸 吐いたの。あとで考えたら、大森さんは、関連会社の常務さんだから、ずいぶん、失礼なことをしたんです。本体の

SETO'S KEY WORD 87
文句は本人に直に言え！

入社そうそうの「おごりまくり事件」。

親会社のアサヒを定年まで勤めた方が、子会社の常務になっていたわけだから。そんなこと、当時のぼくには、わからないじゃない。ビアホールの常務が言いつけやがったと思って（笑い）。しかし、大森さんていう方は、すごく偉かったと思う。若造のぼくの電話を受けて、「瀬戸君、それは悪かった。ぼくがきみに直接言えば良かったのに、支店長に言ったのは、大変失礼をした」と、言われたの。「いや、そう言っていただければ、わたし、なにも言うことはありません」と（笑い）。しかし、あとから考えたら、大先輩に言いたい放題を言ったんだから、相手は、「この野郎！」と思ったでしょうね。

アン　立派な人ですね。

瀬戸　ご立派。

アン　でも、ことの本質を考えたら、瀬戸さん、正論を吐かれた。

瀬戸　うん、まあどっちも正論なんだけど（笑い）。

アン　ところで、「おごりまくり事件」は、どういう決着に？

瀬戸　いや、それからはね、ぼくもみんなに言ったの。「ちょっと、おまえらねえ、おれもサラリーマンになった以上、毎月毎月、月給以上に飲むわけにいかないよ」と。それとみんな、だいたい最初はわっと押しかけてくるけども、ある程度一巡すればそんなに、しょっちゅうは来なくなるじゃないの。そんなこんなで、一年ぐらいでちょっと波が静まってきた。

アン　最初は歓迎の意味もこめて、いろいろありますからね。押しかけて来る人数は、一回で何人くらいなんですか？

瀬戸　三人から五人くらい。

アン　どれぐらい、みんなで飲んだんですか？……事実関係をくわしく知ろうとすると、刑事の尋問みたいになってしまって（笑い）。

瀬戸　細かいことは忘れたけども、この人数で、いい気になって二、三軒、ハシゴをすれば、相当な金額になる。

アン　二十三歳の若者ですからねえ。

瀬戸　若いんだから。ビールをがぶがぶ飲むじゃない。

アン　わたしなんかの感覚だと、一流会社の新入社員が、いくらお友だちにたかられたとしても、一か月分の給料が、まるまる、ビアホールの飲み代に消えてしまうというのが、よくわからなくて、しつこく質問してしまって、すみませんでした。今の日本では、ビールは、贅沢品ではない、日常の当たり前の飲み物ですが、当時は本当に贅沢品だったんですね。

瀬戸　そう、今は違いますよ。ビール税だけが、贅沢品の名残を残しているだけです。

SETO'S KEY WORD 88
ビール税の高さだけが、贅沢品の名残を残している。

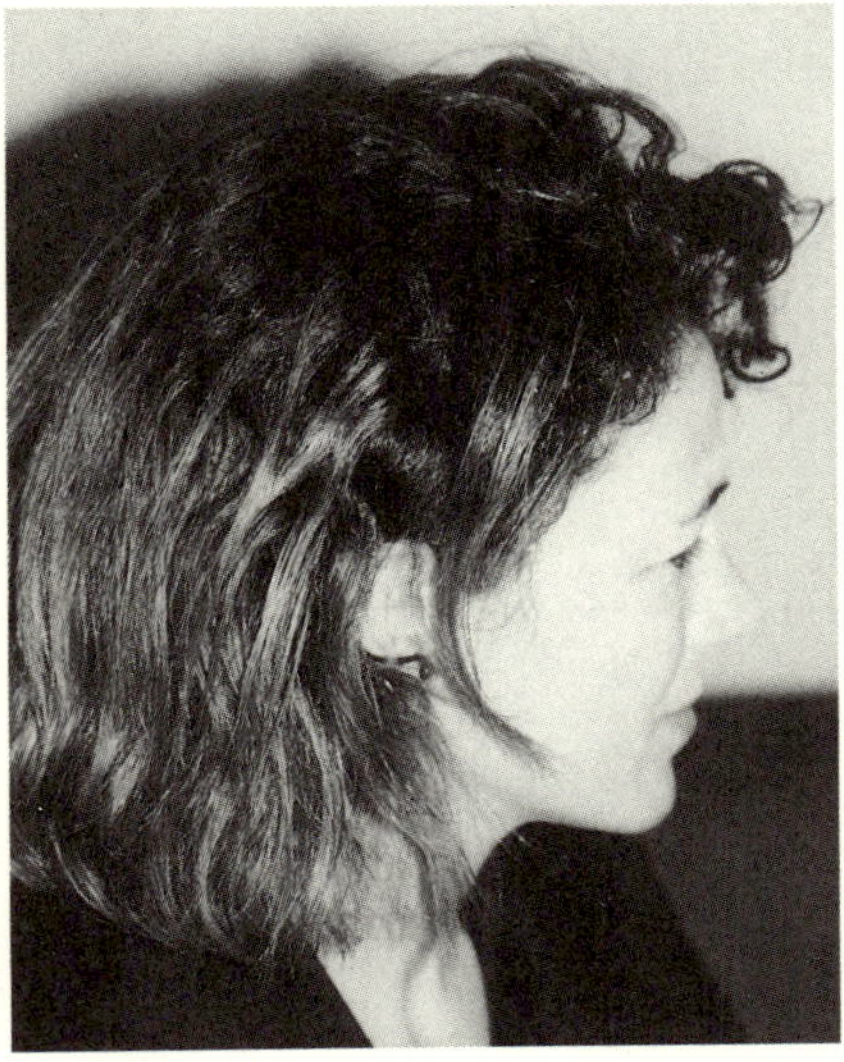

「酒場は夜の戦場」——営業失敗談。

SETO'S KEY WORD 89

仕事でビールを飲むのは、本来のビールの飲み方ではない。しかし、飲まないといけないから飲む。

瀬戸　神戸三中の悪友と、わいわいがやがやのビアホール飲み歩きの話は、さておいても、ビール会社の営業というのは、飲む機会が多い。飲むのも仕事のうちという側面がある。

アン　昼間に何軒も酒屋さんをまわるうえに、夜も酒場まわりの営業があるんですか？　作家の山口瞳さんの言葉じゃないですけど、「酒場は夜の戦場」なんですね。わたしは、お酒の中でもビールが大好きですが、楽しいとき、気分のいいときに飲むのが好きです。仕事でお酒を飲まなければならないなんて、「ガイジン、ビックリ！」のお話ですね。仕事上で、お酒を飲む趣味は、わたしにはありません。ストレスが溜まっているときには、あまり喉に入ってこないんですけど、仕事上で飲まなくてはならなくて、そのうえ、酒に飲まれない一生ってスゴイと思うんですけど。

瀬戸　そう、スゴイと思う（笑い）。ビールを飲む本来の姿じゃないのです。仕事として飲むというのは、本当は良くないことだとぼくも思います。しかし、飲まないといけないから飲む。

アン　やっぱり仕事で飲むビールの味は違いますか？

瀬戸　友人たちと飲むビールは、本当においしいし、酔っ払っていい気持ちになるけども、仕事上で飲むお酒というのは、

神戸支店課長時代

もちろん、ほどほどにいい気分にはなるけども、自分で抑えようとするところがあるのは、たしか。今の若い人は、若干そういう夜の仕事っていうのをしない傾向があるけども、ぼくが現場で営業の仕事をしていたころは、昼間、お酒屋さん、販売店さんを九軒、十軒とまわって、原則として夕方五時か、六時には会社に帰ってくる。そのあと、七時くらいから、二人ペアで、また出かける。一人じゃ話題がないから、二人。そうして、だいたい五、六軒ハシゴをする。こういうパターン。

アン　お勘定は全部、払うんですね。

瀬戸　いつも現金で払うの。もちろん、領収書をもらって。

アン　高いところにも、いらっしゃるんですか?

瀬戸　あんまり高いところは行っちゃいけないと言われているんだけど……ときどき、高いところにも行きました。酔っ払ってると、「えい、行くか」ってね(笑い)。そのへんは、まあ、人間的なんです(笑い)。クラブには、あんまり行かないんです。ウイスキー系統の店ですから。やっぱり、ビールが出る店。費用対効果の問題ですからね。

アン　アサヒが置いてあるところと、これから攻略するところと、どのくらいの割合でいらっしゃるのですか？

瀬戸　これから攻略するというところが八割くらい。今までアサヒを売ってくださっているところに、ご挨拶にまわるというのが二割くらい。攻めるお店には、じっくり飲みながら一か月くらい通う。

アン　営業現場での瀬戸さんがお得意な失敗談は（笑い）……

瀬戸　……ある、ある。最初の飲食店にご挨拶に行くのは、早いときには、六時か六時半ごろの、まだお客さんが来ていない時間。「盛り塩」ってわかる？

アン　玄関にお塩を盛って商売繁盛を願う習慣――中国の故事来歴から、あの「盛り塩」というのはきているという説を聞いたことがありますが……。

瀬戸　出典はさておき、お塩というのは、日本人にとって「清める」ための小道具。「玄関を清めましたよ、お客様、来てください」というサイン。新入社員のぼくが、ある夕方、「こんにちは。アサヒです」とお店に入って行ったところ、えらく怒られてね。「おまえ、ビール会社の営業マンなのに礼儀も知らないのか！　盛り塩してあるのに、お客さんが来る前に表から入ってくるなんて何事だ！」って。「裏から入れ」なんて言っても、裏なんかないんだけどね、そんなお店は（笑い）。もう一つ。ある小売屋さんに売掛代金が溜まったんですよ。普通は、われわれは問屋さんと商売をしている。問屋さんとのあいだで、お金の受け渡しをする。ですから、小売屋さんとは、普通、売買代金の受け渡しはないんだけども、当時は、まだ戦争が済んだ直後のこともあって、大手の小売屋さんとは直接取り引きをしていた。ある小売屋さんが、営業内容が悪くなって、「お金を払ってください」と言っても、なかなかお金をくれない。ぼくはその小売屋さんの担当だった。だいたいにおいて、

「酒場は夜の戦場」——営業失敗談。

新入社員とか入社二、三年の連中というのは、そういうことをやらされるわけですよ。毎日、行くんだけども、お金をくれない。月末の二十八日、二十九日、三十日に行っても、くれないから、翌月、一日《ついたち》の日に集金に行ったんです。「集金に来ました」と言ったら、「おまえ、今日、何日だと思っとるんや！　一日《ついたち》やないか！」と怒られた。大阪商人というのは、一日《ついたち》の日に集金されるのを、すごく忌み嫌うということを、ぼくは知らなかった。「縁起が悪い、帰れ！」とすごい剣幕。そんなこと言ったって、二十九日も三十日も集金に来たのに、お金をくれないで、一日《ついたち》に行ったら、こんな具合……こういう勝手なお酒屋さんもいました。しかし、そのおかげで、一日《ついたち》に集金に行ってはいけないということを、体験上覚えた。体で覚えたのです。

アン　これからは、集金は、一日《ついたち》は休んで、また二日から再開すると。

瀬戸　そう。しかし、自分のことは棚にあげて、「縁起が悪い」というのには、正直、まいったね。

新人時代の瀬戸流営業法　その一。緻密な「自家製メモ」の作成。

アン　ところで、新人向けの営業マニュアルはなかったんですか?

瀬戸　マニュアル?　そんなもの、ありません。

アン　日本人、マニュアルが好きですから（笑い）。

瀬戸　あのころは、マニュアル、なかったの。東区、南区と区別に酒屋さんの名簿があっただけ。

アン　「これを持って、営業に行ってこい」と、それを渡されるわけですね。

瀬戸　それと地図。区別の地図。それを頼りに自分で酒屋さんの場所を探して歩く。そういう時代でした。マニュアルもデータもなにもない。

アン　先任者もなにかアドバイスをしてくれないんですか?

瀬戸　なにもしてくれない。だいたい口頭では、「このお店はうるさい」とか、「このお店はしょっちゅう、行かんとあかん。そして、一時間は話をせんと機嫌が悪いぞ」とか、そういうふうなことは教えてくれるけどね。

アン　アバウトですね（笑い）。

瀬戸　そう、すべてがアバウトな時代だった。

アン　じゃ、今みたいにコンピューターで分析とか……

瀬戸　……するわけがない。今とは、全然違う世界。自分の受け持ち地区の酒屋さんのことを全部、自分で鉛筆で書いて「自家製メモ」をつくる世界。その努力のおかげで、ぼくは大阪の小売屋さんの名前は、フルネームで、今でも覚えている。自分で書いたおかげです。今の若い人たちは、コンピューターから片仮名で出てくるアウトプット・データで見るわけだから、名前を覚えるどころか、フルネームなんて、とても覚えていませんよ。会社に入って一番びっくりしたのは、先輩に連れられて引き継ぎにまわるときに、「今のお店の名前は、なんでしたっけ?」と聞くと、「田中弘。ヒロシの字は、弓偏に厶」と明快な答えが返ってきたこと。担当のお得意先は、何百軒か、あるじゃないですか。三日間、四日間と連れ歩かれるわけですが、お得意様のフルネームを全部漢字で、その人は覚えていた。すごい人だなと思ったら、実は全員そうなんです(笑い)。

アン　瀬戸さんの「自家製メモ」の具体的内容は、どのようなものだったのでしょうか?

瀬戸　まず名前。そしてご主人の特徴。もちろん、次に売上箱数を書く。これは、複数の問屋さんからの入荷を丁寧にフォローして集計して克明に記録した。前年、前々年の売上を比較して、何パーセント増えているとか、減ってるとかを調べてメモにした。最後にその小売屋さんにあがりこんで、「あなたの大事な飲食店のお得意様を教えてください。その飲食店さんは、一年間にビールをどれくらい売られていますか?」と根掘り葉掘り聞いて、それをメモった。しつこく、「台帳を見せてください」とまで言って、数字をみんな

SETO'S KEY WORD 90

所詮、営業というのは、体で覚えたことを、手と足で考えて実行する世界。頭でっかちの概念世界とは無縁の世界。

教えてもらった。とにかく、ありとあらゆる小売屋さんの情報を、ぼくは書きとめた。このことに関しては、課長に、「おまえ、いいデータをつくった」と褒められました……それぐらい、なにもデータのなかった時代だった。今から四十五年前の話ね。

アン　そのときの、データ、まだお手元にありますか?

瀬戸　ありません。引継書として、次の人に、置いてきたから。

アン　今、アサヒの社員が、みんなパソコンを持って、Eメールアドレスで連絡しあっていることを思うと信じられないような世界ですね。

瀬戸　そう。今だったら、キーを押せば、すぐにデータが全部、自分の目の前に出てくるけども、それがどれだけ自分のものになっているか、ときどき疑問に感じるときがある。あの当時の営業マンというのは、全部自分の手作業でデータをつくったことで、頭の中に情報がインプットされたことは、いいことだったと思っている。所詮、営業というのは、体で覚えたことを、アンさんふうに言えば、「手と足で考えて実行する」世界ですから。頭でっかちの概念世界とは無縁の世界なんです。

新人時代の瀬戸流営業法　その二。オヤジの形見のカメラで「記念撮影作戦」。

「記念撮影作戦」のとき撮った写真（次ページの二枚も）

瀬戸　ぼくは、オヤジの形見のドイツ製のコンタックスの古いカメラを持っていた。学生時代にいろんな写真を撮るのが趣味だったんですが、これを商売に使えないかと考えて、持ってまわった。今だったらインスタントカメラがいっぱいあるから、写真を撮るなんて、ちっとも、めずらしいことじゃないけども、当時は、「写真を撮ってあげる」と言ったら、すごくインパクトがあった。営業先の酒屋さんで、「家族みんな出ておいで！」と店の前に並んでもらって写真を撮って、次にそのお店におうかがいするときに、大きく引き伸ばしてプレゼントする。これは、すごく喜んでもらえた。当時はカラーじゃなくて白黒の写真でしたが。

アン　全部のお得意様に、それをおやりになったんですか？

瀬戸　百三十軒の受け持ち全部というわけには、いきませんでしたが……。

アン　それを真似した人は、その後出てきましたでしょうか？

瀬戸　いませんね。当時、まだ、「模倣の文化」がなかった。今だったら、すぐ真似されると思うけどもね。あまりにも突飛だったのかもわかんない（笑い）。

アン　カメラを持ってる人が少なかったのでは？　瀬戸さんの真似をした営業活動をやりたくても、できなかった。

瀬戸　そうね、それもある……話が逆行して、良くないんですが、オヤジの形見のこのカメラについては、思い出がある。慶應の学生時代の最後、卒業式がすんだあと、みんなで飲みに行こうということになって、浅草で飲んだ。そのあと、ちょっと、いかがわしい街へ行きまして（笑い）、そこで朝までみんなでドンチャン騒ぎをして、お金がなくなっちゃった。それで、そのカメラを質屋に持って行った。質屋が、それを担保に一万円貸してくれた。初任給が一万円ちょっとの時代だから……

アン　……今だと二、三十万円くらいでしょうか。

瀬戸　そうでしょう。フォーカルプレーンシャッター、レンズはテッサーの二・八――当時としては、いいカメラだったと思いますよ。質屋から金を借りて、支払いをしたのはいいんだけど、返すあては、まったくない。「質流れするな」と思っていた。ところが、ぼくの親友のお母さんが、「瀬戸さん、そんな形見の大事なカメラを質屋に入れてるなんて、大変なことをしたわね」と言って質屋から買い戻してくれた……あのカメラについては、こんな思い出があるんです。シャッターのおりなくなったそのカメラ、いまだに記念として持っています。

新人時代の瀬戸流営業法　その三。「ショーウィンドー工作作戦」

瀬戸　最後にもう一つ。「ショーウィンドー工作作戦」というのをやってみようと思いついた。お酒屋さんのショーウィンドーは、当時、全然それを「綺麗《きれい》に飾る」という習慣がなかった。ショーウィンドーというのは、お店の顔であると同時に、お客様から見たら、情報源——媒体の一つ。そこに目をつけて、うちの会社のその道の専門の人と組んで、お酒屋さんのショーウィンドーにちょっと飾りつけを試みた。たとえば、ショーウィンドーに階段をつけて、うちのビール、サイダー、ジュースなどを置いて、その下に、当時「ホロニガ君」というマスコット人形があったんですが、それをビールのジョッキの中に置くなんてことをした。そうすると道を通る人が、「あっ、綺麗《きれい》だな」とこう思うわけ。その結果、お酒屋さんの方も販売店さんの方も、それを非常に喜んでくれる。今から四十年くらい前のこととしては、自画自賛になるけども、結構、センスがあったと思う。

アン　今、ショーウィンドーを飾ることだけを職業にしている人がいる時代ですから、すごい先見の明！

■……失敗を繰り返しながらも、七月には晴れて本採用されました。最初に販売を担当したのは大阪市東区と南区（現在はいずれも中央区）。船場や島之内という商人の街で、歴史の古い酒屋さんがいくつもある地区です。（平成十［一九九八］年十一月十四日『朝日新聞』夕刊『ビジネス戦記　山あり谷あり』より　聞き手・構成　長谷川利幸）■

SETO'S KEY WORD 91

ぼくは生意気な人間だけ

大阪のミナミで花の営業……「お辞儀事件」で学んだこと。

アン　大阪での新人時代の三年間は、営業マンとして大阪のミナミをご担当だったんですね。

瀬戸　そう、大阪のミナミ。ぼくは、昭和二十八（一九五三）年の五月に大阪へ行って、さっき言ったようにポマードと、ボートと、お手洗いの三つの失敗をやって、その年の九月から、東区と南区の担当者になったんです。東区と南区というのは、大阪の中でも中心地。アサヒのシェアのもっとも高いところなんです。

アン　エリートコースだったんですね。

瀬戸　エリートコース。船場、島之内は商売のメッカ。要するに、当時は繊維が非常にさかんな時代でした。繊維の商社っていうのは、船場には、いっぱいありました。それから、ミナミというのは大阪の盛り場でしてね、飲食店がたくさんあって、ビール会社にとっては、大きな消費地域だった。ですから、東区と南区を担当するといったら、栄光のポジションだった……ぼくは、たしかに生意気な人間だったけども、最初の大阪時代の三年間は、ずいぶん、仕事のうえでは、いい教育を受けたと思います……そう、そう、「お辞儀事件」も忘れられない……船場、島之

ど、最初の大阪時代の三年間は、仕事のうえで、いい教育を受けたと思っている。

SETO'S KEY WORD 92
お得意様が、すばらしい教育をしてくれた。

若いころのぼくは生意気――というよりも粋がるところがあった（社員旅行のときに一升びんを肩にしている右から二人目の男がぼく）

内という営業的には一番厳しい地区をまわったことで、お得意様がすばらしい教育をしてくれたと思うんですよ。その教育の一つの象徴的なのが、「お辞儀事件」だった。安政年間からつづいている名門の老舗――先年、お店を閉められましたけれども――へ三度目におうかがいしたときに、そこのご主人に、ぼくは叱《しか》られたんです。なんで三度目かというと、一度目と二度目の訪問のときには、ご主人は、ぼくを黙って観察していた。この新入社員が、どういう男か、どういうところに問題があるのかということを、じっと見ていたと思うんですけども、三度目にうかがったときに、そのお店のご主人に、「あんさんのお辞儀は心がこもってまへんで」とビシッと一言、関西弁で言われた。

アン　柔らかい調子できつく言う、あの言い方ですね。

瀬戸　そう。「商売の基本はお辞儀」ということは、会社に入ってからずっと言われていた。とくに、営業に出てからは、お辞儀の大切さを、耳にタコができるほど先輩から聞かされてきた。とくに船場、島之内の酒屋さんの礼儀作法は、厳しいので、注意しなければいけないと。だから、ぼくなりに気をつけていたつもりなんだけども、バシッと言われたわけです。

アン　ガイジン的な無知な質問で、恐縮なんですが、お辞儀って、どうやって心をこめてやるんですか？

瀬戸　その人は、「お辞儀はこうするもんだよ」ということは、その場では、言わなかった。ただ一言、「白鶴酒造の大阪支店の神足さんという次長のところへ行っておいで」……ぼくはスクーターに乗っていましたから、「はい、わかりました」と答えて、すぐに、そのお店から白鶴さんへ、スクーターを飛ばした。ものの十分もかからないんです。白鶴酒造に着いて、

SETO'S KEY WORD 93
お辞儀は、ちゃんとする——大阪の新人時代に、お得意様のおかげで、お辞儀の仕方を学んだ。

「神足さん、いらっしゃいますか？」と聞いたとたんに神足さんが、「瀬戸さん、おいでやす」と言って、出てこられた。その姿を見て、はあ、なるほど、お辞儀っていうのは、こうするものかということを生まれてはじめて知ったわけです。それは、どういうことかと言うと、まず笑顔。それから、掌《てのひら》が膝頭にきちんとつくような深々とするお辞儀。もう一つ。言葉も大切。「おいでやす」——「いらっしゃいませ」ですね、標準語で言うと。その笑顔と所作と言葉を目のあたりにして、自分のお辞儀に心がこもっていないことを悟った。要するに、ぼくのお辞儀は、お辞儀をしなければいけないと言われたから、お辞儀をしている「義理お辞儀——『かたち』だけのお辞儀」であることを思い知った。それを、船場で長いこと商売をやっている酒屋のオヤジさんは見抜いたわけよ。一度目、二度目に訪ねたときには、「この野郎！」とは思ったけども黙っていて、三度目に、「これは注意をしておかないといけないぞ」ということで、ああいう注意の仕方になった。若者のことだから、へたに注意すると、反発するかもしれないので、第三者に会いに行かせて、その第三者のお辞儀を見させて、ぼくに感じさせようとしたわけです。おそらく、ぼくがそのお店を出たあとすぐに、オヤジさんは、白鶴さんに電話をしていると思うんですよ。「今、瀬戸っていう若いのが、そっちに行った。ちゃんとしたお辞儀の仕方を教えてやってくれ」と。すごい心のこもった教育だったと、ぼくはいまだに思っている。一つ間違っていたら、ぼくは反発していたと思う。たとえば、一度目にご主人にお会いしたときに、「おまえのお辞儀はなんだ！　そんなんじゃダメだ！」と言われていたら、「なにを言うか、このオヤジ！」と思ったかもしれない。あの、手のこんだやり方で注意されなかったら四十六年前のことを、そんなに鮮明に覚えていないと思う。この若者を、なんとかいい方向に導いてやろうというご主人の優しい気持ちが、「お辞儀教育」に現れて、それがぼくに伝わった。ぼくも新入社員研修のときなんかに、かならず、「ビジネスはお辞儀に始まり、お辞儀に終わる」と言っている。話がなんであれ、最初と終わりというのは非常に大事なんだと。はじめにきちんとお辞儀をして、最後にお辞儀をして帰るということで、けじめがつくわけですね。

アン　瀬戸さんにはじめてお目にかかったときに、こんな偉い方が、わたしのようなぺーぺーに、なぜこんなに丁寧にお辞儀をしてくださるのかって驚いたのですが、その謎がやっと解けました（笑い）。

瀬戸　ずいぶんと自由奔放な学生生活を送ったあと、会社に入ってからも、またまた奔放なサラリーマンであったぼくを、「なんとか、ここで矯正してやろう、教えてやろう」というお酒屋さんの気持ちが、ああいった非常に念の入った教育になったと、ぼくは思うんですね。そして今や、ぼくたちは若い人を教育する立場なんだけど、「本当にそれほど心のこもった教育を若者たちにしているだろうか」と思うと内心忸怩《じくじ》たるものがある。忙しいからというのを理由に、ちゃんと若者教育をしていない。反省しますよね。その点、ぼくは会社に入ってはじめて赴任したのが大阪であって、さらに担当地区が、東区と南区の酒屋さんであって、その酒屋さんでそういったビジネスの原点であるお辞儀――礼儀作法ということについて、きちんと教えていただいたということは、すごくハッピーだと思うんです。

SETO'S KEY WORD 94
ビジネスはお辞儀に始まり、お辞儀に終わる。

SETO'S KEY WORD 95
ぼくたちは、若者に対して、本当に心のこもった教育をしているだろうか？

SETO'S KEY WORD 96
お酒屋さんの先輩に、礼儀作法を、きちんと教えていただいたことは、すごく幸せだと思っている。

余談。人間の心と心の交流が大切――お辞儀考現学。

SETO'S KEY WORD 97
人間は心。

SETO'S KEY WORD 98
相手の立場に立って考えることは大切。

アン　わたしの日本滞在期間は十年になりますけど、今でもまだちゃんとしたお辞儀はできない。いつも、もたもたしちゃって。握手だと子供のころから親の握手の仕方を見て、手を上手に出して……。

瀬戸　だけど、ぼくは、なにもアンさんが、お辞儀をきちっとしなければいけないということはないと思う。要は心だと思う。お辞儀でも握手でも、「かたち」はなんであれ、要するに心がこもってないといけないと思うんですね。「本当に会えて良かった」とか、「お時間をいただいてお話をうかがえてありがとう」とか、そういった心がこもっていれば、それでいいのじゃないでしょうか。「かたち」から入りますけども、やっぱり心ですね。

アン　そのことをどうやって、今の若い社員に教えようと?

瀬戸　心っていうのは、言葉で教えることができない。どうしても、人間というのは自分本位でものを考えます。「相手の立場に立って考えなさい」ということが、ポイントじゃないでしょうか。だから、人に会うときでも、このポイントさえ押さえていれば、挨拶にしても言葉のやり取りにしても、相手にとって非常に好感

SETO'S KEY WORD 99
自分がいい気持ちでいるからといって、相手がいい気持ちだとはかぎらない。

SETO'S KEY WORD 100
最近の日本人は、自分本位にものを考えたり行動したりする人が多くなってきた。

SETO'S KEY WORD 101
相手に不快感を起こさせないという気持ちで接することが大切。

SETO'S KEY WORD 102
みんな人間！

が持てる会話になるでしょ。自分だけがペラペラペラペラしゃべる——自分はいい気持ちかもしれないけれども相手がいい気持ちだとはかぎらない。アンさんの本にも書いてありましたよね、『日本の酔っ払いの男は嫌いだ。横へ来て、ベチャベチャと自分勝手に話しかけてくる。』と。

アン　……………（無言で笑う）。

瀬戸　あれなんかは、相手の立場に立ってないよね。とにかく、相手に不快感を起こさせないという気持ちで接することが肝心。これは国際社会の問題でも、みんな同じでしょう。

アン　そうですね。

瀬戸　ぼくたちも、ずいぶん海外の企業と提携してますけど、ヨーロッパの企業、アメリカの企業とつきあっていて、ベースはやっぱり心なんだと、しみじみ思っている。

アン　賛成です。

瀬戸　実際に接すると日本人よりも心のきめ細やかな人が、あちらには、いっぱいいる。日本人は心なんて言ってるけども、ずいぶん最近の日本人は乱暴になって、自分本位にものを考えたり、行動したりする人が多くなってきた。

アン　西と東の文化比較論は、ときには、役に立つことがあると思うんですけれども、非常に危険な側面もありますね。人間にとって国籍というのは、ある種の飾りで、同じ国籍を持っている人たちは、たしかに言語とか習慣とか、共通点はあるんですけど、飾りを全部外せば、みんな同じですよね。

瀬戸　そう、みんな人間なの。人間は心を持っている。だから、人間の心と心というのは国籍の如何《いかん》を問わず、ビジネスの如何《いかん》を問わず、関係ないの。比較的成功しているアサヒと中国とのビジネス——中国とのビジネスは、なかなかむずかしいとみんな言う。「もっとも魅力的なマーケットだが、もっとも、むずかしいマーケットだ」とヨーロッパなんかでは、よく言う。ぼくに言わせれば、中国の人と心の交流ができていないと、こういう発想になる。心と心できちっと結ばれれば、けっして中国のビジネスは、むずかしくない。もちろん、相手を選ぶということも大事だけどね。

アン　なるほど。

瀬戸　そういった意味で、さっきからさかんにぼくが強調している大阪支店勤務の最初の三年間は、すごく商売——ビジネスのマナーと心ということを教えてもらった時期だった。それが、ぼくのそれからあとのビジネスライフに、どれほど役立ったことか。当時の方々に、ただただ、感謝、感謝。（と感慨無量の面持ち）

お世話になった方々への恩返し……今もお墓参りに行く。

瀬戸　……ぼくが新入社員のときにおつきあいさせていただいた当時の方々のほとんどが、お亡くなりになりましたけども、中には、まだ元気になさっている方もいます。大阪へ行ったときに、最低、年に一回は、お目にかかるようにしている。今年の夏、その当時の方のお一人が、お亡くなりになって、仏壇にお参りに行ってきました。息子さんにご挨拶をさせていただいて、「昔、こういうことがあった。あなたのお父さんには、赫赫然々《かくかくしかじか》で世話を受けた」ということをお話ししました。その昔、ぼくが大変ご恩をいただいたという感謝の気持ちを、こんな「かたち」でしか表現できないのは、悲しいことですが……。

アン　すごく感動的なお話。

瀬戸　全部の人のところへ行けているわけではないし……こんなことは、人に話すことではないのですけども。とにかく、お世話になった人が、いっぱいいる。大阪以外にも、すごくいる。そういった方にどうしたらご恩返しができるかっていうことを、いつも考えています。

アン　でも、すごい。「去年、あの人にお世話になったから、なんとかしなければ」

SETO'S KEY WORD 103
感謝の気持ちの表わし方は、むずかしい。

SETO'S KEY WORD 104
ご恩を受けた方に、どうやって恩返しができるか、いつも考えている。

という人は、結構いるでしょうが、三十年、四十年前までフォローして、「ご恩返し」というのは、できそうで、なかなかできないことだと思います。

瀬戸　ぼくに言わせれば、それほどお世話になったということ。だから三、四十年前のことも、忘れられない。こういう気持ちがあるから、会いにも、お仏壇参りにも、お墓参りにも、行きたいという気持ちになる……ということは、くどいようだけど、いかにたくさんのご恩を受けたかということです。前に話したように、大阪というのはアサヒの中で、もっとも大きなセールスのウエイトを占める、売上のウエイトを占めるポジションであったということと、もっともアサヒのシェアの高い地域であったということが、ぼくに幸いした。すごい自信を持って、ビジネスのスタートを切ることができた。これも非常にありがたいことだと思います。サラリーマンというのは、最初の赴任地が非常に厳しくて苦しい地域であったときに、苦しいがゆえに重圧をはねのけて強くなる人もいるけども、逆にその厳しさに耐えられないで、挫折をする人もいるわけですね。そういった意味で、ぼくのような性格の人間は、そういう厳しい環境に身を置いたら挫折したかもしれないと思うと……最初に大阪という、すごく優れたマーケットで、すごく厳しい方々とお目にかかり、自信の持てるビジネスのスタートを切れた。それが非常にありがたかった。数々の失敗をしましたけどもね（笑い）。それも、今から思えば、非常にいい社会勉強になったと。

瀬戸流失敗哲学。

アン　若いときだから、許される失敗もあるのでは、ないでしょうか?

瀬戸　そう、そのとおり。たとえば、前に話した闇屋の真似事をぼくがやったときに、もし臨検で見つかっても、「いや、学生だからしょうがないな」ということで、すんでしまう可能性もあった。ぼくは学生のときに闇屋もどきの経験をさせてもらって、良かったと思うんです。ただひたすら、マジメに部屋にこもって勉強ばっかしするのは、ぼくは学生じゃないと思う。玉突きもいいでしょう。麻雀もいいでしょう。闇屋もいいでしょう……ちょっと、自己弁護めいてきたなあ（笑い）。まあ、いろんなことをやってみて、年取ったときに、「ああ、あのときはおもしろかったなあ」ということになればいい。若いころの経験が、一つの人生の体験としてバックボーンになるかもわからない。

社員のみんなによく言う。「二十代のときに、許される失敗をしなさい。二十代のときでないと、できない仕事をしなさい。二十代のときでしか味わえない遊びをしなさい」と。三十代でも四十代でも同じ。それぞれの年代で、できる仕事と遊び、それに失敗もやりなさい。こうやって仕事と遊びの失敗をずっと積み重ねてきた人は、やはり五十、六十代と年を取ってきたときに、それなりに常識的な人になる。目先の仕事をそつなくこなして失敗しな

SETO'S KEY WORD 105

二十代のときに、許される失敗をしなさい。二十代のときでないと、できない仕事をしなさい。二十代のときでしか味わえない遊びをしなさい。

SETO'S KEY WORD 106

仕事と遊びの失敗をずっと積み重ねてきた人は、五十、六十代と年を取ってきたときに、それなりに常識的な人になる。

SETO'S KEY WORD 107
目先の仕事をそつなくこなして失敗しないように過ごすというのは、良くないと思う。

SETO'S KEY WORD 108
前向きの失敗は、むしろ褒めるべきことである。

いように過ごすというのは、良くないと思う。もう少し丁寧に説明すれば、仕事に例を引いても、二十代の人であれば徹夜をしても、仕事はできるでしょ。ところが、五十代になって徹夜で仕事をしようとしたって、もう体力がないからできないじゃない。だから、二十歳のときには、体をとことん使って、仕事をやりなさい。それから遊びも、二十歳のときだったら、ガールフレンドと、どこに遊びに行こうが、別にかまわないけれども、六十歳や、七十歳になって、ガールフレンドができて、おかしくなっても、「なんだ、あの人は!」と言われてしまう。失敗も、そう。新入社員だからこそ、許される失敗もある。可愛いじゃないかと。それと同じ失敗を五十歳、六十歳になったサラリーマンがやったら、「あいつ、なにをしてんだ」ということになる。要するに二十代、三十代、四十代、五十代とそれぞれの年代に応じた仕事と遊びと失敗を経験してほしいということをよく言うんですけども。前向きでさえあれば、失敗したっていいんだと。むしろ、これは、すごく褒めるべきことだって。新入社員がダランとしてね、一日中仕事もなにもしないで大過なく過ごすなんて、とんでもない話だってね。そういった人生の過ごし方について会社でよく話すんです……なんか闇屋の話から、教訓話になって良くないんだけども(笑い)。人間というのは、自分がやったことを正当化して、こんなふうに言いたがる動物なんだね(笑い)。まあ、人間は、七十歳になるとだいたいこうなる(笑い)。

アン でも、そういう体験から自分の人生のフィロソフィーというか、哲学ができてしまうと思うんですね。

瀬戸 本とか学問から得られる自分の持ち味、哲学というのもあるかもしれない

SETO'S KEY WORD 109
一番大事なことは、自分の体験。

SETO'S KEY WORD 110
失敗をしないように、しないようにと思っていると、人間はどうしても臆病になってくるし、利己的というか自分中心のものの考え方になってくる。

けども、一番大事なことは自分の体験。自分が体を動かして、そして自分がいろんな人と接して行動したことから得られる哲学、自分の持ち味というのが、ぼくは非常に大事なのではないかと思います。

アン　わたしも、「若いころに失敗しろ！」とおっしゃる瀬戸さんのご意見に大賛成です。同じ失敗を繰り返すのは、あまり良くないと思いますが、失敗することによって転び方も覚えるということが、とても重要だと思うんですけど。カナダも同じですけども、先進国になればなるほど、教育の傾向として、失敗を許さないという傾向があるのは、ちょっと残念だなと、いつも思っています。

瀬戸　失敗を恐れていると、人間はどうしても臆病になってくるし、利己的というか自分中心のものの考え方になってくる。ですから、そういった意味では、今アンさんも賛成してくれたように、どんどん失敗しとけばいい。失敗の中になにか得られるものがある。

アン　同じ失敗って、何回まで繰り返しても許されるのでしょうか？

瀬戸　うん、それはむずかしい。ぼくも偉そうなことを言っているけども、いまだに失敗を繰り返してるんだから（笑い）……人間は、同じ失敗もやる。それを何度までかと聞かれると……うーん……トゥーマッチは良くない（笑い）。

アン　瀬戸さんに、人間として惹かれるところが、いくつかあります。その中でも、普通の人間が、どこかで失ってしまう少年のオネスティをずっと持ちつづけていらっしゃるところが、とくにカッコいいですね、人間として。

瀬戸　幼稚なだけ（笑い）。

アン　いや、それはないです。やっぱりすごいです。

失敗談余話。失敗も度を超すと左遷につながる……。

瀬戸　とことん失敗談にこだわるけども（笑い）、昭和三十一（一九五六）年七月の失敗は、致命的だった。「許される失敗」では、なかった。「お手洗い事件」のときの支店長は、九州支店長になり、当時は、東京から単身赴任でやって来た小西正男さんという支店長に替わっていました。彼は単身赴任だから、家に帰ってもしょうがないから、どうしても飲み歩く機会が多い。まあ、それでなくても、われわれはビールが商売だから飲む機会は多い。でも、さっき話しましたように、ビール会社の社員っていうのは、あんまり一か所へ行かないで、いろんなところへご挨拶まわりをしなくてはいけない。だけど、その支店長は、ある一か所に入り浸っている、という情報が入ってきたわけ。今でも名前をよく覚えている。大阪のキタのお初天神の中にあった「灯台」というクラブに入り浸ってるという情報が入ってきた。これをぼくは許せない、絶対に許せないと。

アン　でも、瀬戸さんと直接、関係ないじゃないですか。支店長が、プライベート・タイムに、どこで飲んでいようと。

瀬戸　今も話したように、ビール会社の

元気溌剌瀬戸雄三（記念撮影の席で　たかだかとアサヒビールをあげる）……こんなぼくだから　ときどき失敗する

SETO'S KEY WORD 111
トップの掟破りは許せない。

営業は、夜は何軒か飲み屋をまわって、その店でちょっとアサヒを飲んで、「うちのビールをよろしくお願いします」というのが仕事のうち……だから、支店長が自らその掟破りをするのは許せない。

アン　わたし、その類の信念は大好きです。ちょっと弱い人だったら、自分と関係ないんだから、まあ、いいかってことになると思うんですけど……。

瀬戸　そうなの。それでね、たまたま、松分光朗さんという二年先輩で、その前の年に東京から大阪へ来た先輩と一緒に、ミナミのほうで飲んでいたときに、松分さんと、「どうも支店長が灯台というところに入り浸ってる」という話になって、ぼくが、「そういうのって許せない。不愉快だ」と言ったら、彼が、「そうだ」って賛成するから、「よし、不愉快だから、それでは、ちょっといっぺん、今日、灯台へ行こう」ということになったの。それで、松分さんと二人で、「灯台」に行った。

アン　夜、何時ごろですか？

瀬戸　夜の十時ごろ……いや、もっと遅かったかなあ。もう、ずいぶん更けてからだから、十一時ぐらいになっていたかもしれない。ドアを開けてぼくは、「アサヒの瀬戸です。うちの小西がいつもお世話になって、ありがとうございます」と言ったの。そしたらママが目配せする。「うん？　どうした？」と言って、パッと中を見たら、小西さんがそこにいるじゃない(笑い)。「これは！」ってなもんですよ。

アン　本当は本人がいらっしゃらないときに、ユーモアと皮肉もこめてちらっとご挨拶のつもりが……。

瀬戸　そう、ぼくは支店長が店に来ていないことを前提に、冗談がてら、そう言ったんだよ(笑い)。会社に入って三年目のぺいぺい社員ですよ。小西さんというのは、非常に愛想が悪いというか……。

アン　威張っている人だったんですね。

瀬戸　少しね。その小西さんが、ぼくの顔をじろっと見た。「この野郎！」と思ったんでしょうね。そこで、彼はぼくのうしろにいた松分さんを見て、手招きして、「おお、松分君か、入れ」と言った。ぼくには、入れと言わない（笑い）。小西さんが東京にいたときに、松分さんも東京にいたから、心安かったわけよ。

アン　瀬戸さんは、完全に存在を無視されたわけですね。

瀬戸　無視無視。でも、ぼくは、ここで帰るわけにいかないから、松分さんが入って行ったあと、こっちも、のこのこ入って行った。しょうがないからさあ。座ったけども、小西さんは一言もぼくに声をかけない。松分さんとだけ話している。まあ、ビールは出たけども、こっちは、ビールを飲んだって飲んだ気がしない。椅子が針の筵《むしろ》。それで、その晩は、ほうほうの態でお別れして。翌日、もうその話は支店中に広まっている。「瀬戸が昨日の晩失敗した」って（笑い）。で、ぼくは、松分さんに相談した。「どうしたらいいんだろう？」って。「そりゃねえ、昨日、ああいう失礼なことをしたんだから、お詫びに行ってこい。昨日の晩は、失礼しましたとお詫びに行けば許してくれるよ」と、松分さんが言ったわけ。大阪支店っていうのは、ワンフロア、大部屋なの。支店の連中が、全部見ている。支店長が一番奥に座っている。「そんなら、まあ、行って謝るか」と、支店長の側に行った。まあ、みんなが見てる（笑い）。シーンとして見ている。ぼくは支店長の前に行って、「昨晩は大変失礼いたしました」とこう言ったの。そしたら、小西さんは、「いや、まあ、酒のうえでのことだから許してやるよ」とでも言ってくれたら、ぼくも助かったんだけど、なんにも言わない。パッと

失敗談余話。失敗も度を超すと左遷につながる……。

ぼくの顔を見て、パッとまた書類のほうに目をやっちゃうの。これでぼくは、「あぁダメ」と思ったね（笑い）。ああ、これまでよと。

アン　明日から、新しい就職先を探さなければ……。

瀬戸　もうダメ……と純情な青年は思ったわけです。今だったら、すぐに辞めちゃうとこだけど。

アン　その後、支店長には、にらまれました？

瀬戸　それから、しばらくしたら、ぼくは『神戸出張所へ転勤を命ず』だ。

アン　それって左遷ですか？

瀬戸　左遷です。当たり前（笑い）。

アン　なぜ、大阪支店から神戸出張所へ行くのは左遷なんですか？……すみません、わたしは、出版社でちょっとアルバイトをした以外、会社勤めの経験がないものですから、つまらない質問を次から次へとしてしまって……『「起」の章』では、瀬戸さんと思いがダブるところがあって、もっともらしいことを、あれこれしゃべりましたが、『「承」の章』になると、ただただ、無知な質問をするしか能がなくてすみません。

瀬戸　いや、いや、なかなか核心をついた質問ですよ……大阪支店というのは百三十五人、社員がいたの。神戸出張所というのは大阪支店の下にあるわけ。大阪支店神戸出張所。

アン　まだ支店じゃなかったのですね。

瀬戸　支店じゃないの。十六人しかいない、社員が。

アン　こうやってくわしいお話をお聞きしていると明らかに報復人事というか……

瀬戸　……報復人事だよね。当時のアサヒの関西の勢力図を説明すると、大阪支店があって、その下に京都出張所、神戸出張所があったわけ。京都は、当時、シェアが高かった。ところが神戸は、大阪と隣りあわせなんだけども、もう、月とスッポンという言葉がいいかどうか、わからないが、ほんの三十分しか離れていないところにあるんだけども、全然シェアが低いわけですよ。そういうところへ、『転勤を命ず』ですからね。

アン　「灯台事件」の何か月後ぐらいですか、その左遷人事は？

瀬戸　二か月ぐらいあと。

アン　支店長は、次の朝から計画を立てていたんじゃないですか。こういうやっかいな奴をどこに行かせればいいか、どこで鍛え直すか（笑い）。

瀬戸　そう、どこで鍛え直そうかと。顔も見たくない……

アン　……苦労させたい……

瀬戸　苦労させたい……まあ、いい言葉で言うとね。ぼくは、昭和二十八（一九五三）年五月から三年間、大阪支店で働いていたわけだけど、昭和三十一（一九五六）年の七月に「灯台事件」があって、その年の十月に異動があったわけですよ。

アン　興味本位な質問ですが、瀬戸さんを左遷させた、その支店長は、その後偉くなられたんですか？

瀬戸　偉くなりました。昭和三十三（一九五八）年に取締役営業部長兼外品部長、昭和三十四（一九五九）年にニューアサヒの社長……ぼくは、当時のことをおもしろおかしく話しているけど、もうちょっとまじめに話せば、小西さんというのは、昔、自分自身も神戸出張所に勤務したことがあるんです。ですから、「瀬戸にも苦労させてやろう」という温かい親心で、ぼくを左遷させたんだと思いますよ（笑い）……そう、自分の知ってる場所に瀬戸をやって、もういっぺん鍛え直そうというのが本音だったと思う……ところが、ノーテンキな当人のぼくは、その辞令を十月にもらってから、なかなか神戸に行かなかったの。行くのがイヤで。

アン　ご本人にしてみれば、左遷人事に、腐ってらしたわけですね。

瀬戸　そう、なんとはなしに、行くのがイヤでねえ。なんとはなしに、大阪支店に居座っていたの。半月ぐらいそうしていたのかなあ。

アン　辞令を無視して、そのまま大阪支店に!?

瀬戸　辞令を無視したわけじゃないけども、まあ、「いつ、行こうかなあ」と思って、ぐずぐずしていた。「もう一日、ここにいるか、もう一日いるか」と。今だったら考えられないでしょ、そんなこと。「辞令が出たらすぐに次の赴任地に行け！」ってことになるけど、当時はのんびりした時代だったの。おおらかだったんだね。そしたら、ある日、小西さんがぼくの席へ来て、「おまえ、いつまで大阪にいるんだ！」(笑い)。でね、「おれが、今から連れてってやる！」って、小西さんの自家用車に乗せられて、それで神戸まで、支店長の車で行ったんです。それが、ぼくが大阪を離れたきっかけになっちゃったなあ(笑い)。

アン　それまで一回も出張所には、いらっしゃってないんですか？

瀬戸　行ってないよ。

アン　アッハッハ(と大笑い)。

瀬戸　ひどいんだ……生意気というか。

アン　とにかく、わたしが感じるのは、瀬戸さんって、若いころから、相当目立った存在だったということだけは、たしかですね(笑い)。

瀬戸　悪いほうに目立っちゃって。支店長をはじめ、大阪支店の幹部たちは、「もう、どうしようもない」と思ったんじゃないですか……。

瀬戸流左遷哲学。ポライト・キリングの世界。

■初任地の大阪支店で三年間、営業マンの基礎をみっちり教え込まれた後、一九五六年に神戸出張所に転勤しました。大阪と神戸は電車で三十分ぐらいの距離なのですが、神戸でビールを売り始めて、「アサヒビールの力が地域によってこんなに違うものか」と大きな衝撃を受けました。（平成十［一九九八］年十一月二十日『朝日新聞』夕刊『ビジネス戦記　山あり谷あり』より　聞き手・構成　長谷川利幸）■

アン　さて、いよいよ左遷先の神戸出張所（笑い）。神戸にお移りになられたときに、「記念撮影作戦」や「ショーウィンドー工作作戦」は、つづけられたんですか？

瀬戸　つづけませんでした……ぼくは長つづきしない性格なもんですから（笑い）。

アン　閃《ひらめ》く、行動する、成功する、終わった（笑い）。

瀬戸　はい、次に行こうって……せっかく大阪で成功したんだから、神戸でもやればいいのに、やった記憶がない。

アン　気持ちとして、腐ってらしたなんてことは？

瀬戸　ありません。ぼくは、非常に楽観主義者なもんですから。だから、「左遷された、しかし今に見てろ！　おれはやったるぞ！」と。大阪のときだって、なにもサボっていたわけじゃない。昼は、担当地区の小売屋さんと、あの手この手で仲良くなっていたし、夜は夜で、毎晩、飲食店さんとおつきあいして、ずいぶんお馴染みさんが増えたわけだから。けっして、仕事ぶりで人に劣ってはいないと思っていたから、「なによ、もういっぺん神戸でやったるわ」と（笑い）。

SETO'S KEY WORD 112

「きみはここで一番大事な人だ。きみしかいない。そのきみがあっちに行けば、あっちは、かならず良くな

アン どう考えても、転勤の原因は、あの一件しか考えられない（笑い）。

瀬戸 そう。大阪と神戸では、天国と地獄みたいな感じのマーケットの差があるわけですから、営業戦略も変えていかないといけないと、まず考えた。どうやっていくか。大阪のときは、もう最初から、「瀬戸はん、おいでやす」と歓迎された。あとで具体例を話しますが、神戸は、門前払いの世界。ずいぶんギャップがあったわけです。そのギャップは今からして思うと、非常に良かったなと思いますよ。あるいは、あのままずっと大阪にいたら、ぼくも大阪の空気に甘んじてしまって、緊張感をなくしたと思う。ギャップのおかげで、すごくいい刺激を受けたと……今から思うとね。

アン 大阪は、たしかに天国だったかもしれないけど、「錯覚の天国」。神戸には本当のアサヒの現実があった――凋落《ちょうらく》しつつあるアサヒ全体の現実の姿がそこにあったから、良かったということでしょうか。

瀬戸 そう。凋落《ちょうらく》しつつあるアサヒの中でも、とくに神戸は商売の厳しいところだという認識があった。だから、左遷されるときに激励する言葉としては、「きみね、神戸へ行って、その激戦の波に揉まれたら、きみは、かならず成功するよ」なんて支店長は言ってくれたけどね。それは単なるお世辞で言っているんであって、「おまえね、とんでもないことばっかりやっていたから、神戸に飛ばすんだよ」というのが本音だったと思うけど。

アン 日本社会が人を左遷するときに、よく使う手口ですね。

瀬戸 「きみはここで一番大事な人だ。きみしかいない。そのきみがあっちに行けば、あっちは、かならず良くなる！」――これまでの会社生活でなんべ

る!」――これまでの会社生活でなんべん言われてきたことか!

ん言われてきたことか!(笑い)……これは、やっぱり「古い文化の人」ができることだと思います。ぼくは、ポライト・キリングという言葉を使うんですけど。

アン ああ、褒め殺し。

瀬戸 表面上は、本当にこんなにポライトな人間は世の中にいないんじゃないかなと思うくらいものすごくポライトなんですけど、その下に隠された恐ろしいところがある――そんな人間を生むのは、「古い文化」のあるところしかないと思う。アジアとヨーロッパがそれに当たる。

アン アメリカだったら、左遷人事のときのやり方は違いますね。パッと本人を呼んで、「おまえは、クビだ!」でおしまい。おたがいの腹をさぐりあったあげくの果てに、綺麗《きれい》事を言って決別するなどという「演出」はしませんね。ポライトの定義はなにかとなると、こむずかしくなりますが、少なくとも「表面的なポライトさ」は、本来の意味のポライトでないことだけは、たしかだと思います。

キリンが強い中で悪戦苦闘。アサヒの長い冬の時代は、ぼくの神戸出張所時代に始まった。

アン　瀬戸さんが、ひしひしと「アサヒがおかしいぞ」と実感なさったのは神戸時代ですか？

瀬戸　神戸に転勤してからです。シェアが落ちていくと、これだけ違ってくるのかということを実感した。アサヒを今まで売ってくれていたお店がキリンを売るようになる。櫛の歯が欠けるようにといいますか、ぼろぼろぼろぼろ、キリンのほうに変わっていく。それはどういうことかというと、とにかく、夜の街に営業に行くと、「お客様がキリンを指名する。だから、どうしようもないんだ。アサヒさんは、しょっちゅうわたしの店へ来てくれる、サービスもいいけども、お客様には抗し切れないよ」ということを、どのお店に行っても言われる。そうすると、いかに小売屋さんをまわって、「アサヒの瀬戸です」と自分を売りこんで、アサヒを売ってもらおうという努力をしても、小売屋さんのお得意先の飲食店さんが、買わないと言えば、それでおしまい。それに、もう

■　六〇年ごろ、私が担当していた神戸の歓楽街、福原のバーの女主人にこう言われたのです。「お客様にアサヒを出すと、こんな腐ったビールは飲めないって、植木鉢にバッバッと捨ててしまうんですよ。うちも客商売だから、この人の分だけでも、キリンを入れさせてね」と。

　私も「それなら仕方がない」と納得せざるを得ませんでした。ところが、この客一

人にキリンを出すと、隣の人まで「それにしてくれ」と言い出す始末。この店は長らくアサヒを愛用してくれていたのに、三カ月でビールは全部切り替わってしまいました。

ビール市場ではこのころから、消費者の声が強くなり始めていたのです。それまでは小売り側の推奨力が強かった。お客様が「ビール、下さい」というと、店主が「じゃあアサヒね」と渡したものでした。ところが、電化製品の普及で家庭用のビール売上高が急増し、消費者が銘柄を選ぶ時代の幕開けとなったのです。キリンは昔から「ホップが効いて、にがい」という評判で、当時、「にがいビールはビール通が飲むもの」という空気が広がり、売れに売れたのです。一方、アサヒは大日本麦酒時代から業務用重視の姿勢が強かった。大きな店な

一つ問題があった。あのころ、どんどん高層の団地——高層と言ったって三階か四階くらいのアパートだけども——ができた。そこへお酒屋さんが、ビールを配達する。アサヒの営業マンの熱意にほだされて小売屋さんは、アサヒを持っていってやろうとしてくれる。三階、四階の団地の上に住んでいる人のところまでビールを運んでいく。ところが、持っていったら、「いや、うちはアサヒなんかいらないよ、キリンしか飲まないんだから替えて」と言われる。そうすると、酒屋さんにしてみたら、「これだけアサヒを一所懸命に売ってやろうと思って、四階まで階段を駆けのぼって持って行ったのに、お客がこんなことを言うんだったら、もうお客の言うとおりのお客の望むビールを持って行ったほうがいいじゃないか」ということになる。こういった声が、わが社の営業の人間に、このあいだまでは一週間に一回か二回くらいしか聞こえてこなかったのが、一週間に三回、四回となり、やがて、一日に十軒ほどお酒屋さんをまわると、そのうちの二軒か三軒くらいから聞こえてくるようになった。「キリンが、どんどんどんどん強くなってきた、アサヒはなかなか売りにくくなってきたな」という実感が会社に入って数年しかたっていない営業マンにも、じわじわと伝わってきた……。そう、アサヒの長い冬の時代は、ぼくの神戸時代に始まった。

アン　だんだんだんだん、消費者主体の世の流れになりつつあった。それまでは問屋を押さえ、小売店を押さえ、あるいはバーの経営者を押さえて、営業努力で必死になって売ってくださる方たちと協力すれば、ビールが売れたものが、消費者主体型社会になりつつあるという時代の変わり目に会社自体が気づかなかったということでしょうか？

ら営業マンが手を尽くせるが、家庭を一軒一軒訪ねることはできない。キリンの攻勢を横目に、大きな波が押し寄せているという危機感が募りました。（平成十［一九九八］年十一月二十一日『朝日新聞』夕刊『ビジネス戦記　山あり谷あり』より　聞き手・構成　長谷川利幸）■

SETO'S KEY WORD 113
売れているものを買いたいという消費者心理がある。

キリンが強い中で悪戦苦闘。

瀬戸　そう。あとから分析すると、昭和三十年代の半ばから四十年にかけて徐々にそうなっていった……消費者に支持されたキリンが売れるようになるにつれて、アサヒの社員が、いくら努力しても努力しても売れないという壁にぶち当たった。

アン　なるほど。向こうは自動的に倍々ゲームで、なにもしなくても売れた。

瀬戸　そう。キリンは、お客さんの支持の声が、どんどん大きくなってきて、そこで今度は、夏になるとビールがないという、うれしい悲鳴をあげるようになる。そうすると、問屋さんから、一軒一軒の小売屋さんに「割り当て」が始まる。「あなたのお店には、一日に五ケースしか売れません」「あなたのお店は十ケースですよ」ということになってくる。そうすると、余計に小売屋さんは、キリンを欲しがる。こんな現状が、小売屋さんから消費者に伝わっていく。今度は消費者の心理として、ないものねだりというか、やっぱし売れているものを買いたい。飲もうと思っても、飲めないものを飲みたい。そういうふうな心理状態になってくるのです。アサヒは、あまっているというのにね。

アン　どうしようもなかったんですね。

瀬戸　だから当時のキリンの営業マンというのは、なんにも努力していない。問屋さんも、なんにも努力していない。ただ「割り当て」だけで商売をする。配給的な商売をやっていて、どんどんどんどん売上が、あがっていくわけですよ。アサヒの営業マンは、本当に夜中の十二時まで働きまわってる。それでも売れない。きわめて矛盾した状態が昭和三十五（一九六〇）年くらいから、ずっとつづいた。

アン　でも、キリンが営業努力をしないことには関係なく、消費者は正直なもので、自分にあっているいいものを買いたいという心理がある……時代の波もあったのでしょうが、当時のキリンが消費者の舌にあったのでしょうか？

瀬戸　キリンというのは、戦争前から、「苦いビール」ということで世の中に通っていました。「苦いビールは、ビール通の飲むビール」というふうなことがよく言われていた時代があったのです。それから、戦争前は、キリンの価格が高い時期があった。昭和十五（一九四〇）年以降は、同一価格ですが、それ以前は、毎年のように価格が改定されており、昭和十四（一九三九）年四月から昭和十五（一九四〇）年三月まで、キリンは四十一銭で、アサヒが四十銭だったことがあります。

アン　「高級ビール」のイメージだったんですね。

瀬戸　「高級ビール」であり、かつ「通の飲む苦いビール」――キリンに対する憧れみたいなものが消費者にあった。

アン　ブランド志向ってことですか。

瀬戸　そう。「キリンは一流、アサヒは二流」……まあ、こういうことですよ。ですから努力に反比例して売れない。そういう時代でした。アサヒは、売れないから、苦し紛れに問屋さんにプッシュ・セール――押しこみをやる。そうすると、売れないから在庫になる。在庫になるとビールが古くなる。古くなると味がまずくなる。キリンは現物がないから、どんどんどん回転していく。回転するから、鮮度がいい。新しいビールが、お客様に届く。こんなわけで、鮮度一つ取っても、キリンとアサヒの差は歴然としてくる。

アン　踏んだり蹴ったりの状態ですね。

瀬戸　そう。踏んだり蹴ったり。

■もちろん一線の営業マンは、凋落《ちょうらく》の流れに抗しようと必死に踏ん張りました。朝から酒屋さんや問屋さんを十〜十五軒、ひたすら回る。夜になると今度は二人一組になって、盛り場の飲食店を六、七軒回るのです。一軒の滞在は平均二十分。その間に大瓶で二、三本のビールを飲む。夜が更けるころには二十本近くあける計算になります。
「工場の人が苦労して作ったビールは残してはならない。最後は乾杯して帰れ」と私たちは先輩から教えられて

会社の調子が悪いと内部の歯車があわなくなる。

アン 踏んだり蹴ったりのところで、底意地の悪い質問をするのは、心苦しいのですが……（笑い）。

瀬戸 どうぞ、どうぞ。

アン 人間社会というのは、調子が悪くなってくると「内側」の問題が生じてくると、わたしは思っているのですが……。

瀬戸 そう、そのとおり。営業畑の人間には、「おれたちは、家庭生活を犠牲にしてまで、こんなに一所懸命やっている」という思いがある。キリンの社員は、夜、みんな家でご飯を食べている。何年も何年もぼくらは家でご飯を食べたことなんて、ほとんどない。ぼくは朝、会社に行く前に、朝御飯だけは、家族全員で食べるようにしていた。夜は、いつも、だいたい十二時とか、一時とかに、もうベロンベロンになって家に帰ってくるわけだから、朝の時間しか、家族団欒《だんらん》なんてないわけ。そんな生活が、ずっとつづくと、朝会社に行くときに、子供が玄関まで送ってきて、「また明日来てね」とこう言う。いやー、これには、まいったね（笑い）。

アン でも、毎朝、離れたくなくて泣かれなかっただけ幸せだったのでは。

瀬戸 奥さんが良かったから（笑い）。

きました。かといって、これだけの量を自分たちだけで飲んだら大変なので、ママさんや隣のお客様に「アサヒの瀬戸です」といってビールをついで回ったものです。その間に「アサヒはいかがですか」と経営者と話をするのが目的だから、遊びで飲むのとはわけが違う。（平成十［一九九八］年十一月二十一日『朝日新聞』夕刊『ビジネス戦記　山あり谷あり』より　聞き手・構成　長谷川利幸）■

SETO'S KEY WORD 114
人間は追い詰められると最後には自分が一番可愛くなってくる。

アン　家の前で、「お父さん、また来てね」なんて子供が言うのを近所の人が聞いたら、「あそこの奥さんは、二号だ」と思われてしまいますね。

瀬戸　そうだよ、ほんと。まあ、それくらい、みんな夜遅くまで苦労した。人間というのは、追い詰められてくると、最後には自分が一番可愛くなってくる。そうすると、「自分は、ちゃんとやってるんだ。ほかの奴が悪いんだ」という感覚になってくる。会社の中には、大きく分ければ、営業部門と生産部門と人事とか経理とかの管理部門がある。われわれ営業の部門から見ると、「こんなに一所懸命やっているのにビールが売れないのは、製造部門の連中が、お客様の好むようなビールをつくらないからダメなんだ」ということになる。実際には、製造部門も一所懸命やっているわけです。アサヒの製造部門というのは、結構、プライドが高いから、

こんな一家団欒《だんらん》は　めったにできなかった（左から家内　ぼく　長男　次男）

■ビール会社はお客様のご満足をいかにちょうだいするかで、売り上げが左右される業種です。それなのに目は社内に向けられ、お客様に真正面から相対したマーケティングができていなかったのです。これこそ、アサヒが一九五三年から八五年までの三十二年間も業績を下げ続けた決定的な理由だと思います。（平成十［一九九八］年十一月二十八日『朝日新聞』夕刊『ビジネス戦記　山あり谷あり』より　聞き手・構成　長谷川利幸）■

SETO'S KEY WORD 115

会社の歯車が狂い出すと、みんなが一所懸命やっても、会社全体のパワーにならない。

■昭和三十年代は、ビールの消費が毎年二けたの伸びを

「アサヒのビールは日本一」と思いこんでいる。だから、彼らにしてみれば、「こんないいビールをつくっているのに売れないのは、営業の連中の働きが良くないんだ」ということになる。一方、管理部門は会社の業績が悪くなってくると引き締めにかかってくる。人は採用したくない、必要なお金も節約する。営業が、たとえば、「今、ここで、なんとしても、こういうことをしたい、お金はかかるけども、そういうことをしていけば、すごく効果があがるんだ」と言っても、管理部門は、「そんな無駄な金、使っちゃいけない」ということで、ぎゅっと財布の紐を締める。彼らは、会社の調子が悪いときには、そうするのが自分たちの使命だと思っている。でも、会社全体から見ると、結果として、みすみす成功のチャンス——マーケットを広げるチャンスをつぶしてしまう。こうやって、それぞれの部門が、みんな自分たちの使命にそって一所懸命やる。それぞれが、「ほかの部門はダメなんだ」と言い出してくる。ビール会社は、お客様にベクトルをあわせてビジネスをしていかなければいけないのに、エネルギーが、会社の中で消耗されてくる。あいつが悪いとか、この部門が悪いとかいう犯人捜しが始まり、みんな一所懸命にやっているのだけど、一人一人の人間の持っているパワーが結集して会社全体の大きなパワーにならない。こういうことになっていったのが、だいたい昭和四十年代のはじめ。

アン　何年間くらい、それはつづいたのですか？

瀬戸　どん底になる昭和六十（一九八五）年まで、実に、二十年間。

アン　そんな状態の会社に出ていくのが、イヤにならなかったのですか？

瀬戸　それが、イヤにならないんだね。

記録した「ビール業界の高度成長時代」でした。しかし、アサヒビールはこの伸びに追いつくことができず、シェアがずるずると落ちていきました。それぞれの現場は必死にがんばったのに、会社全体のパワーにならなかったのです。（平成十［一九九八］年十一月二十八日『朝日新聞』夕刊『ビジネス戦記　山あり谷あり』より　聞き手・構成　長谷川利幸）■

SETO'S KEY WORD 116
赤提灯で一杯やりながら、ぼくは、上司の悪口を言ったという記憶は全然ない。また会社の悪口を言ったという記憶も、ほとんどない。

SETO'S KEY WORD 117
アサヒの社員は、みんな、おおらか。みんなファミリー。

これが、また、うちの会社のいいところで、みんな人がいいんですよ。そんな最悪の状態の中で、それぞれ「製造がだらしがないからだ」「営業がダメだからだ」と心では思っていても、アサヒの人は、表向き人の悪口をあまり言わない。そこで、本当はディベートすればいいんだ。「こういうところを会社の業績をあげるために、こういうふうに改善していこうよ」とか。ところが、そこまでいかない。こういったところが、アサヒの当時の社風であったと思います。

アン　当時の出入り業者の人が、こんなことを言っていました。「あれだけ会社の調子が悪くても、社員の感じは悪くない。けっして、そんなに『大変だ！』という感じではなくて、『困ったなあ、なんとかしよう』という感じだった」（笑い）……楽観的でおおらかな社風なんですね。

瀬戸　普通のサラリーマンというのは、夜、赤提灯で一杯やりながら、だいたい上司の悪口を言う。「うちの課長はダメだ」とか、「社長はダメ」とか。ぼくらは商売柄、社員同士でよく飲みに行く。そのときに上司や会社の悪口を言ったという記憶は全然ない。（同席のアサヒの社員のほうを向いて）この人たちは、ぼくの悪口を言ってるかもしれないけれど（笑い）。だから、意外とハッピーにやってました、それなりにね。そう、うちの社員は、みんな、おおらか。みんなファミリーなの。

アン　組織の三菱、人の住友……「まあ、仕方ないや」というあきらめ感のともなった、おおらかさだったんでしょうか？

瀬戸　いや、このままではいけない、なにかしなきゃいけないという気持ちは、あきらめないでみんな持っていた。「おれは、一所懸命やる」と、一人一人は一所懸命やっていた。だけど、いかんせん、組織全体の力にならない、歯がゆさがあった。

負け戦の中の勝ち戦。神戸出張所時代の営業奮闘談。

■（前略）……有力な問屋を抱えたキリンビールが、地域社会に根強い販売網を張り巡らせていたのです。
　私が販売を担当した神戸市の西部にある長田区、垂水区、須磨区はまさにキリンの地盤でした。（中略）（古市さんというお酒屋さんに）三日とあけず通いました。三カ月たってようやく気心が通じ、コーヒーが出てきた時は、思わず快哉を叫びました。すぐに店の冷蔵庫がアサヒでいっぱいになったわけではないのですが、こうした小さな積み

アン　大変な状況の神戸出張所時代に、実際に営業マンとしてお店を開拓なさって、個人としては売上を増やされたのは事実なんでしょ？

瀬戸　……と思いますがね。でも、それは一部の地域。われわれは、ゾーンで担当しますから、そこでは「絶対負けないぞ」という気持ちはありました。でも、現実に神戸で営業まわりを始めてみて、本当に、びっくりした。大阪では、小売屋さんへ行くと、「瀬戸さんどうぞ」って、座布団が出て、お茶が出たわけだけども、神戸に行ったら、お茶もなにも出ないんだから。椅子も出ない。立ったまま。

アン　シェアが、三四パーセントぐらいあってもダメですか？

瀬戸　ダメダメ。もうキリンが圧倒的に強いんだから。当時、サントリービール（以下、本文では、原則としてサントリーと省略＝編集部注）はまだなかったし、サッポロのシェアは四、五パーセントぐらいだから、キリンのシェアが七〇パーセントと思えばいいんですから。キリンの営業マンには、多分お茶や椅子が出たと思いますよ。

アン　要するに、挨拶にまわっても、全

重ねが、キリンの地盤を切り崩すためには必要だったのです。

ところが、この時、アサヒはすでに、だれもが想像しなかった転落の軌跡を描き始めていたのです。

新入社員として赴任した当時の大阪支店は「アサヒの屋台骨を支えている」という気概があった。しかも、売り上げの伸びが止まったといっても日々の出荷量が大きかったので、「アサヒがどうもおかしい」とは感じませんでした。けれども、神戸で販売を担当してからは、アサヒのシェアが落ちているということが身をもって分かりました。

（平成十［一九九八］年十一月二十一日『朝日新聞』夕刊『ビジネス戦記　山あり谷あり』より　聞き手・構成　長谷川利幸）■

然、相手にされないということですね。どんなに綺麗《きれい》なお辞儀をしても？（笑い）

瀬戸　もう、いくらお辞儀してもダメ。

アン　名刺も受け取らない？

瀬戸　受け取るけども、ただパッと見て、カウンターにポンと置かれちゃうの。それで終わり。当時のお酒屋さんには、人に接するエチケットがなかったと思います。普通、名刺をもらったら、いかに、ご商売人さんであっても、名刺は人の顔だから、大事にポケットに入れるべきなんですが、名刺交換になれていない時代ですから。だから、そんなことになってしまう。話の接ぎ穂がないし進展しない。こっちがなんか言うと、「あ、そう、うんうん」と言うだけ。向こうから反応が返ってこないんだから、どうしようもない。

アン　じゃ、何度も何度も通うしかなかったんですね。

瀬戸　ひたすら通うしかない。

アン　とにかく、顔を覚えてもらう。

瀬戸　そうなの。椅子が出ないから、直立不動で立ったまま十分か十五分たつと、こっちは膝を曲げたくなるから、「それじゃ、また来ます」というふうになっちゃうわけ。だから、ぼくは最初、長田区の古市さんというお酒屋さんで、名刺をカウンターの上にポンと置かれたときに、「よし、この店に、どんなことがあっても、椅子とお茶を出させてやる」と。つまらない決心だけど、こう思った。「向こうに信頼されるようになれば、お茶も椅子も出るだろう」と思って、一週間ほどたってから、そのお店へまた行ったら、ぼくの名刺がカウンターの同じ場所に置いてある。掃除をしない酒屋さんも酒屋さんなんだけども、普通だったら、カウンターの上をきちっとよく拭くじゃないの。当時、お酒屋さんというのは、「あまり綺麗《きれい》にすると、お客さんに親近感がなくなるので来なく

SETO'S KEY WORD 118
若者は、ちょっとしたことでも発奮しなければ……。

なる。汚いほうがお客さんがよく来る」なんていう迷信みたいなものがあった……お酒屋さんの店頭ってずいぶん汚かった。その上に、一週間前のぼくの名刺がそのまま置いてあったの。当時のお酒屋さんは、どこに行っても量り売りをやっていました。カウンターのうしろに醤油の四斗樽があって、お客さんは空びんを持って買いにくる。お酒屋さんが、樽の前にびんを置いて栓を開けると醤油がドッドッと出てくる。そういう売り方が、下町のほうでは、当たり前だったのです。ぼくの名刺に、まわりに飛び散った醤油の染みがついて、そのうえ、ほこりまみれになって……こういうのを見たら発奮するよね、若い人間としたら。

アン アッハッハ（と思わず大笑い）……すみません、笑ってはいけないところで、笑ってしまって。

瀬戸 こんなことで発奮するのかと、思われるかもしれないけども、それでいいんだよ。若い者はこういうことで発奮しなきゃいけない。

アン その因縁の名刺は、どうなさったんですか？

瀬戸 ちゃんと、もらって帰った。「よし！」と思ってね。それから通いました……結局、そのお酒屋さんは、ぼくが神戸を離れるころには、アサヒしか売らなくなりました。最近ちょっと行ってませんけども、今は息子さんの代になりました。息子さんにも、ちゃんとお目にかかりました……ぼくの執念です、あのお店をアサヒ専売店にまで持っていったのは。

アン 負けず嫌いですね。

瀬戸 そうなの。

アン 瀬戸さんて、なんか、一回も負けたことないような……（笑い）。

瀬戸 いえいえ、挫折の連続でございます（笑い）。

アサヒ運送の運転手と寝食をともにして物流を学んだ。

SETO'S KEY WORD 119
現場の専門家と接することで、物流、配達の大切さを学んだ。

瀬戸　ここまで、縷々《るる》話してきたように神戸の出張所時代は、ビジネス環境が、大阪とは違って、ある意味ですごくエキサイティングだったわけだけども、会社の中の雰囲気も、がらっと変わった。大阪支店、百三十五人に対して、十六人の小所帯だから。神戸出張所というのは、独立したビルの中にあった。二階にぼくたちの事務所があって、一階はアサヒ運送（現・㈱アサヒカーゴサービス大阪）という運送会社だった。

アン　同じアサヒ系列の会社ですか？

瀬戸　うん、同じ系列の子会社。神戸市内のアサヒの配達は全部、そのアサヒ運送がやっていた。一階に倉庫があって、そこから出荷していた。ぼくは、その運送会社がそこにあったことで、すごくいいことを覚えた。物流、配送ということの大切さを学んだ。当時は、今みたいにコンピューターもなにもありませんから、夏になると出荷が鰻《うなぎ》登りにあがっちゃう。冬になるとガタンと落ちる。

アン　ビールは夏のものというイメージが、昔はありましたね。

瀬戸　そうなの。夏になって出荷が鰻《うなぎ》登りにあがってしまうと、夜中の十一時、十

アサヒ運送の運転手と寝食をともにして物流を学んだ。

二時まで配達がかかる。そうすると倉庫の品物が切れてしまう。「荷繰り用在庫」という言葉も、そのときに、はじめて知った。西宮工場からビールを仕入れて、その日の業務の終わりには、翌日一番に配達するビールの在庫をきちっとキープしておかないと、朝一番からの出荷ができない――こういったことは、大阪支店の百三十五人の中にいるとわからないのだけども、十六人の神戸出張所にいると、配達のことまで自分が関心を持たなければ、やっていけない。これは勉強になった。もう一つ。自前のビルだから、宿直がある。社員が、警備のために泊まる。

アン　今、警備会社がやることを、昔は社員がやっていたんですね。

瀬戸　応接間のソファーを倒してベッドにして、アサヒの社員とアサヒ運送の社員とがペアを組んで泊まる。宿直室なんて、あるわけがないから、昼間、お客さんが来て、「やあ、やあ」って言っている場所で、われわれは泊まるわけ。宿直というのは、十日にいっぺんぐらい順番がまわってくるんだけども、そのときにアサヒ運送の運転手のキャップの人なんかと一緒に泊まる。

アン　ブルーカラーの現場の人と。

瀬戸　そう、そう、ブルーカラーの現場の人と寝ながら話すの。

アン　ビールを飲みながら?

瀬戸　もちろん、ぼくのことですから（笑い）。ときどき、ちょっと鍵かけて近所の酒屋さんへ飲みに行くことも、あった。際どいことも、ずいぶんしたのよ、例によって（笑い）。いなきゃいけない人間が鍵をかけて、二人そろって、「おい、飲みに行くか」って。

アン　酒屋でカクウチですか?

瀬戸　そう、カクウチ……われわれは、ただたんにタチノミと言いましたけども

SETO'S KEY WORD 120
現場の人と仲良くすることは、大切。

SETO'S KEY WORD 121
ビジネスの厳しさを味わったのは、神戸に行ったおかげ。

（笑い）。こうやって、ぼくはアサヒ運送の現場の人と非常に仲良くなったの。

アン　そうすると、現場の内側の話が聞けるわけですね。

瀬戸　内側の話が聞ける。その後、本社へ来て、ぼくが社長になったころ、そういう人たちがみんなアサヒ運送、今のアサヒカーゴサービスの幹部になっていたんです。そういう人たちと、「やあ、やあ」という仲だったおかげで、ビジネスのほうもスムーズにいったと思います。

アン　物流を現場で見られたことと、そこでの人との交流が、のちのち、いろいろ役に立ったんですね。

瀬戸　そうなの。物流について、ぼくが社長になってからも、非常に関心を持ったのは、あの経験のおかげです。それと、ビジネスの厳しさを味わったのも、神戸に行ったおかげ。「灯台」というクラブで、小西さんの逆鱗に触れたのも良かった（笑い）。すべて良かった。あのときに、もし、ぼくがつまらないことを言わなければ、東京支社かなんかに配属されて、ありきたりのサラリーマンになっていたかもしれない。

アン　それはなかったでしょうね。いずれにしても、どこかで問題を起こされたのでは（笑い）……でも、入社三年目ぐらいで、瀬戸さんは、もう社内の有名人？

瀬戸　ああ、悪い意味での有名人。おそらく、大阪から神戸に行かされたときには、ちゃんと送り状がついていたと思いますよ、要注意という（笑い）。

結婚式は神戸国際ホテルで

結婚は左遷時代に……。

アン　ご結婚は、たしか神戸時代でしたね？

瀬戸　結婚したのは昭和三十二（一九五七）年十二月一日です。ぼくのそのときのポジションは、もちろん平社員。年齢は二十七歳。神戸出身の奥さんの年は二十四歳です。大阪支店神戸出張所に左遷されたあとです。

アン　でも左遷された男の人と結婚するなんて、奥さん、偉いですね（笑い）……やっぱり、女の人は計算するじゃないですか。「こんな局面でこんな人と結婚したらどうなるのかなー」とか。

瀬戸　左遷されたという事実を知らなかったんじゃないですか（笑い）。

アン　なるほど。でも奥さんに先を見る目があったんでしょうね。

瀬戸　当人は、「私がいたからあなたはここまでなった」と思ってるかもしれないんです。

アン　ところで、恋愛ですか？　お見合いですか？

瀬戸　六年間つきあっておりまして……学生時代からのつきあいですから、ちょっと長すぎた春（笑い）。大分ピークを過ぎて結婚した感じです。

アン　六年間ということは、奥さんが十八歳、瀬戸さんが二十一歳のときからのおつきあいですね。

瀬戸　そうですね、早熟だったから。彼女は、神戸女学院の女学生でした。

アン　どこで知りあわれたんですか？　きっかけは？……こういう話題になると女って、好奇心をむき出しにするところがあって、すみません（笑い）。

瀬戸　彼女がある親戚の人がやってる喫茶店というか……カウンターバーのある喫茶店でアルバイトしてたんですよ。そこに慶応の学生の私が……

アン　颯爽と登場（笑い）。

瀬戸　颯爽でもないんだけど、行ったの。なにかパチパチしたんでしょうね、それがそもそものつきあいの始まりですね。

アン　学生時代は、遠距離恋愛だったたってことですね？

瀬戸　「恋愛」って……向こうの片思いじゃないですか（笑い）。ぼくは逃げられなくなって、追いつめられて結婚したんです……結婚式はしませんでした。神戸国際ホテルというのがございまして、そのホテルで親戚をみんな集めまして、そこでぼくが指輪を相手の指にパチンとはめて、「これで結婚しました。終わり」って言った。

アン　スマートですね。

瀬戸　そしたら親戚中が唖然としてね、「なんだこれは？」って。「いや、これでいいんだ」と。それでそのあとは、ホテルのレストランで、親戚とか友だちとか、六十〜七十人集めてパーティーを開いて。パーティーと言っても、そんなごちそうが出るパーティーじゃなくて、サンドイッチとかそういったものを適当に置いてむしゃむしゃ食べながらビールを飲むという形式です。そういった結婚披露宴をしました。

アン　今ふうですね。

瀬戸　うん、今ふう。それを見て、家内の友だちが二組ほど同じような結婚披露パーティーをしましたね。非常に気楽なパーティーでした。ですから仲人はいないんです。姉夫婦がいわゆる介添え人みたいな感じだった。ぼくたちの紹介は義兄——姉の主人がやって。たしかに、今ふうでございます。神前結婚とか形式的なことをなにもしなかったというのが、良かったのではないでしょうか。

アン ところで、力関係は、はじめから奥さんのほうが上ですか？

瀬戸 それは私でしょう。

アン どこで逆転されたんですか？

瀬戸 （憮然として）ぼくのほうが、ずっと強かったですよ。

アン 瀬戸さんと二十年くらいつきあいのある方のご意見では、「逆のように見受けられる」とのことですが……この情報は、ガサネタなんですね。

瀬戸 いや、なかなか肝っ玉母ちゃんでね。ぼくは、だいたい、こういう性格ですから、ときどき会社を辞めるっていう気になるわけよ、不愉快なことがあったら。例えば、前の晩に家に帰って、「もう会社をやめた！」って言うでしょう。そうすると家内が「それはいいわね！　二人だから、なにやっても暮らせるわよ」って言うわけ（笑い）。あくる日の朝、目が覚めるじゃないの。そうすると、こっちは会社へ行かなきゃいけないと思い直してないにか、もぞもぞしてるわけ。そうすると家内が、「あんた、なにしてんの？」って。「昨日、会社やめるって言ったじゃないの」「いや、ちょっと会社に行って机の中を整理してくるわ」とか言って（笑い）。まあ腹がすわっているのは、嫁さんのほうじゃないかな。

アン ここまでお話をお聞きした中でも、会社をお辞めになりたいと思われたに違いないという局面が、何度かありましたね。

瀬戸 いまだって、あるもの。

営業の「演出」……三軒の「大箱」飲食店を、一気にサッポロからアサヒに「奪取」。

SETO'S KEY WORD 122
ぼくは失敗談は得意だが、自慢話は苦手。

アン　ご結婚のめでたい明るい話題とは対照的な当時のアサヒ全体の調子が悪くなっていく暗い話を、この際、脇に置いておいて（笑い）、神戸時代の瀬戸さんの営業マンとしての、とっておきの自慢話を、このへんでご披露願えませんか？

瀬戸　ぼくは失敗談をするのは大得意だけど、自慢話は苦手だ（笑い）……でも、この際だから、やってみますか……サッポロを入れていた飲食店を三軒同時にひっくり返したことがある。当時の神戸のサッポロのシェアは、四パーセントくらいしかなかった。サッポロにとって兵庫県は、全国一シェアの低いところだった。ということは、サッポロの入っているお店は、すぐにわかるということ。「よし、このいくつかの店の中で一番大きいところを、ひっくり返したれ」という茶目っ気を出した（笑い）。それで、三軒ひっくり返しちゃった。昭和四十（一九六五）年の始めのことだったと思う。

アン　支店の中では、もう中堅営業マン

SETO'S KEY WORD 123
営業を成功させる秘訣は、ひたすらお得意様のもとに通うこと。

になっていらした?

瀬戸 主任か課長だったかな。JC(青年会議所)の活動も始めていた。

アン わたしは、会社勤めも営業の経験もないので、まったく想像もつかないんですが、営業ってどういうふうにやるのか、すごく興味があります。

瀬戸 とにかく、まず、お店に通う。シェアの低いサッポロを売っているお店というのは、サッポロの営業マンが、丁寧にテイクケアしてるわけだ。だから、こっちはひたすら通うしかない。前の年の秋口くらいから、攻撃を開始。しょっちゅうお店に顔を出して、自分の心に決める。「来年の三月には、全部ひっくり返す」と。業界用語で言うところの「奪取」のターゲットは、焼き鳥屋さんと食堂と鮨屋さん。これまた、業界用語で言うと、結構「大箱」だった。とにかく、秋口から通いに通った。アサヒは若干落ち目とはいえ、サッポロと比較すれば、こっちが強い。その信用もあって、向こうは、だんだん、「瀬戸さん、いつアサヒに変わってもいいよ」と言ってくれるようになった。だけど、ぼくは一軒一軒変わっていったんじゃインパクトがないと思った。言葉が悪いけど、しばらく「泳いでもらう」ことにした。「変えるときは、お願いしますから」ということで、三月の三十一日に三軒いっぺんに変わってもらった。そのうちの一軒の食堂のショーウィンドーには、サッポロの大きな生ビールのタンクが外から見えるように置いてあった。いわゆる樽生店。それにサッポロのステッカーが貼ってある。『サッポロ××なんとか』って書いてある。ぼくは、ご主人に、「このタンクは、サッポロから借りてるの?」と聞いた。そしたら、「いや、そうじゃない。このタンクはうちのだ。サッポロが来てステッカーを貼っただけだ」ということだったので、三月三十一日の夜中にステッカーを全部アサヒに貼り替えた。なぜ、その日にやったのか？　特別な意味は、なにもないの。一つの区切りだから（笑い）。あくる日から新学期（笑い）……冗談はさておき、営業には、ある種の「演出」が必要だと、ぼくは思う。市場に対して大きなインパクトがないといけない。この場合にも、一軒一軒変えていったんでは、インパクトがない。三軒一緒にドーンとやることによって市場で評判になる。案の定、サッポロの所長さんが——この人はぼくの慶應の先輩なんだけども、ぼくのところに電話をかけてきましたよ。「瀬戸君、もう勘弁してくれ」って。「わかりました。申しわけありません」と答えて終わり……しかし、それにしても、そんなことになるまで気がつかないお相手様もお相手様。怠慢ですよ、正直言って。

SETO'S KEY WORD 124
営業には、ある種の「演出」が必要。

神戸JCの年男節分豆まき（2列目左から2人目がぼく）

当時の神戸支店販売一課の面々（下の列中央が大谷支店長　その右がぼく）

全社的にシェアがさがる中で神戸だけはと「点面作戦」の展開――「感動の共有」の原体験。

瀬戸　「三軒奪取作戦」成功後の昭和四十二（一九六七）年、すでに出張所から支店に昇格していた神戸支店の課長のときに、印象的な、できごとが起きました。そのころ、どんどんどんどんアサヒのシェアは、さがったけども、神戸はどんなことがあっても、持ちこたえようと頑張った。そして、その年、販売予算を達成した。「そんなこと、当たり前のことじゃないか」とおっしゃるかもしれませんけども、当時、予算なんて、あってなきがごとしで、どこもかしこも、ガタガタとシェアがさがって、その年の予算を達成したのは神戸支店と広島支店だけ。そのとき、ぼくは神戸市内担当の販売一課長だった。課の連中と徹夜で会議を開いた。どういうことかって言うと、たしかに、神戸支店の担当区域の兵庫県は広い。でも神戸市内の販売のウエイトが一番高い。ここで勝てば神戸支店は、絶対に勝てるんだという会議。そのためには計画をきちっと描こうと、実際に大きな図面を壁一面に描

■高い目標を持って達成し、感動を共有すると集団は強くなることを実感しました。(平成十一[一九九八]年七月五日号『産経新聞』のコラム『転機』より　聞き手中川淳)■

いて地区別ごとに分けた。そして、今、アサヒを一所懸命売ってくれている小売屋さんは、どこなのか、どの小売屋さんがアサヒの売上が少ないのか、という分析を徹底的にやる、売ってくださる小売屋さんを増やして地域全体の面のシェアをあげる……ぼくは、これを「点面作戦」と呼んだ。そしたら、当時東京本社の営業部次長だった竹縄さんが、「点面作戦て、なんだ？　そんな言葉なんて聞いたことがない」と言う。「意味がわからなくったって結構です。要するに、点を確保して、それを繋げていけば面になるということです」と突っ張った。点の確保を丁寧にやっていけば、アサヒがいかに業績が悪く、シェアがさがっていても、勝てるはずだと。消費者の声が大きくなってきたとは言っても、まだまだ、チャネルの推進力もある。今のうちから面をつくってガードしていけば、なんとか、この凋落《ちょうらく》は止めることができると信じて、一年に三回くらい、土曜日の午後から日曜日の朝の東の空が明るくなるまで徹底して作戦会議をやった。そんな努力の結果、予算を達成したのは、十二月三十日午前九時十五分。当時は、今みたいにコンピューターで注文が入ってくるわけではありませんから、全部、電話で問屋さんが注文を出してくる。出荷係がいて、「あと予算に百五十箱です、あと百箱です、五十箱です、三十箱です……予算、達成しました！」という報告があったのが午前九時十五分。その瞬間、みんなが立ちあがって……その日が営業の最終日。この日、午前中で仕事が終わり。ぎりぎりで達成した。みんなが立って拍手して、「良かった！」「良かった！」って……すごく感動的だった。ぼくはのちに社長になってから、「感動の共有」ということを強調するのですが、原体験はそこにあるわけです。一人だけで

SETO'S KEY WORD 125
社長になってから、「感動の共有」を強調するようになった原体験は、神戸支店課長時代にあり。

SETO'S KEY WORD 126
感動を共有した人間が、各地に散って、その地、その地で「感動の共有」のエネルギーの核になっていく――それが、ぼくの描く理想像。

はなくて、みんなで感動する。全員がチームですから。もちろん、課長であるぼくも、一緒に立って感動した。そのときに、「感動の共有」を体験した連中が、その後、各地に散っていった。たとえば、のちに鹿児島支店長になり、現在、アサヒ飲料の専務執行役員営業本部長の畑中良夫君も、その一人。彼のエピソードは、あとで話しますが、感動を共有した人間が、各地に散っていって、その地その地で「感動の共有」のエネルギーの核になっていく――それが、ぼくの描く理想像でした。アサヒが浮上するまでに、このあと何十年かの苦難の年月があるわけですが……。

アン　神戸時代の瀬戸さんの個人的な武勇伝というか、ご活躍、それに支店をあげて実績をあげたにもかかわらず、アサヒ全体のシェアは、どんどん落ちて……。

瀬戸　歯がゆいが、いかんともしがたかった。

昭和42(1967)67）年予算達成の祝賀会（左から大谷神戸支店長　奥様　ぼく）

瀬戸雄三　働き盛り（右は家内　昭和五十一［一九七六］年マルフクさんの結婚式にて）

アサヒ冬の時代の商品あれこれ。トップレス女性の写真入りのカラー缶を発売。

アン　アサヒ冬の時代に、必死になっていろんな商品をお出しになりましたね、スタイニーをはじめ、ピンク色のビールまで。宣伝も一所懸命、おやりになって。

瀬戸　いい宣伝をたくさんしている。製造部門でも、屋外発酵貯酒タンクという、これは今、世界のビール会社が全部採用しているぐらい、すごい技術をアサヒは最初に開発したんです。

アン　みんなが努力しても売上が伸びなかった昭和四十（一九六五）年から昭和六十（一九八五）年のあいだを振り返ると、その時代にはむくわれなかったり失敗に終わってしまったけれど、今日の業績と結びついて、最終的には失敗じゃなかったということも多々あるんじゃないでしょうか。

瀬戸　多い。

アン　アサヒが日本ではじめてやったことを全部並べたらおもしろいですね。

瀬戸　商品という切り口で振り返ってみましょう。まず明治三十三（一九〇〇）年

SETO'S KEY WORD 127
アサヒの製造部門の技術は、すごい。

アサヒゴールド新発売の広告

SETO'S KEY WORD 128
新商品をずいぶんたくさん開発して、「革新のアサヒ」「商品開発のアサヒ」とまで言われたが、なぜか業績に結びつかないつらさを味わった。

■ ――今年四月の発売以降、予測の四倍という売り上げでスタイニーボトルがヒット中です。指でキャップを取

に出したびん詰生ビールがはじめて。昭和三十二（一九五七）年発売のアサヒゴールド。これは山本為三郎社長の時代です。ミュンヘンの醸造科学研究所のクレーベル先生の指導のもとに、麦芽の使用量を増やしたビールをつくった。金貼りのラベルは、タバコの「ピース」のデザインをしたアメリカのレイモンド・ローウィに作成してもらった。それから昭和三十三（一九五八）年に出した缶ビールも、ビールのギフト券を出したのも日本の業界ではじめて。昭和四十年代に出した日付け入りのビール。容器のミニ樽の開発。もっと言えば、発泡酒。今、さかんに発泡酒、発泡酒と言われてるけども、Ｂｅと言う発泡酒を発売したのも日本ではじめて――こんなふうに斬新な商品をたくさん出している。

アン　平成十（一九九八）年になって、ふたたびよみがえったアサヒスタイニーは、発売当初も当たりましたね。

瀬戸　当たりました。あれは、昭和三十九（一九六四）年の発売。ミニ樽も当時としては、斬新だった。こういった新商品をずいぶんたくさん開発して、「革新のアサヒ」「商品開発のアサヒ」と言われたものです。ところが、これが業績に結びつかない。その原因を今になって分析してみれば、若干、時代が早すぎたのかなと思っています。商品開発というのは、消費者の半歩先を行けば当たる。それを二歩

色つきのビールBe

ればそのまま飲める、この「缶ビール感覚のびんビール」はどのように開発されたのですか。

瀬戸　これは昭和39年に、「ビールだ　アサヒだ　アサヒだビールだ　アサヒスタイニー　あッ!」という広告で世に出た商品なんです。形状がユニークで大変斬新な商品として受け入れられたのですくらい先を行っちゃったから、うまくいかなかった。一時はヒットするんだけど、残念なことに長つづきしなかった。

アン　瀬戸さんの本社ビール課長時代に、瀬戸さんの音頭取りで出されたカラー缶のコンセプトも二、三十年早かったんじゃないですか。あの作戦は、今おやりになっている環境保全のキャンペーンの原型と言えると思うのですが……。

瀬戸　そういう見方もできるかもしれない……それは、さておいて、缶にカラー写真をデザインしたのは、新しい試みだった。あのころは、海外旅行というのはみんなの憧れだった。あのころのことは、忘れもしませんが、その缶のデザインにパリのエッフェル塔とカンヌの海岸とハワイのワイキキ海岸の三つを、今、清水弘文堂書房の社主になっておられるガイさんこと礒貝浩さんとそのお仲間が世界中で撮影された数万点の写真の中から拾い

当時のカラー缶の広告

アサヒ冬の時代の商品あれこれ。トップレス女性の写真入りのカラー缶を発売。

が、その後、あまり伸びなかった。そこで、昨年春、九州のあるコンビニで再度テストしてみたら、形状が新しいし、コンビニ商品としても扱いやすく買いやすい、ということがわかった。またスーパードライとのカニバライゼーション（とも食い）も起きず、既存の商品売り上げにオンした。

そこで、これは商売になる、広く本格的にやってみよう、となったんです。

――つまり、現場のニーズをうまく感知したということですね。

瀬戸　ええ。商品を出す場合、われわれは常にお客様の期待とニーズがどこにあるかを模索します。一番目は品質、また最近では機能、ファッション性、さらに環境への配慮、最後に値頃感ということになりますか。味や品質で

出してきて、カラー缶をつくって、海外航空便の封筒の外側ふうに赤と青で囲んだ新聞の全ページ広告を打って、「カラー・イン・ザ・ワールド」とやった。昭和四十六（一九七一）年のことです。

アン　海外旅行がブームになる前ですね。いい発想でしたね。

瀬戸　夢を持ってそういう商品開発やったんです。あれは結構、お客様に受けた。広告界でも評判いいし、われわれも「シャレた宣伝だ」と自己満足するんだけど、なぜか売上のパーセンテージに結びつかない……そう、そう、カンヌの海岸の写真の中に、一人だけトップレスの女性がいた。これはエライ有名になったけど。

アン　本当に斬新な試み！（笑い）

瀬戸　そんなことが、話題になるんだけど、業績につながらない。だからあのころの戦いを振り返ってみると、アサヒはつねに一番最初に商品を開発しても、それだけで終わってしまう。日本で最初に発売した新製品が、なぜ翌年、あるいは、次の年に効果を発揮しないのかというと、アサヒのカ――パワーがどんどんどんどん落ちていったことが直接原因としてあげられる。発売した年は、たしかに優位に動きますけども、翌年になると同業他社がそれと類似の商品を出してつぶしにかかってくる。そうすると一年間は、先行したメリットがあるけれども、二年目には、元の木阿弥。まあ、言ってみれば、こういうことです。

アン　悔しいですよ、パイオニア・ワーカーがトップを走れないということは。

瀬戸　そうなの。たとえば、さっきちょっと話したＢｅという発泡酒。これには、三つの色がついていた。初年度がピンクで、二年目は、パープルとグリーン……これなんておもしろいでしょ。これは、天然着色なのです。たとえば、赤い色は赤

はスーパードライはお客様の信頼をいただいていますし、ファッション性という点では今、ビールを直接びんから飲むことが若者のファッションになっていますからね。

実は以前から私はメキシコのコロナというビールに注目している。レモンをギュッと絞って入れ、グラスに注がないでびんから直接飲む飲み方。一つのファッション性ですね。そんな飲み方の提案ということでスタイニーを出す、これをやりたいと思ったんです。

さらに日本人は環境問題に対しても関心が深い。びんがリターナブルということでもアピールできるのではないか。値頃感ということでは194円で、びんを返せば189円と、同じ容量の缶ビールに比較しても安い、ということになります。お客様キャベツの色素から取ったりして、すべてナチュラルな材料を使った。正直言って、会社が、「食うや食わず」の時代でしたから、九〇年代になって、会社に余裕が出てきて、社長になったぼくが「環境問題に本気で取り組む企業」をめざすようになったときのように、あの当時、わが社になったときのように、あの当時、わが社に環境や無添加食品に対する配慮が今のレベルであったというと嘘になります。でも、その原型は、あのビールの発売にもあった……それはそれとして、あのビールを発売すると、その翌年に、サントリーが、同じような商品を出した。アサヒのこの新製品をつぶしにかかった。そのときに、サントリーは人工着色ということを訴えた。今、そんなキャンペーンを張ったら世間の総スカンを食いますが、当時のサントリーというのは、ウイスキーの勢いがあって、会社全体のイメージというのは、アサヒよりもあちらのほうが上だった。その会社が、人工着色のビールを宣伝すると、前の年に出したアサヒの天然着色というのは、どこかに消えてしまうわけなんです。この作戦の巧みなところは、今ほど敏感でなくても、お客様には、人工着色のビールなんて、あまり飲みたくないという心理がある。アサヒの天然着色のビールも、煽《あお》りをくらってつぶれてしまう。もちろん、サントリーの人工着色のビールも、半年もしないうちにつぶれるんだけども。自分のと同時に、相手もつぶしてしまう。これは一つの商品戦略。

アン 完全に相手をつぶすための作戦?

瀬戸 ぼくは、そう思いますね。

アン わたしは商売の世界のことはよくわからないんですけれども、おもしろいというか、すさまじい世界ですね。殺人と自殺を同時にやるみたいな感じ。

瀬戸 無理心中(笑い)。たとえば、ミニ

アサヒ冬の時代の商品あれこれ。トップレス女性の写真入りのカラー缶を発売。

のご要望をきちんと考えてつくりだせばご支持を得ることができるということのモデルになろうかと思いますね。

■（平成十［一九九八］年『週刊現代』九月二十六日号より）

SETO'S KEY WORD 129
現場の斬新な提案にゴーサインを出すアサヒの上層部というのは、偉いところがあった。

樽を、アサヒが出したら、パテントに触れないように工夫して、ちょっと「かたち」を変えて出すという戦略に出る。アサヒが、なけなしのお金で、ミニ樽を開発して宣伝すると、資金の潤沢なほかの会社が、この商品戦線に参入して宣伝費をドーンとかけると、もうそこで先行メリットが消える。つねにアサヒは、パイオニアであるんだけども、その力、勢いというのを持続できない。このへんのジレンマに、どれほど歯ぎしりしたことか。

アン　そういう血の出るような思いをしながら、パイオニア・ワークをつづけたことが、最終的にはスーパードライに……

瀬戸　……つながった。今から考えると、その当時の新製品は、逆説的に言えば、すぐによそに真似されて、先行メリットを、くつがえされる程度のものであったということかもしれません。アサヒの上層部というのは、偉いところがあった。われわれ現場が、「絶対に、これでいこう、次の時代には、当たり前になる」と斬新なことを提案したときにゴーサインを出す。今のアサヒの本社のビルのデザインもそうだけど、非常に斬新さはある。カラー缶のトップレスの女性の写真にしても、「今後、日本でもトップレスなんて、なんでもない時代がやってくる」と、ぼくたち商品開発のスタッフは確信して、当時としては大胆なことを試みた。それを、みんなが、「えっ？　なに？」と驚いて見る時代でした……こういったことが、話題にはなっても、業績につながらない。これはやっぱり、まとまりの問題だとぼくは思います。商品開発は優れている、製造技術は優れている、それをジョイントして組織全体のパワーにして、長つづきさせて、次の展開につなげようといった広い視野に立ったコーディネーターもいなかったし、リーダーもいなかった。

間奏曲。ヤマタメ社長の想い出——アサヒの初代リーダーは私心のない人だった。

山本為三郎初代社長

山本為三郎（やまもと・ためさぶろう）　大阪市生まれ。明治四十五（一九一二）年北野中学（現・北野高校）卒。京大講師だった英国人フランクリンに数年間にわたって個人教授を受ける。大正六（一九一七）年、アメリカを視察旅行。半自動製壜を輸入し、日本製壜を設立し同社専務になる。大正十（一九二一）年帝国鉱泉と合併して日本麦酒鉱泉を設立し、同社専務と

アン　あれもダメ、これもダメと、えんえん調子の悪いアサヒの暗い話がつづきましたので、ちょっと気分を変えて（笑い）……「間奏曲」を入れてみるのはどうでしょう？　リーダーの話が出たところで、「ヤマタメさん」の呼び名で親しまれた山本為三郎アサヒビール初代社長のことをお聞きしたいんですが……ヤマタメさんは、何年間、社長だったんですか？

瀬戸　昭和二十四（一九四九）年から昭和四十一（一九六六）年まで。

アン　じゃ、一番最後は下り坂の中でお亡くなりになった。

瀬戸　そう。十七年間、あの方は社長だった。

アン　瀬戸さんのヤマタメ観をお聞きしたいんですが……亡くなられた有名な作家で、寿屋（現・サントリー）に若いころ

なる。昭和八（一九三三）年大日本麦酒常務。戦後、同社専務時代に、ＧＨＱの酒類醸造停止の指令解除に奔走して、ビール産業を死守した。ＧＨＱの指令で大日本麦酒が日本麦酒（現・サッポロビール）と朝日麦酒に二分割された昭和二十四（一九四九）年に初代朝日麦酒社長に就任。昭和三十八（一九六三）年寿屋（現・サントリー）が、ビール業界に進出したときに、大局的見地に立って朝日麦酒の販売網を貸したことは有名。また、戦前から、芸術分野への支援にも積極的で、メニューヒン、エルマンなどの著名な音楽家の来日に尽力した。柳宗悦、浜田庄司たちの民芸運動にも、力を貸した。関西財界で創業社長として活躍。ヤマタメと呼ばれていたが、昭和四十一（一九六六）年、会長兼社長になってまもなく急逝。著書『上方今と昔』。『朝日人物事典』　朝日新聞社刊より）

から、かかわっていらっしゃった開高健さんのヤマタメ評に、「非常に私心のない人だった」というのがありますが……。

瀬戸　私心がないというよりも、自分の会社の経営を云々《うんぬん》する前に、ビール業界、食品業界全体のことを配慮するというものの考え方で動いた方です。

アン　わが社がどうのこうのじゃなかったんですね。

瀬戸　そう、そう、そう。心の中では、ずいぶんあの方は、悔しい思いをしたと思います。これだけ自分が、業界のために動き、またアサヒのためにもいろんな貢献をしたにもかかわらず、最後は「劣勢」のまま亡くなられたわけですから……それはそれとして、山本さんの知名度のお陰でずいぶん、会社としてプラスになったという点も見逃せませんね。

アン　ビールそのものを世間に認知させた方でもありますね。瀬戸さんはヤマタメさんと個人的な接触は？

瀬戸　ありますよ。でも、くわしく話を聞いたことは数回しかない。もちろん、公の席です。たとえば会合で話を聞いたとかですけども。それ以外では、大阪にいるときに、小人数の会議で、「若い者、集まれ！」とお声のかかった会議で山本さんの話を聞いたことと、神戸支店で一対一で山本さんと話したことがあります。

アン　それにしても、瀬戸さんは、ヤマタメさんと直に接していらっしゃる最後の世代ですね。

瀬戸　最後です。もう、最後の最後です……あの方の文化性と言いますか、芸術畑での活躍も、すばらしかった。彼はアサヒビール・コンサートを熱心にやりました。メニューヒンとか、エルマンとか、当時ではなかなか呼べないようなすぐれた音楽家を招聘《しょうへい》して、当時はコンサートホールなんてなかったから、たとえば、ぼ

SETO'S KEY WORD 130

山本さんの芸術・文化支援活動のおかげで、アサヒのステイタスは、ずいぶん高かった。山本さんの個人としての知名度が、さらにわが社のステイタスをあげるのに役立った。

SETO'S KEY WORD 131

山本さんは、現場を知らなかったから会社を束ねることができなかった。もっと現場を知って、そして現場の変化というものを、きちんとつかんで、対応すべきだった。

くが大阪にいたときなんかは、大阪府立体育館で、世界最高の音楽を提供したりしておりました。彼は、芸術家のシンパでした。彼の芸術・文化支援活動のおかげで、アサヒのステイタスは、ずいぶん高かった。山本さんの個人としての知名度が、さらにわが社のステイタスをあげるのに役立った。商品開発とメセナ活動にも熱心だった。ところが、これが業績に結びつかない。これはなぜかというと、やっぱし、アサヒ全体を束ねる人がいなかったから。山本さんも会社というものを束ねることができなかった。山本さんが現場を知らなかったからじゃないでしょうか。もっと現場を知って、そして現場の変化というものを、きちんとつかんで対応されれば良かったかと思います。山本さんは、あまりにも偉かったし、側近にも問題があった。どういうことかというと、山本さんの側近の人が、会社の実態を社長にきちんと報告をしていなかった。

アン　ワンマンの下にイエス・マンが多かったということですか。

瀬戸　そう。ある意味で山本さんは「裸の王様」であったかもしれない……でも、こういったマイナーな面をあげつらねて、とやかく言うよりも、彼の芸術と芸術家に対するシンパ活動を、ぼくは高く評価しています。たとえば焼き物一つとっても、浜田庄司やバーナード・リーチなどといった民芸陶芸家を育てて作品をたくさん集めたことです。この山本さんの収集した作品は、山本家のご好意もあって、今、大山崎のアサヒビール大山崎山荘美術館に展示をしています。

アン　日本の文化サロンの主宰者としては、渋沢栄一のお孫さんの渋沢敬三さんに匹敵する方だと、わたしは思っています。「最後のサロン人」。時代も良かったのでしょうけど……それは、それとして

（右から）中島正義元社長　高橋吉隆元社長　延命直松元社長

SETO'S KEY WORD 132
偉い人が、苛《いら》立つと、まわりは、びくつく。そうなると、「裸の王様」になってしまう。

「裸の王様」になると、会社の中では、むずかしい面が、あったのでしょうね。

瀬戸　むずかしいですね。どうしても、ご自分が偉い人だから、業績が悪いと苛《いら》立ちますよね。業績をあげることができない苛《いら》立ち。偉い人が苛《いら》立つとまわりは、びくびくします。そうすると、まわりも山本さんに進言ができなくなる。きちんとしたものの言い方ができなくなってくる。そこでさっき言った「裸の王様」になってしまう。

アン　そういった状況では、瀬戸さんがおっしゃった製造・管理・営業部門を束ねるコーディネーターが出てこないといった状況をヤマタメさんご自身がよく把握なさっていなかった可能性が高い……

瀬戸　……かと思いますね。

アン　ヤマタメさんのあとの社長が……

瀬戸　中島正義さん。

アン　中島時代もシェアは……

瀬戸　……まだ落ちつづけた。中島さんが昭和四十六（一九七一）年二月に高橋吉隆さんにバトンタッチされた。そして、高橋さんが住友銀行から社長として来るときに延命直松さんを常務として一緒に連れてこられた。

アン　ということは初代ヤマタメさんのあと二代目の中島さんまでが……

瀬戸　……生え抜き。

アン　そのあとは銀行の方々がつづかれる。

瀬戸　高橋、延命、村井勉、樋口廣太郎と銀行出身の社長がつづく。

アン　そのあと、ひさしぶりの生え抜き社長として瀬戸さんが、二十一年六か月ぶりにプロパーの……

瀬戸　……七代目社長になる。

■（古いビールしかお客様のお手元にお届けできないという）悪循環を断ち切らねばならない。七〇年に本社のビール課長になって、そう決意しました。
そこで、新鮮なビールなら売り上げが伸びることを実証しようと考えたのです。（費用を七千八百万円使って大作戦を展開したところ）後に社長となる営業担当専務の延命直松さんの逆鱗に触れてしまいました。結局、十カ月でビール課長を解任されて関西に飛ばされ、この計画は道半ばでうやむやに終わりました。（平成十［一九九八］年十一月二十八日　『朝日新聞』

本社ビール課長「十か月解任事件」。

アン　さて、また暗い話に戻ります（笑い）……神戸支店の課長から、意気揚々と東京本社のビール課長に栄転されて……

瀬戸　……十か月で、あえなく解任された話（笑い）。

アン　「十か月解任事件」は、相当、悔しかったでしょうね。志《こころざし》なかばで、まだ結果が出ていないところで断念されたというのは……。

瀬戸　そう。それはあります。悔しいのと……第一、カッコ悪いよね（笑い）。

アン　普通、課長の任期は何年ですか？

瀬戸　三年か四年。はじめての本社勤務の営業部で、愛川謙二さん、北條泰一郎さん、川村幸男さんという課長たちと机を並べて仕事を始めた。当時キリンは売れに売れて需要に供給が追いつかない状況だったから、お客様に新しいビールを提供できる。アサヒは売れない。われわれ営業の第一線は、本社が、「どうしても売れ」と言ってくると売ろうとするけども、消費者が買ってくださらないから、問屋さんの倉庫にビールを積んで、ごまかすからビールが古くなる。当然、古いビールだからお客様は好まないという、さっきの悪循環の話を思い出してください。じゃ、全然、売れないかというと、アサヒを愛好する人も、結構たくさんおられるわけだから、爆発的には売れないが、積んだビールが、徐々に徐々に出ていくのは

夕刊『ビジネス戦記　山あり谷あり』より　聞き手・構成　長谷川利幸）■

事実。でも、如何《いかん》せん、回転が悪い。ぼくはビール課長として本社に来たときに、この悪循環を断ち切ろうとした。そうすれば、消費者から、「アサヒは、おいしい」という評価をいただけるのではないだろうかと考えた。しかし、日本全国のビールのデリバリーを「在庫を少なくする」という方針でやれば、たちまちアサヒの経営がうまくいかなくなる。そこで静岡と愛知と香川と高知の四県をテストマーケットとして設定しました。工場でその日につくった新しいビールを、そのエリアでは、すぐに届けるようにする。当時テレビは、お金がかかって広告ができないから、ラジオで、「アサヒはおいしい新鮮なビールを供給します」「どうぞ酒屋さんでアサヒビールとご指名ください」「アサヒビールは新しい」——こういったコマーシャルを流す。シャレたポスターもつくった。静岡のポスターは、美保の松原のうしろに富士山、愛知県は金のシャチホコの名古屋城、香川県は屋島、高知県は室戸岬でバーッと飛沫があがっている風景をバックにした高倉健が、「飲んでもらいます」と語りかける。名づけて「フレッシュ・ローテーション作戦」**（以下、ＦＲ《フレッシュ・ローテーション》作戦と略＝編集部注）**。

アン　今でこそ、当たり前のようになっていますが、「ご当地シリーズ」は、当時、だれも考えなかったのでは？

瀬戸　そう。そういったことをやることによって、地元の人たちに、「アサヒは、地域密着型のビール会社だな」ということを感じてもらおうとした。地元のみなさんのためのビールだという感じを植えつけようと。

アン　今流行りの地ビールという感じですね。

瀬戸　さらに問屋さんには、いっさいの押しこみ出荷をやめる。「月末になってもビールは押しこみません。ずっと毎日毎日本当にきちんとした量を会社から送ります。それで問屋さんも小売屋さんに新しいビールを流してください、流通させてください。そうすれば、かならずお客様は、『ああ、ここのアサヒビールは新鮮だな』というふうに言ってくださるはずだ」と。まあ、ここまでは、すごくいいストーリー、筋書きだった（笑い）。

アン　その四県を選ばれた理由は？

瀬戸　静岡県は、よそからの流入がない。だから結果が、割合にわかりやすい。穏やかなところだし、文化性もある。

アン　なるほど。アメリカのアイオワ州みたいな感じですね。

瀬戸　愛知県はうちのマーケットが弱かったから、冒険をやってもリスクは少ない。香川県は流通がしっかりしているし、静岡県と同じく他県との流出入が少ないのでテストの効果がはっきり現われるから。高知は酒どころ。酒飲みが多い。一人あたりのビールの消費量は、東京、大阪についで三番目……とにかく、こうしたテストマーケットの消費者の手元へ新しいビールを届けることによって、本当の酒好きの人たちのあいだから、「アサヒは、おいしい」という声が、あがれば効果は絶大だろうと。

アン　そして、実際に作戦が始まり、供給もしだしたわけですね。ところで、そのプロジェクトチームのメンバーは？

瀬戸　今村潮君と楠本殖巳君とぼくの三人がチーム。ほかの当時のビール課の連中も、問屋さんに過剰な在庫はないかチェックするために、しょっちゅうこの四地域をまわって歩きましたよ。電通のSP——セールスプロモーション部署の人にも協力をいただいたし、さらに大学の先生のアドバイスを受けた。言ってみれば近代的マーケティングをやったわけです。
アン それが、志《こころざし》なかば——十か月で挫折したわけですね。
瀬戸 こういう作戦は、本当は二年、三年とつづけてはじめて効果が出てくる。一年では無理。ただ、お金を使いすぎた……のちに社長になる営業担当専務の延命直松さんにしてみたら、「お金、いくらかかった？ なに!?」ということになる。当時、七千八百万円を、この作戦につぎこんだ。これは、大きな額。
アン 今で言えば数十億円単位？（笑い）。
瀬戸 そこまでは、いかんでしょうが、よくもやったりだよね。
アン 予算オーバーで上層部が、「なに!?」と驚いたのでしょうか？
瀬戸 だいたい、これぐらいかかるだろうというのは、あらかじめ直属の上司には言っていたんだけども、延命さんの耳には届いていなかったんだね（笑い）。
アン 肝心な人に（笑い）。瀬戸さんがそのときに延命さんの立場だったら、同じ反応を示されたでしょうか？
瀬戸 ぼく？ ぼくだったら、カッコ良く言えば、「よくやった」と褒める（笑い）……なんて、今だから言えるんです。
アン とにかく、延命さんの逆鱗に触れて、早々にお払い箱というわけですね。
瀬戸 本社の課長というのは、新しいことをやらなきゃダメだという信念が、ぼくにはあった。今までと同じことをやっているような課長では意味がないと。長いこと第一線で経験を積んで本社に来たわけだから。現場でアサヒの問題点をちゃんとつかんで本社に来たという自負がぼくにはあった。問題点を解決しなければ、ぼくが東京に来た値打ちがない。古いビールしか売れない体制をなんとか打破したいと、本気で取り組んだ。

本社ビール課長「十か月解任事件」。

SETO'S KEY WORD 133
現場でアサヒの問題点をちゃんとつかんで本社に来たという自負がぼくにはあった。この問題点を解決しなければ、ぼくが東京に来た値打ちがない。古いビールしか売れない体制をなんとか打破したいと、本気で取り組んだ。

本社ビール課長の十か月のあいだに、アサヒの文化再興も志した――『ASAHI ECO BOOKS』発刊の原点。

瀬戸　それから本社ビール課長時代にやろうとしたことが、もう一つある。山本さんが築いたアサヒの文化性を今一度よみがえらせたいと思った。アサヒは『ホロニガ』というビール業界誌としてははじめての月間PR誌をつくったという文化の誇り高い会社であったんだけども、それがどんどんどんどんシェアがさがってきて中島正義さんのときに極端に悪くなって、その後、『ホロニガ』は休刊。

アン　『ホロニガ』は、開高健さんが編集に、たずさわっていた寿屋（現・サントリー）が出していた『洋酒天国』と双璧を誇る洋酒・ビールメーカー業界の代表的なPR誌だったそうですね……。

瀬戸　そのとおり。外部の人が調子の悪いアサヒの経営に参画することで、それでなくても、あれやこれやで先細りになっている『ホロニガ』に代表されるアサヒ文化が完全に消える恐れがあったわけです。それはアサヒとして耐えられないことだと、ぼくは思った。さっき山本為三

SETO'S KEY WORD 134
業績の悪化でアサヒの文化的側面が消えてしまうのは耐えがたい。

SETO'S KEY WORD 135
山本さんの志《こころざし》を受け継いで、「文化」をなんとか伝承しようとした。

SETO'S KEY WORD 136
地方にいると接することのない種族の人たちと、東京の課長時代に交流したことで、カルチャー・ギャップの垣根を越えられたと思う。

郎がアサヒのコンサートをやったという話をしましたけども、ぼくは、コンサートもさることながら、浜田庄司やバーナード・リーチにつながるアサヒの文化的側面が消えてしまうのも耐えがたいと思った。わが社が持っているこうした個性が、業績がどんどん悪化して経営者が変わったときに切れてしまったら、すごい財産をわれわれは失うことになるから、なんとか伝承しようということで、小さいことだけども、『ホロニガ』現代版の『ホロニガ通信』を今村潮君を担当者にして復刊した……でも、課長在任十か月では、どうしようもなかった。あえて、ここで負け惜しみを言えば、「FR《フレッシュ・ローテーション》作戦」という大きなプロジェクトを手がけたほかに、『ホロニガ通信』を復刊したことで、広告代理店のクリエイターをはじめ、外部の音楽・編集プロダクションの人――勝手気まま奔放に人生を送ってきた人たちとチームを組んだことで、ビール業界以外のいろんな世界を知ることができたのは、良かったと思っています。なんだかんだと言っても、当時、文化は東京が発信元だった。いくら神戸がおシャレなところだと言っても、地方にいると接することのない種類の人たちと、あの期間、交流が持てたおかげで、最初感じたカルチャー・ギャップの垣根を越えられたと思う。このテーマの最後につけ加えておければ、そのころ培った人脈のおかげで、平成十三（二〇〇一）年から、国連大学出版局のご協力を得てアサヒが清水弘文堂書房とプロジェクト・チームを組んで、一期五か年計画という長期ビジョンのもとに、年間四冊、計二十冊の『ASAHI ECO BOOKS』を発刊する運びになりました。このことを思うと感慨無量のものがあります。ぼくの目の黒いうちは、アサヒ文化は大切にしたい。

二度目の左遷で、大阪支店へ。オフクロ曰く「おまえ、なにか悪いことしたんと違うか？」。

ぼくの母

SETO'S KEY WORD 137
若いころ失敗して左遷させられるのはいいが、ある年齢に達してのそれは、いろいろと大きな影響がある。

アン　さて、二度目の左遷ですか。
瀬戸　そう、二度目の左遷です（笑い）。今度は、若いころと違って大きい。それに、みっともない。だって、前の年、十月に東京に意気揚々と単身赴任でやって来て、四月に家族を千葉の松戸の社宅に迎え入れて、そして十月には、もう帰っちゃったんだから（笑い）。子供たちは一学期だけ、上の子供が松戸の中学校に、下の子供は小学校に行った。それで、また帰っちゃったんだから、子供たちにしてみれば、「えっ!?　なあに？」という感じだったでしょう。
アン　それで子供さんは、「お父さん、どうしてこうなったの？」とか聞いたりしなかったのですか。
瀬戸　それは言わない。言わせないし（笑い）。

アン　左遷先は、大阪支店……

瀬戸　……の課長。同じ課長の身分。

アン　ということは、実質上、これは左遷……ですよね？　本社の課長から支店の課長というのは？

瀬戸　左遷ですよ。辞令が出たときに、うまいことを言われましたよ。「きみね、次長の試験がもうすぐあるから、その試験に通ってくれれば、かならず大阪支店の次長にしてやる」って。「ありがとうございます」と答えた。コノヤローと思ったけどね（笑い）。ビール課には、ぼくの後任に玉木重輝君が来たけれど、ぼくの仕掛けたプロジェクトは、実質的には解散。ぼく自身も大変だった。子供たちが東京に来たあと、東京見物もさせていないんだ。それで、辞令をもらってから、慌てて大阪に赴任する直前に東京見物させてやると東京タワーに連れて行って、銀座を見せて……。

アン　アッハッハッハ（と大笑い）。

瀬戸　それで、京王プラザホテルに子供たちと泊って、「これが東京だ」（笑い）。

アン　見たか、よく覚えておけと。

瀬戸　覚えておけと（笑い）。それで、神戸の家に帰ったら、お婆ちゃん、ぼくのオフクロが、「おまえ、なにか悪いことしたんと違うか？」……それはそうだよね、四月にトラックにいっぱい荷物を積んで出たと思ったら、もう十月には、また荷物ごと帰ってきたんだから。ご近所の人は、口ではなんにも言わないけども、なにかあったのではないかと思うじゃない。

アン　今でこそ笑っていられますが、当時は、本当に笑いごとじゃなかったですよね（笑い）。

瀬戸　ほんと、笑いごとじゃなかった。

アン　息子さんたちは、元の小学校と中学校にまた……

瀬戸　……帰ったの。

アン　息子さんたちもなんとなくバツが、悪かったでしょうね。「一学期で、また元の学校に戻るなんて、どうしたの？」って、まわりに聞かれて……

瀬戸　……オヤジが左遷されたとは言えない（笑い）。でも、子供たちもオヤジに似て順応性があるのか、おたおたしなかった。その当時の松戸の先生――ついこのあいだまで年賀状の交換をしていた女の先生だけど――その先生とのわずか四か月のまじわりの中で人の温もりというのを感じたようです。あれはあれで良かったんじゃないですか。

アン　奥さんもすごい。

瀬戸　奥さんは、これがこれで、また柔軟性がありましてね。奥さん、生まれてはじめて、マンション――社宅に住んだ。鍵をかけるだけで外に出られるというのは、こんなにいいものかって……

アン　……感動されたんですか？

瀬戸　感動したとたんに、また転勤（笑い）。

アン　奥さんにしてみれば、それはお婆ちゃん――お姑さんとはじめて別れて生活できて、ほっとしたとたんにという気持ちもあったのでは、ないでしょうか？

瀬戸　お婆ちゃん、ぼくの母親、ついこのあいだまで頑張っていましたが、平成十一（一九九九）年九月に一〇一歳で亡くなりました。

アン　それにしても瀬戸さんは、親孝行ですね。お父さんとは若いころに死別されたにしても、お母さんに、ご出世なさった姿をお見せになることができたなんて。「うちの息子は一流会社の会長です」とお母さんは、自慢できた（笑い）。何度か左遷されたけれども、フェニックスのように、また、よみがえったと（笑い）。

瀬戸　いろいろ心配させたけど（笑い）。

アン　でも、こういう類の親孝行は、した

二度目の左遷で、大阪支店へ。オフクロ曰く「おまえ、なにか悪いことしたんと違うか？

くても、できない人たちが多いと思います。去年、父がカナダのマニトバ大学を定年退職して名誉教授になったときのスピーチで、「この日、この姿を見せたかった人たち——父と母の二人がいないのが一番さびしい」と話していました。前に話しましたが、彼は開拓者の息子だったから、大学院で博士号を取るために学んだときに、「大学を出るのはわかるけど、まだ学校に行くの？　まだ行くの？　どうしてまだ行くの？」という気持ちが、とくにお婆ちゃんにはあったみたいで、どうしても理解できなかった。それだけに、功成り名遂げた自分の姿を父は両親に見せたかったのだと思います。

瀬戸　それは、そうでしょう。

アン　その点、瀬戸さんはお母さんに、出世したご自分のお姿をお見せになることができて、本当にお幸せ！……このテーマの最後に、お聞きしたいのですが、たとえば、七千八百万円のお金をもう一年、瀬戸さんに黙って会社が使わせたら？

瀬戸　もう一年、東京にいて、もっとお金を使って失敗したら、それこそ今ごろ、こうやって会社にいられなかったかもしれない（笑い）。その後のことを考えれば、十か月で良かったかと……これは、冗談です。

アン　途中でうやむやになったテストマーケットの結果は、まったく出なかったのですか？

瀬戸　出ません。まったく出ません。本当に、もったいない（と残念な様子）。

アン　もし、当時、その作戦を根気よくつづけていたら、アサヒ再生のきっかけの一つになった可能性もありましたね。もっと早く会社が立ち直った可能性が……

瀬戸　……ありました。

アン　瀬戸さんの社長就任がもっと早かったりして（笑い）。

ぼくの信念。良き部下が、良きリーダーに――
歴代大阪支店長「侍」列伝。

瀬戸　……個人的にも右往左往していたが、会社も右往左往状態。アサヒのシェアは、どんどんどんどん落ちていく。落日。「夕日ビールじゃないか」って人が冗談を言っても、笑えないほどの凋落《ちょうらく》。みんなが、必死になって、努力するんだけど、どうしようもない。若いころに、いっぱい「事件」を起こした因縁の大阪支店に、今話したような次第で昭和四十六（一九七一）年に課長で赴任。格好だけのみんなが通っちゃう試験を受けて、昭和四十七（一九七二）年に大阪支店次長になった。昭和五十一（一九七六）年まで大阪勤務。その間、三代の支店長に仕えた。竹縄亨さん、佐々木欽也さん、中條高徳さん。ぼくがナンバーツーとして大阪支店で最初に仕えた竹縄さんは、前任は、四国の支店長だった。四国は、シェアが大阪と並んで伝統的に高いところで、四国支店長って結構、エリートコースだったのです。ぼくが本社のビール課長のころ、「ＦＲ《フレッシュ・ローテーション》作戦」のモデルマーケットとして全国で選んだ四県のうち、さっきも話したように四国には香川県と高知県があった。四国の支店は、四国全四県を担当しているから、当然、高知と香川は竹縄さんの管轄ということになる。ぼくはビール課長として、この二県には、しょっちゅう行っていた。ところが、とにかく四国では、竹縄さんが威張っている。羽振りを効かしていたわけよ。「高知へ行きます」と事前に連絡をすると、「じゃ、高知で待っている」という調子。高知に着いて、いろんな打ちあわせのあと、竹縄さんは、「おまえ、いくらか金を持ってきたか？」って、こう聞くわけです。「販売促進の経費を、五十万円、持ってきましたよ」と答えると、「おまえ、今日は昼間の会議で、いろんな発言をしたけど、『五十万円持ってきた』という、今の発言だけが良かった」と竹縄さん。「じゃ、酒を飲むか」とか言ってカパカパカパカパ夜中まで酒を飲んで……ヤクザですね。そういうふうな仲だったんですよ、竹縄さんとぼくとは。この話、ちょっと日本的で、アンさんにはわかりにくかったかな？　もうちょっと、わかりやすく解説しましょう。竹縄さんは、ああいう人だから……と言ってもわからないか……豪放磊落《ごうほうらいらく》な人だから、「本社の課長様がおいでになって五十万円という経費を頂戴いたしまして、ありがとうございました」って、冗談で言ってるんだけども、「なにをごたくを並べてるんだ。この小せがれめ」と本心では、思ってるわけですよ。「でも、まあ、そんなに悪い奴じゃないから、一緒に飲んでやるか」——そういう仲の人が大阪で、バシャッと一緒になっちゃったわけです。これも奇しき縁だなって思ってね。

アン　呼吸があったわけですね。

瀬戸　あったんだよね。ぼくが仕えた三代の支店長は全部、性格が違うんです。

竹縄さん、佐々木さん、中條さん、のお三方が。ちょっと内輪話になって、恐縮ですが、竹縄さんというのは、頭がすごく冴《さ》えている人。先がよく見える。そして、若干シャイなところがある。そういう人の下での次長の仕事は、思い切り現場に出てドブ板を踏む。竹縄さんでは踏めないドブ板を。それでコンビネーションになる。二人目の佐々木さんという人は、「行けーっ！」と号令をかけるんだけど、あまり、戦略がない。

アン　佐々木さんは、号令係？

瀬戸　号令係。今度はぼくが戦略も考えなければいけない。緻密なことも、ぼくが考えなきゃいけない。佐々木さんは、黙ってぼくが立てた戦略に乗ってくれる。中條さんっていうのは、自分が前にどんどん行きたい人だから、ぼくはぐっと引くわけ。一歩、さがるわけです。第一線じゃなく、第二線にさがる。ぼくは、このお三方に二年ずつ仕えた。

アン　支店長って、普通は、そんなにしょっちゅう、代わるものなのですか？

瀬戸　代わらない。ふだんだと大阪の支店長の任期は、最低三年。それが、こうやって代わったというところに、いかに当時のアサヒが悩んだかということが現れている。牙城を守るために、まず竹縄さんという、すごい智将を据えてみた。次に佐々木さんという毛並みの良い人を持ってきた。そして、中條さんという、まあ言ってみれば、すごくお得意様に強い人にやらせてみた……ぼくが正味五年間の次長時代に覚えたことは、正しいコンビネーションが、大切だってこと。次長というのは、リーダーの性格を読んで、それにあわせて、徹底的にサポートする立場にいなければいけない——このことを言いたかったので、ちょっと身内話をしてみたんですが……。

SETO'S KEY WORD 138

上司と部下の正しいコンビネーションは、大切。

SETO'S KEY WORD 139

部下は、リーダーの性格を読んで、それにあわせて、徹底的にサポートする立場にいなければいけない。

SETO'S KEY WORD 140
良き部下をやれる人が、良きリーダーになれるというのが、ぼくの信念。

アン　お話を聞いてますと、上司にあわせて、己を殺して仕えるというのは、かなりのご苦労だったと思うのですが……黒子役に徹するというのは、口で言うのは簡単ですが、なかなかできることじゃない。人間は、どうしても、「おれが」「おれが」と出しゃばりたい動物ですから気苦労は多かったでしょうね。

瀬戸　気苦労などと、ふやけたことは言っていられない。良き部下をやれる人が、良きリーダーになれるというのは、ぼくの信念……竹縄さんとぼくが昭和四十六（一九七一）年に大阪に赴任してきた直後に、これからお話しする「提灯事件」があったりしたあと、その年末の十二月三十日の最終営業日に、竹縄さんが、「一杯飲もう」と言ってくれた。二人で、新阪急ホテルのバーで飲んだ。そして、「おたがいに、大阪に来てから日は浅いけど、今年は、苦労したなあ。本当に、いろんなことがあったなあ。よく年末を迎えられたな」と竹縄さんがしみじみと言ってくれた。ぼくは、十月に転勤してきて、三か月たったあとの竹縄さんのあのねぎらいの言葉を忘れられない。

アン　後年になって、瀬戸さんが社長になられてから、顧問の竹縄さんとお二人でお会いになっている席に同席したある人から聞いた話ですが、お二人がお会いになると、本当に、すごく呼吸があっていらっしゃって双方が気を許してらっしゃる感じが、まわりにも、ひしひしと伝わるとか。

瀬戸　ああいう時代の戦友ですから。

キリン、サッポロのターゲットにされて久しぶりの大阪赴任は、「おおわらわ」。

SETO'S KEY WORD 141
キリンとサッポロには、戦略的に、弱いアサヒの一番大切な場所を狙われた。これは、企業戦略としては、当たり前のこと。

アン　突然、社内の友情話から、ドライな話題に変えて申しわけないんですが……腐っても鯛のアサヒの当時の大阪のシェアはどうでしたか？

瀬戸　突然、鋭く突いてくる（笑い）……三〇パーセント。新人時代に赴任したころに、くらべてさがっている……あの当時、大阪っていうのは、ほかの会社から、一番狙われる場所であったわけ。弱り目のアサヒにとって一番シェアが高いところ――最後の牙城だから、キリンもサッポロも全部のビール会社が大阪のアサヒを狙っていた。

アン　向こうも戦略的に攻略してくるわけですね。

瀬戸　戦略的に弱いアサヒの一番大切な場所を狙うの。相手方の企業戦略としては、当たり前でしょ。

アン　草刈場ですね……本丸を攻めるようなもの……悪い表現ですけども、アフリカで大きな動物が死にかかっているときに、ハイエナが、カーッと襲ってくるみたい。

瀬戸　ハイエナの如く、群がってくる。

アン　当然、防衛戦も？

瀬戸　こちらは、防衛一方ですから。「おおわらわ」っていうのが、久しぶりに大阪に赴任したときの正直なぼくの印象だった。「昨日まで、アサヒを売っていたところが、今日からサッポロです」と連中は、毎日のように喧伝《けんでん》してまわる……あるときに、本当にすごい事件があった――さっき、ちょっと触れた「提灯事件」。阪急東通りに「すし半」というのがあって、ずうっとアサヒを使ってくれていた。ところがある日、近ちゃん――もう定年で辞めちゃったけど――担当の近藤司さんが、「すし半、やられました」って報告に来た。「やられたって、なんのことだ!」って聞いたら、「いやあ、店の前に行ったら、提灯が全部サッポロの提灯になってました」――ということは、店で売るビールがアサヒからサッポロに変わったってことです。

アン　その「すし半」は、何年間くらいアサヒを使ってくれていたんですか?

瀬戸　開店以来だから、二十年くらい……
……こういうのを処理するのは得意の巻なのよ。近ちゃんが、「お金でやられました。十万円です」って言うから、「よし、同じ額を持っていって反撃だ!」ってことになって、竹縄さんに相談したら、竹縄さんも、思い切りがいい人。すぐに、この話に乗ってくれた。近ちゃんを連れて、ぼくが寿司屋に行って、「ご主人、同じ額の金を持ってくるから、もういっぺんアサヒの提灯を吊らしてくれ」と頼んだ。

アン　またまたヤクザの世界(笑い)。

瀬戸　ヤクザですよ。ご主人が、「わかった」と言ってくれたから、すぐ会社へ電話して、「新しい提灯を、大至急持ってこい!」って、持ってこさせて、その場で、新しいサッポロの提灯をみんなおろしちゃった(笑い)。

アン　その日に、その場で!

瀬戸　そうよ。

アン　すごい！

瀬戸　こういう例がいっぱいあるわけ。

アン　いかにも現場主義者の瀬戸さんらしいエピソードですが、それにしても、その場で、提灯をピヤーッと替えちゃうなんつうのは、すごい！

瀬戸　あれは愉快な仕事でした（笑い）。

アン　ところで、その現場には、竹縄さんもいらしたんですか？

瀬戸　いや、竹縄さんは行かなかった。「提灯、替えてきましたよ。ビールも、元へ戻してきましたよ」と言うと、「ああ、そうか、ご苦労さん」てなもんですよ。竹縄さんは、パッと額面十万円の小切手を切ってくれて、「オッケイ」という調子。ぼくは、「はい、ありがとうございました」って、それを押し抱いてふたたび現場へ直行……二人は、そういう呼吸。

SETO'S KEY WORD 142
攻めるときには、攻める。

「おれが一人で旗を立てる!」……「キャバレー『クラウン紫光』奪取作戦」の成功。

瀬戸　アサヒは守りの姿勢に入っているから、どうしても競争相手から見ると草刈り場になってしまう。こんなことではいけない。ここは一番、攻めなきゃダメだと次長になる前の課長時代に思った。ところが、みんな守りにきゅうきゅうとしているから攻める意欲をなくしている。「おまえたち、だらしがないぞ!」とぼくが課長として怒っても、「瀬戸さん、なに言ってんの。あなた、新入社員のときに、三年間、シェアの高い大阪にいたかもしれないけども、そのあと、瀬戸さんがいないあいだに、大阪の市場は、ずいぶん変わっている。ここに赴任してくる前に、東京本社に十か月いたからって偉そうに言うな」っていう顔をして、みんなが、ぼくの話を一応は聞いている、販売第一課長瀬戸雄三の話を。

アン　将、張り切れども、兵は動かず。

瀬戸　兵は動かず。目が死んどる。

アン　第一課長のときには、部下は何人くらいだったんですか?

瀬戸　二十人以上いた。山本淳ちゃんとか、中村朝一さんとか……ベテラン営業マンが、いっぱいいた。大阪のアサヒを守ってきた強者たち。大阪支店の中でも一番ウエイトの大きい市場が、販売第一課ですから。口を酸っぱくして説いても従ってきそうもないから、そこで、ぼくは、「よし、これは、いくら口で言ったって言うことを聞かないから、おれが一人でやったる」と決心した。「なにか、おれが旗を立ててやろう。そしたら、おれに、みんな従うだろう」。この思いが、大阪のキタにある「キャバレー『クラウン紫光』奪取作戦」を立てるきっかけになった。当時、ビールが一番売れるところは、キャバレーだった。今は居酒屋ですけどね。「クラウン紫光」では、一年間にビールが四万三千ケース売れる。大阪でビールが一番売れるお店。これは大きい。「よし、サッポロを四万三千ケース売っている『クラウン紫光』を、おれが、一人でひっくり返してやる！」と決心した。

SETO'S KEY WORD 143
おのれが旗を立てて、部下をついてこさせる。

SETO'S KEY WORD 144
組織の調子が悪いときには、リーダー自らが行動を起こすことが大切。

アン　神戸時代の醤油の染みた名刺をご覧になったときの原点に戻ったような感じですね（笑い）。

瀬戸　原体験は、神戸にあり。それと、もう一つ。半年間かけて三軒を一緒にサッポロからアサヒに変えた原体験。大阪のこの沈滞した社員の気持ちをぐっと引き締めるには、リーダーが自ら行動を起こすしかない。「いざとなったら、こんなことができるんだ」ということを態度で示してやろうと。

アン　瀬戸流「演出」の場としてのキャバレー……

瀬戸　……「大箱」キャバレー。舞台としては最高。その桧舞台でだれの力も借りないで、一人で役を演じる。一人芝居をやることによって社内と得意先を、あっと言わせてやる。「瀬戸ってすごくてうる

SETO'S KEY WORD 145
なにかを始めるときには、いつまでにやるか決めてしまう。自分でゴールを決めておけば、逃げられないから

さい奴が、大阪に来た」とみんなが思うじゃない。市場から尊敬はされませんけども、やばいということになる。そうすると、ぼくが大阪で仕事するうえで、のちのちプラスになるわけですよ。そりゃ、そうでしょ。警戒されるかもしれませんが、仕事は中でも外でもやりやすくなる。これがぼくの言う営業の「演出」。

アン なるほど。瀬戸さんって、すごい闘争動物!

瀬戸 ……大阪へ来た秋にやった、あの白けた会議の白けた顔は、今も忘れない……今度も、神戸のときのように来年の三月に変えてやると決心。なにかを始めるときには、いつまでにやるか決めてしまう。自分でゴールを決めておけば、逃げられませんから。

アン またまた、神戸時代と同じように、お店に通い始めるんですか? お客として、いらっしゃった?

瀬戸 客としては、行かなかった。客として行ったたって、キャバレーの客席には、経営者はいない。居酒屋さんなら、客として通うことによって、経営者の考えを聞くことができるけども。

アン なるほど。お店のタイプによって、攻略法は、全然違ってくる。

瀬戸 そう。やり方は、違います。キャバレーというのは、当然、大変な設備投資があるから、お金を銀行から借りている。一番強いのは、銀行——そこに、ぼくは目をつけた。調べてみたら、「クラウン紫光」は、韓国系の大阪興銀という銀行からお金を借りていることがわかった。そこで、大阪興銀に、どうやれば近づくことができるかというのが、次の課題。その銀行に山本さんという日本人が、ただ一人専務さんとしていた。この人は島根県出身の方で、すごくいい人でした。韓国の人の中で唯一の日本人として働く山本さ

んに、さっそくお目にかかって親しくなって……実は、赫赫然々《かくかくしかじか》で、「どうしても、『クラウン紫光』の取引先は、大阪興銀のどこの支店か知りたい」と聞いたところ、大阪の天六支店とのこと。さあ、今度は、その支店の攻略だ……。

アン　非常に単純な質問なんですけども、瀬戸さんのそういうやり方は、日本の営業では、普通のやり方なんですか?

瀬戸　ちょっと違うかもしれません（笑い）……ちょっと変わっているかもしれない。経営者と会うことから始めるのが普通だけど……「クラウン紫光」の経営者は、韓国の人だから、ちょっとガードが固かった。それに、お会いしたあと、「アサヒが攻略に来た」ということをペラペラと喋られるとまずい。絶対、秘密裡にことを進めたい。「クラウン紫光」には、二軒のサッポロ系列の小売酒屋さんが入っている。キャバレーがオープンしてからずっとサッポロを仕入れているわけだから、経営者は、当然サッポロとしっかり手を握っているわけです。もし、ぼくの計画がもれたら、出入りの酒屋さんが、当然サッポロをガードするのは、目に見えている。だから、酒屋さんに気がつかれないように、ことを進めなければならない。先方の経営者としょっちゅう会って、経営者側が、もし酒屋さんにぼくの「作戦」をもらしたりしたら、そこからすぐ敵方に知れてしまう。

アン　酒屋さんからも、やめてくれと言われる可能性もありますね。

瀬戸　年間四万三千ケースですからね。向こうも必死ですよね。

アン　だから敵の会社にも知られたくない。酒屋さんにも知られたくない。

瀬戸　そう。

アン　闇の中で、ことを進める。

瀬戸　こういう仕事をやっているとき、

SETO'S KEY WORD 146
営業の現場で、新規のお得意様を獲得しようとしているとき、ぼくは一番、生き生きする。

ぼくは一番、生き生きする（笑い）……いろんな紆余曲折《うよきょくせつ》はありましたけども、予定どおり三月に「奪取」の運びになる。

アン　細かい紆余曲折《うよきょくせつ》は、さておいて、その決め手になったのは？

瀬戸　お金です。当時のお金で一億五千万円を大阪興銀に協力預金をしたことが決め手になった。ちょっと、これは破格です。貧乏会社のアサヒにとって、この金額は大きいですよ。しかし、年間、四万三千ケースですから、こちらも大きく出た。本社を説得する材料としては、じゅうぶんです。本社もOKしてくれました。この協力預金をタネに銀行と交渉したら、銀行のほうは、「わかった。先方の経営者ときちっと話をしてあげる」と言ってくれた。そこで、ぼくは、いよいよ「クラウン紫光」に乗りこんで行くわけです。絶対に秘密にしてくださいって。それで日にちは忘れてしまいましたが、三月何日かに「キャバレー『クラウン紫光』奪取作戦」は成功。

アン　神戸時代のように三十一日ではないんですか？

瀬戸　三十一日ではない。あんまり三月三十一日ばかりでもね（笑い）。

アン　敵に読まれてしまいますね。「瀬戸が登場すると、三月三十一日に、なにかが起こるぞ」って（笑い）。

瀬戸　この話には後日談がある。話が基本的に決まったあと、具体的な行動としては、お酒屋さんに言わなきゃいけない。ある日突然にキャバレーの経営者から小売屋さんに、「明日からアサヒを持ってきてくれ」ってことになると、「これはおかしい」と大騒ぎになる。やっぱり、お酒屋さんに、仁義を切らなきゃいけない。当日の晩か翌日には、サッポロに情報がもれることは覚悟のうえで、お酒屋さんの一軒に行きまして、「実は、『クラウン紫光』と話をした結果、アサヒを使ってもらうことになりましたのでご協力をお願いします」と頼んだ。酒屋さんも常識人です。ぼくの前では、「わかりました。結構です。アサヒさんと、先方さんがお約束されたんだから」とその場では、それ以外、言いようがない。翌日、「クラウン紫光」の社長の豊中の立派なお宅へ行きました。「実は、昨日、酒屋さんに行ってことの次第を話しました。当然、サッポロの巻き返しがあるから、絶対に気持ちを変えないでくださいよ」ということを言おうと思って、家の前まで行ったら、サッポロの支店長の車が止まっている。ぼくの車の運転手が、「酒屋さんっていうのは、すぐに言いつけるんだから」と憤慨する。「ちょっとここで待っていよう」と、隠れて待っていた。しばらくして、サッポロの支店長が帰ったあと、間髪入れずにぼくは家に入って、「サッポロの支店長が、さっきまで来ていたのを知っていますよ。よもや、またサッポロを使おうという気になったのではないでしょうね」と直談判。向こうは、「瀬戸さん、そんなことは、ないよ。約束したんだから」と言ってくれた。「ようし、わかった」と、こういうことで一件落着。

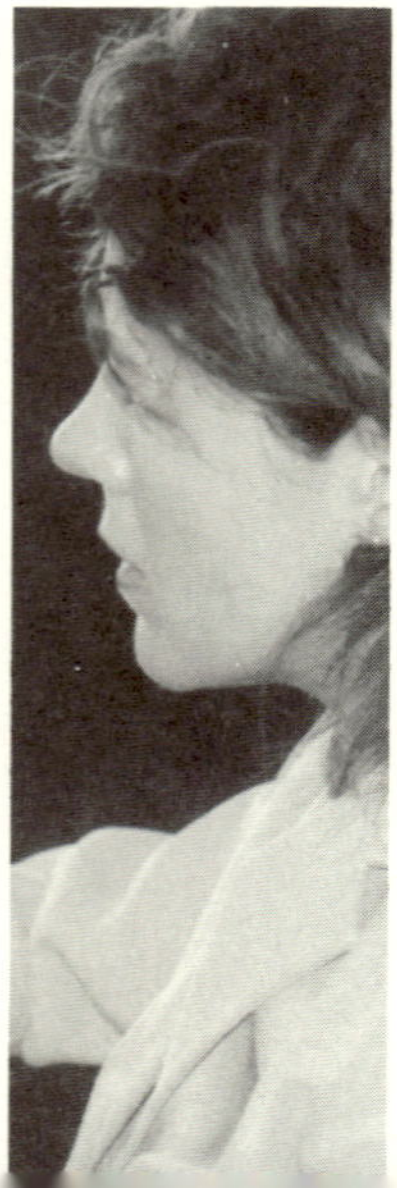

アン　サッポロは、真っ青ですね。

瀬戸　そう、真っ青だったでしょうね。

アン　サッポロの社内では、左遷騒動が起きたかもしれないですね（笑い）。だって、四万三千ケースも動くと、大阪のシェアのパーセントの数字が変わるほどの量ですよね。

瀬戸　そうです、そのとおりです。

足で蹴って教えるというのが、ぼくの基本……先頭に立ってことを進める瀬戸雄三は、英国士官型リーダー？

アン　ところで、大阪支店の白けた顔の会議のみなさんの、その後の反応は？

瀬戸　「『クラウン紫光』を取った」と言ったら、目が輝きました。ずっと、やられっぱなしで、防戦一本槍だった彼らが、やる気になればやれると思い知ったことは大きい。管理職の言うことを、部下がすんなりと聞かないというのは、よくあること。最初に行動で示してやると、かならず聞くようになります。足で蹴って教えるというのが、ぼくの基本（笑い）。

アン　行動で示してくれるボスと、説教するボスの、どっちを取るかっていうと、部下のそれぞれの性格によって判断は違ってくると思うんですけど……瀬戸さんの若いころはその典型だったと思うんですが、「ぶたれ強いスタッフ」というのは、やっぱり数が少ないのでは……行動で示

SETO'S KEY WORD 147

部下をついてこさせる秘訣は、最初に断固たる行動で示すこと。リーダーが体を張って部下に見本を示さないと、下はついてこないと思う。

SETO'S KEY WORD 148

足で蹴って教えるというのがぼくの基本。

してくれるボスというのは、ありがたい存在だと思います。

瀬戸　ボスにもいろいろあってね……きちんと理論づけして話をして説得するボスもいる。しかし、ぼくは、理論で説得する前に、とりあえず、体で説得するタイプ。とにかく、現場主義を貫き、自分で示すタイプ。

アン　英国士官型リーダー。英国の士官は、貴族出身者が多いのですが、戦争が始まると、先頭に立って突撃する。だから、死亡率が高い。ところが、日本の将校は、兵隊のうしろから、「突撃！　突撃！」と叫んでいる人が多い（笑い）。

瀬戸　営業の現場というのは、ずいぶんと生々しいものでしょ。自分の体を使ってやらなきゃいけないことが多い。やっぱり、体を使って誠意を尽くして、先方を「良かった」と満足させないといけない。体を張った仕事を毎日やってるお得意様に、こちらがいくら理屈で説得しても効き目はない。リーダーも体を張って部下に見本を示さないと、下はついてこないと思う。ぼくが現場主義でやるから、部下がついてくるんだという信念は、社長になってからも変わらなかった。『「起」の章』の最後に言いましたが、「まず自分が見本を示す。自分が一番苦労する」ということが一番大事だというのが、ぼくの社長時代の信念だった。

アン　瀬戸さんのお話は、「その人生のすべて」を根ほり葉ほりと聞き始めたはじめから全部一貫して筋が通っているのに感心します。こういう言い方は、誤解を受けそうですが、欧米人にも、きわめてわかりやすいんです。日本的あいまいさがないところが、素敵！

瀬戸　そんなことはないけど。

アン　でも、瀬戸さんのお話は、いつも本質論に戻る。原点が変わらない。

SETO'S KEY WORD 149

理論派ボスもいるが、ぼくは、理論で説得する前に、とりあえず、体で説得するタイプ。とにかく、現場主義を貫き、自分で示すタイプ。

SETO'S KEY WORD 150

営業の現場というのは、生々しいもの。自分の体を使ってやらなければいけないことが多い。

ぼくは弱い人間。でも、闘争的。そして、何度も言うが、人間が大好き！

瀬戸　ぼくは、自分自身は強い人間じゃない。だから、必死になって自分の体験したことを、正直に部下に伝えようとしているだけ。現場で聞いてきたこと、自分のやってきたことだけを材料に部下を説得するわけですから、説得力はあるはず。頭の中で考えたことよりも体で覚えたことを言っているわけですから……。

アン　何度も強調されている現場主義、経験主義ですね。

瀬戸　だから、中途半端な奴に文句を言わせない。文句を言いやがったら、やっつけてやるぞという闘争的な性格が、強い人間ではないのに、ぼくにはある。

アン　わかります。田中角栄じゃないけど、現場主義で成功した人間は、ブルドーザー。

瀬戸　ぼくは会社の若い連中に、いろんな人と会いなさいと言っている。営業ばかりやっていると「営業ができるだけの人」になってしまう。自分のジャンル外のいろんな人とつきあえば、ものの考え

SETO'S KEY WORD 151
ぼくは、強い人間ではない。だから、必死になって自分の体験したことを、正直に部下に伝えようとしているだけ。

SETO'S KEY WORD 152
中途半端な奴に文句を言われたら、やっつけてやるぞという闘争的な性格が、強い人間ではないのに、ぼくにはある。

SETO'S KEY WORD 153
いろんな人と会いなさい。

SETO'S KEY WORD 154
自分の狭い体験だけにしがみつかないで、人様の話を謙虚に聞くことによって、自分を厳しく戒める。異業種の違う経験を持った人とのつきあいは、大切。

SETO'S KEY WORD 155
ぼくは最初に会ったときに、波長のあわない人とは、無理をしてつきあわない。

SETO'S KEY WORD 156
力があるとか、強いと思っている人は、内側に異質のものが入ってきたときに、キュッと固まってしまうと

方が広くなりワイドになるじゃありませんか。自分の狭い体験だけにしがみつかないで、人様の話を謙虚に聞くことによって、自分を厳しく戒める……こういうふうに思ってやっているつもりです……要するに、ぼくは、何度も言うようだが、人がすごく好きなんですよ。いったんつきあった人とは、ずっとおつきあいをしていこうというのも、ぼくの体に染みついた信念。最初に会ったときに、波長のあわない人とは、無理をしてつきあわない。いったん波長があえば、長いおつきあいをしていこう。そうすると、おたがいにいつか人間的に「ギブ・アンド・テイク」が成り立つようになる。ぼくも相手に、なにかを与えることができるし、相手からも、なにかを得ることができる。なにも経済的なことだけじゃない。自分の人間性を高めるという意味においても、異業種の違う経験を持った人とのつきあいは、大切なんだ。こうした気持ちでやってきたことが、今までのアサヒの生活の中で、どれほどプラスになったことか。

アン でも、そういう生き方を貫きながら、自分の世界観を守るというのは、とっても大変なこと。違う種類の人と会うことによって、たまには、自分の世界観を壊さなければいけないこともありますから。

瀬戸 そう、そう、そのとおり。壊さなきゃいけないこともある。

アン それが恐いから人は、だんだんだんだん、自分のまわりに砦をつくると思うんですけど……。

瀬戸 ぼく自身は、さっきも言ったように弱い人間だと思っている。

アン 瀬戸さんが、弱い!?

瀬戸 弱い。力がない。力があるとか、強いと思っている人は、異質のものが内部に入ってきたときに、キュッと固まってしまうところが、あると思う。異質の

ころが、あると思う。

SETO'S KEY WORD 157
自分が本質的に弱くて自信がないから、なんでも人の話を、「ああ、いいなあ」と思ってしまうところがある。

ものにアレルギー反応を起こして、受け入れないで跳ね返してしまう。

アン　わたしは逆に、そうするのは弱い人じゃないかと思うんですが……。

瀬戸　そうじゃない。ぼくの場合、自分が本質的に弱い人間だから、よくわかる。自信がないもんだから、なんでも人の話を、「ああ、いいなあ」と思ってしまうところがある。「この案はいい、これはいただきだ」とか、すぐに思ってしまう。

アン　瀬戸さんに柔軟性があって、ものを受け入れる許容範囲の広いことは、よくわかっているつもりです。でも、そこでしつこく楯突いて申しわけないんですが……受け入れられるというのは、やっぱりよっぽど強い人でなければできないことだと思います。

瀬戸　ぼくは、強くない。

アン　瀬戸さんが弱い人だったら、まわりの人はどうなるんでしょう（笑い）。

「瀬戸さんが弱い人だったらまわりの人はどうなるんでしょう？」

大阪はアサヒの最後の牙城だった。

SETO'S KEY WORD 158
大阪がアサヒの最後の牙城であるという思いが、一つの心の支えだった。

アン　キャバレーの四万三千ケース、これは、説得力あった。部下たちも言うことを聞くようになった。そこで攻めにまわった。

瀬戸　社全体としてのシェアが落ちつづける中で、アサヒの牙城としての大阪支店としては、全国の状況はどうであれ、負けちゃいけない。

アン　本丸を守らなければならない。

瀬戸　そう、本丸を守るという気概……あの大阪支店の五年間は、大阪がアサヒの最後の牙城であるという思いが、一つの心の支えだった……。

アン　それで本丸は守れましたか？

瀬戸　……一所懸命守ったが、それでもシェアは、じりじりとさがった。昔からアサヒを売っていただいていたお店については、なんとか守れたと思います。たとえば、さっき話した「提灯事件」の舞台になった阪急東通りの「すし半」。

アン　このへんで、「起」と「承」と進んで、いよいよ瀬戸さんが上級管理職になられて、「転」の段階になって、そろそろ、シェアがあがる景気のいい話になるんですか？

瀬戸　いや、いや。そろそろ個人的には、「転」の期に入るのだけど、アサヒにとっては、まだまだ冬の時代がつづく。「起」にもなっていない。

「転」の章

故郷に錦を飾ったときの感動――心から迎えてくれた昔の友だち。

アン　……大阪の課長から次長を経て神戸支店長になられた。故郷に錦を飾ることから瀬戸さんの個人史としては、『「転」の章』が始まる……。

瀬戸　昭和五十一（一九七六）年から五十四（一九七九）年まで、五十人の長。新人時代に、神戸にいたころには、営業部隊は、十六人の所帯だったから規模は大きくなりました。階下の運送会社も、そのまま……故郷へ帰ったときの一番の感動を話していい？

アン　どうぞ、どうぞ。

瀬戸　ぼくが、前に神戸で課長のとき、神戸の青年会議所に入っていました。十年間青年会議所のメンバーでして、その間、いろんな方々とおつきあいをすることができた。これはぼくにとって非常にラッキーなことだったんです。神戸に支店長として帰ったときにメンバーの中の里見振君――慶應の同窓ですが急逝しました――が旗振り役になって、ぼくをすごく温かい心で迎えてくれたんです。ニュートーキョー――東京はサッポロなんだけども、関西はアサヒなんです――の一階を全部貸し切って、青年会議所の昔の仲間たちが、歓迎会をしてあげようと。

JCの昔の仲間が大歓迎会をしてくれた

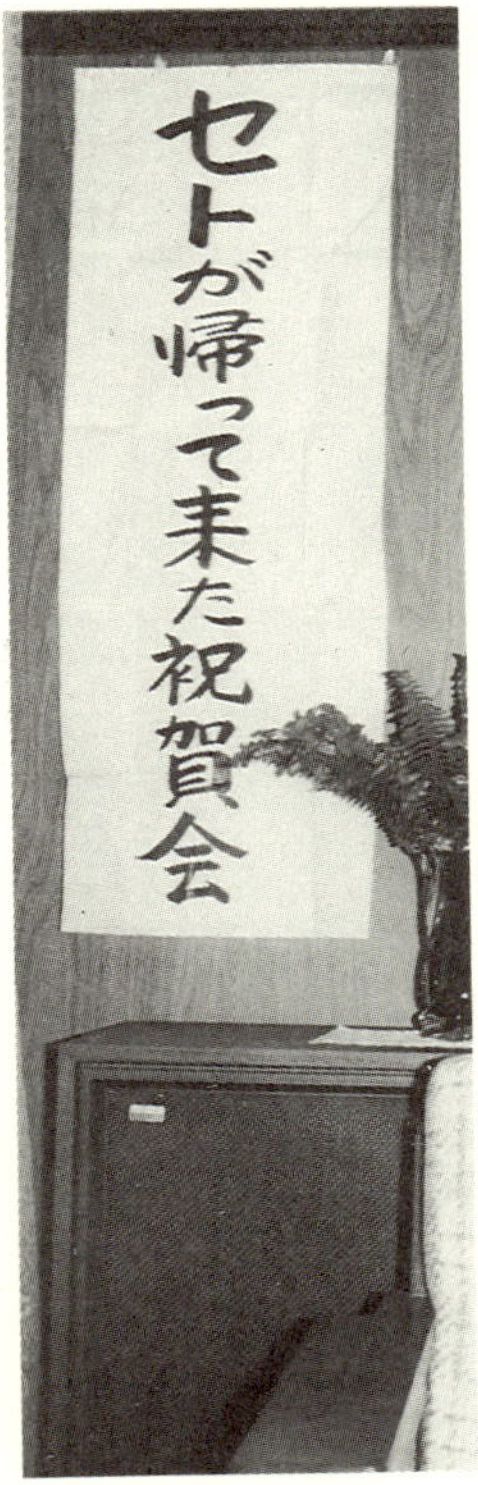

パーティー会場に、『セトが帰って来た祝賀会』とこう大きな垂れ幕を垂れてくれて……お医者さんもいれば、工務店の社長もいるわ、デパートの支店長もいるわ、もういーっぱい、いろんな人がいるわけ。その人たちが大歓迎会をしてくれた。「落ち目のアサヒだけども、瀬戸が帰ってきたからアサヒの応援をしてやろう」と。これはね、すごく、ぼくにとって感動的だったんです。

アン　そうした地元の有力者たちが、実際に動いてくれれば、結構、ビールを売るためには大きな力になりますね。

瀬戸　そうなんですよ、そうなんですよ。やっぱり、それぞれの社会のボスですから……家業を引き継いでいる人もいるし……有力な連中がいっぱいいて。彼らの協力、ぼくはもう、今にいたるまで絶対に忘れちゃいけないご恩なんです。

アン　いつも、いつも、クールな聞き方をして、申しわけないんですが、それで神戸のシェアは、あがりましたか？

瀬戸　（アンのクールさに、ちょっとあきれた顔で）……あんまり、あがらなかったんだけど……しかし、そんなに目立って落ちなかったと、ぼくは思っていますよ。一二パーセントから一五パーセントを維持していた。それはともかく、六年ぶりに神戸に里帰りして、いろんな方たちがすごく歓迎してくれたのは、本当にうれしかった。ぼくも、ついはしゃいで、「瀬戸雄三は、しばらく神戸を留守にしていましたが、心の故郷に帰ってまいりました」なんて、政治家みたいなスピーチをしたりして……こんなふうに、いい滑り出しをしました。それと、もう一つ。お得意様が、みんな歓迎してくれましたね。このことも、ぼくにとって非常にラッキーなことでした。そして、昭和四十二（一九六七）年の課長時代に、予算を達成したということは、ぼくにとってすごく自信につながることだった……神戸支店には、当時のアサヒの中島社長から贈られた昔の表彰状の額がまだ飾ってあったからね。今は、どうなっているか知らないけども。それはぼくの勲章みたいなもの。その表彰状が、自分が誇りを持って神戸支店に帰ってきた、よりどころだったから。お得意先も迎えてくれたし、青年会議所のメンバーの人もウェルカムしてくれたし、本当にうれしかった。

アン　その昔の新人時代の左遷人事のことを思い出すと、言葉が悪いんですけど、「やっと、おれもここまで、はいあがってきた」という実感を、ひしひしとお感じになった……

瀬戸　……感じたというよりも、現実的には、会社の業績がどんどんさがっている中での神戸の支店長だから、そんなときに故郷に帰るっていうことは、正直言って複雑な気持ちだった。もっと会社が隆々としている中での神戸支店長赴任だったらカッコいいけど、みんなが、「瀬戸をなんとか助けてやろう」というくらいの会社の勢いだったから。みんなが、なかば同情しながら、迎えてくれたわけですから。

アン　わたしは瀬戸さんのように責任のある管理職の立場に立ったことがないし、ヒヨッコですから、そのへんの人生の機微は本当のところは理解できないんですが、なんとなくわかるような気に、今、なっているのは、瀬戸さんのすばらしい話術のせいだと思っています。

瀬戸流上司術　その一。
神戸支店長時代、毎日、五分間の朝礼をやった。

アン　ところで、支店長としてのユニークな方針は、なにかありましたでしょうか？

瀬戸　ぼくは、毎日、朝礼をやりました。

アン　チョウレイ？　ガイジンに、一番理解しにくい、あの朝の会社のミーティングですか？　欧米の会社では、絶対にしないし、したら社員が納得しない日本独特の行事ですね、あれは。

瀬戸　そう、その朝礼。朝一番にみんなが集まってやるやつ。昭和五十一（一九七六）年から五十四（一九七九）年まで、四年間、一日も欠かさずやりました。正確に言えば、出張しているときをのぞいて、毎朝、五分間だけ。その朝礼ってのは、なんのためにしたかというと――西宮というところに、ぼくたちの西宮営業所（現阪神支店）というのが、あったんだけども――そこにいる人のほかは、みんな神戸支店の二階のフロアに全部いるわけだから、ぼくが朝九時から朝礼をすることで、ほぼ社員全員の顔を見ることができる。そのことによって、たとえば、「この人は、疲れてるな」とか、「この人は、病気じゃないか」とか、「この人は、目が輝いている」だとか、部下全員を、話をしているあいだに見られるわけですよ。これが、ぼくが朝礼をやった第一の目的。それからもう一つ。ぼくにとって、大変つらいことは、毎日話題を変えなきゃいけない。そりゃそうでしょう。いつも、「頑張れ！」なんて言われたんでは、聞いてるほうが大変。だから、「昨日、こういうことを聞いてきたよ」とか、「今朝の新聞を読むと、こんなことが書いてあったよ」とか、なにか聞いている社員にプラスになることを話そうと思うと、これは非常につらいのです。

アン　それは、すごい。五分間って長いんです。

瀬戸　長いの。ときどき、話題がなくなって、舞子の家から神戸までの電車に乗っている二十五分間、もう悩みに悩むわけよ。毎朝、いろんな新聞を見るんだけど、「なんにも話題がないなあ、今日は！」って。しかし、そんな中で、「阪神タイガースが昨日は、逆転ホームランを打った」というスポーツ新聞の記事を発見する。「これでいくか」と、無理矢理、朝礼の話題に結びつける。「わが社も苦しいんだけども、タイガースのように、最後まで希望を捨てないでやろう。それが非常に大切なことだ」と（笑い）。こんなふうに、ときには、取ってつけたような話もしなきゃいけないこともあったけども、本質的には、前の晩に飲み屋さんで聞いた感動的な話だとか、ぼくの失敗談だとか、本当に身近な話をみんなにしてあげようというのが趣旨だった――こうした朝礼を、ずうっとやった。毎日、五分間、ビビッドな話をつづけることは、ぼくにとっては、ときにはつらいことだったけども、毎日

SETO'S KEY WORD 159

神戸支店長時代に、毎日毎日、情報を取り入れなきゃいけないという気持ちで世間のみなさんと話をする、新聞とかテレビを見るということは、ぼくにとって、すごく勉強になった。

毎日、情報を取り入れなきゃいけないという気持ちで世間のみなさんと話をする、新聞とかテレビを見るということは、ぼくにとって、すごく勉強になったと思います。今になって考えてみるとね。もう一点、支店の社員にしてみれば、支店長がなにを考えているかが、毎日わかることは、非常に良かったかなと思いますね。今は、どこの支店でもやっていると思うけども……やってないのかな？　毎日、支店長が五分か十分くらい……そう、五分くらいのほうがいいと思うけど、訓示じゃなくて話をするのはいいことだと思う。

アン　瀬戸さんが、朝礼とおしゃったときに、わたしは、ちょっと誤解をしたようです。瀬戸さんが、おっしゃるような朝礼だったら、実にすばらしい。欧米の会社も見習うべきですね……でも、瀬戸さんみたいに話題もあって、お話がお上手な方が支店長だったらいいんですが、無能でビジョンもなく、話しべたな上司から毎朝、五分間つまらない話を聞かされる場合は、願いさげですね。

瀬戸流上司術　その二。社員の全員面接をやって意志の疎通をはかった。

瀬戸　それから、社員の全員面接というのを、朝礼にヒントを得て始めた。一年に一回は一人一人面接をした。正確に言えば、三、四人のグループにわけて、面談をしていくの。一般社員がなにを悩んでいるのか、なにを考えているのか、管理職が聞く習慣をつけるというのが狙い。これは、のちに大阪支店長になってからもやるようにしましたけども。

アン　個人面談って、すごく時間がかかるしエネルギーがいるんですよね。

瀬戸　そうなの。大変なこと。それをきちっと記録に留めるようにした。メモを取りながらの面談。神戸時代は、五十人ですんだから、たいしたことがないと言えば、それまでだけど、のちに大阪支店長になってからやったときには、人数が多いから大変だった（笑い）。「やる」と言った以上はしょうがない。最後まで、やったけどね。この個人面談は非常に良かったと今でも思っている。

SETO'S KEY WORD 160
一般社員がなにを悩んでいるのか、なにを考えているのか、管理職が聞く習慣をつけることは大切。

瀬戸流上司術　その三。社員を自宅に呼んでバーベキューパーティーをやった。

社員を自宅に呼んでバーベキューパーティーをやった

瀬戸　あと一つ。神戸でおもしろいことをやったのは、毎年一回、ぼくの家でやるバーベキューパーティー。ぼくの家——例の少年時代を過ごした舞子の家に庭があったからやれた。みんなに来てもらって、家族ぐるみでやった。オフクロも家内も子供たちも、みんなで、肉を焼いたりなんかして騒ぐ。あれも非常におもしろかったな。みんなも喜んでくれた。当時、あのパーティーに参加してくれた社員で、いまだに、「あれは、楽しかったですね」と言ってくれる人もいる。

アン　瀬戸家のそのパーティーは、全社的に有名だったそうですね。中には豪邸を妬《ねた》んだ人もいるんじゃないですか（笑い）。

瀬戸　豪邸ってほどじゃありません。とりあえず、庭だけは、あったからやれた。その庭でやるから、雨が降ったら大変なんですよ（笑い）。

アン　最近は日本でも、瀬戸さんが、その昔、おやりなったようなホームパーテ

SETO'S KEY WORD 161
ぼくは昔から家に人を呼ぶのが好き。

ィーがちょっと増えたと思うんですけど、わたしが十七年前にはじめて日本に来たころは、あんまり……

瀬戸　……ありませんでしたよね。

アン　ということは、昭和五十年代には、相当、めずらしかったでしょうね。

瀬戸　日本の家は小さいから、お客様をもてなす場所がないということも、一つあると思うの。

アン　そうですね。

瀬戸　むろん庭もない。都会では、庭を持つなんていうことは不可能でしたから。

アン　当時の日本では、バーベキューパーティーそのものを知らなかった人が多かったのでは……道具はどうなさったんですか？

瀬戸　レンガを積みあげて、網を買ってきて、その上に乗せる即席バーベキューセット。パーティーは、だいたい土曜日の夕方からやるわけだから、ぼくと家内が昼間のうちに炭を買ってきたり、材料を買ってきたりして準備する。そうこうしているうちに、樽生ビールが会社から届く。

アン　アメリカのお父さんみたいですね(笑い)……アイデアはどこから？

瀬戸　ぼくは昔から家に人を呼ぶのが好きだったもんだから。

アン　瀬戸さんのお父さんの代からオシャレな家系であることを、うっかり忘れていました(笑い)……しかし、それにしても、昭和五十年代に日本で自宅の庭でバーベキューをやるってことは、普通、考えられないですよね。代々、オシャレな雰囲気のお宅だから、行くほうも楽しく行けるんですね。人の迎え方を知らない人の家に遊びに行っても、おもしろくない。やっぱり、社員のみなさんも、本当に楽しかったんだと思います。それが社内の噂になって、瀬戸家のバーベキュー

瀬戸流上司術　その三。社員を自宅に呼んでバーベキューパーティーをやった。

自宅の庭でやるバーベキュー・パーティーの様子

パーティーは、全社的に有名になったんじゃないですか。

瀬戸　さあ、どうでしょう。

アン　何年間つづけられたんですか？

瀬戸　だから支店長の在任中の四年間。社の業績が、どんどんさがってつらい中だったけども、みんなで協力して明るくやっていこうと。朝礼で顔をあわせて、個人面談で一人一人の話を聞いて、家にも来てもらって、みんなでワイワイやる。そんな中から、活路を見い出そうと。

アン　そうしたオープン・パイプライン・コミュニケーション、オープン・パイプラインというのは、仕事がうまくいっていないときほど、大切ですね。わたし自身、今年、教えている学生と、はじめて一人一人会ったんですけども、しみじみと実感したのは、日本人はなかなか引っ張るのがむずかしいってこと。ところが、いったん、ある線を超えると、今度はハチミツのようにダラーッと流れてくる。べったりイズムになってしまう。どっちにしても、すれ違いが多くてやりにくい。本当は、こんなことを言っては、いけないんですが、正直言って、一年間やった結果、もううんざりという感じ。「来年もやるか？」と聞かれたら、「うーん」と考えこんでしまいます。口で言うのは簡単ですが、瀬戸さんがおやりになった個人面談というのは、実際には、それほどエネルギーのいる仕事。プライベート・タイムに、家に社員を呼んでパーティーをするというのも、実は大変なこと。朝礼は、「かたち」だけだったら、だれにでも真似できるでしょうけど（笑い）。

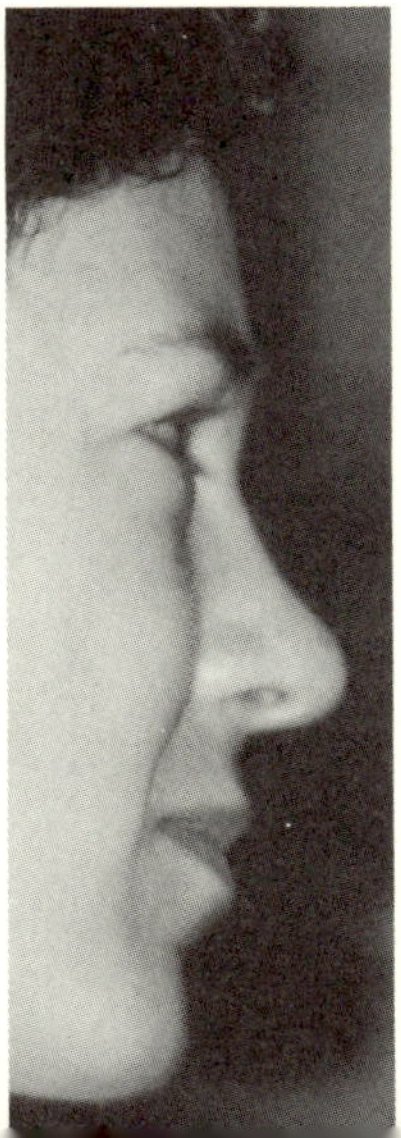

瀬戸流人生哲学。「人間」であれ！……相手の立場になって考える。

瀬戸　……まず「人間」であれ。仕事とか勉強とか云々《うんぬん》する前に、人間と人間のつきあい、触れあいが必要。もし、そういう人間味を忘れている人がいれば、なんとかそれを引っ張り出してあげるというのは教育の仕事でもあるし、企業にも、そういう務めがあると思います。それぞれ生まれ育った環境が違う人たちが、同じ職場で働くのであれば、毎日、イヤな気持ちで会社へ出かけるような雰囲気は、なくしたい。せめて、抵抗なしに靴の紐を結んで会社へ行けるような雰囲気づくりを、職場の上司が、いろんな「かたち」で手伝うことができればとぼくは思うのね。いやいや職場に毎日出社するなんて悲しいこと。そうさせないために、限度はあるでしょうが、ある程度、ぼくは上の人が、精神的な環境づくりをすることが重要だと思う。実際には、精神的な環境づくりというのは、相手の世界にある程度、踏みこむわけですから、口で言うほど、たやすいことではないけども、「上に立つ人が、相手の立場に降りてみなさい、社員の立場に立ってみなさい、そうすれば、いろんなことが見えてきますよ」ということを、ぼくは言いたいのです。

SETO'S KEY WORD 162
「人間」であれ！　人間味を忘れている人がいれば、なんとかそれを引っ張り出してやれ！

SETO'S KEY WORD 163
社員が、イヤな気持ちで会社へ出かけるような雰囲気は、なくしたい。

SETO'S KEY WORD 164
上に立つ人が、下の立場に降りてみなさい、そうすれば、いろんなことが見えてくる。

出入り業者を大事にせよ！

アン　具体的には、どうやって、上に立つ人が、下の立場に立つか？　瀬戸さんの謙虚なお人柄については、ただ、ただ、感服しております。でも、こういう言い方って、とっても失礼な言い方になるんですが、これからアサヒと清水弘文堂書房が国連大学出版局のご協力もいただいてプロジェクトを組んで発刊する『ASAHI ECO BOOKS』の編纂《へんさん》に客員ディレクターとして参加させていただいている関係で、このところアサヒのお偉い方……部長職以上の方とお目にかかる機会が多いのですが、良く言えば一流企業の威厳があって押し出しの強い「雲の上の方たち」、悪く言えば、権威主義の「威張っている方たち」って感じの方も、ときにいらっしゃる。瀬戸さんのように、心から「下の立場に立つ」ことを主義にしていらっしゃる謙虚な上司は、アサヒにかぎらず、どの会社でも、そんなに多くないような気がするんですが……すみません、ちょっと、言い過ぎのところはお許しください……わたしが言いたかったのは人間は偉くなると、結構、威張りたい動物だし、なかなか瀬戸さんのようには、いかないのではないかということ。

瀬戸　うーん……とにかく、相手の立場になって考えてみること——それに尽きる。出入り業者に例を引きましょう。若い未熟なころに営業でまわった飲食店で、

SETO'S KEY WORD 165
人間も会社も、いろんな人の知恵とお力をお借りして生きていく。

SETO'S KEY WORD 166
外の人と平等なおつきあいを！

SETO'S KEY WORD 167
出入り業者を大事にしなさい。

無知ゆえに「盛り塩」をした表玄関から、のほほんとお店に入ろうとしたときに、「おい！　出入り業者は裏から入れ！」と言われたときに、ぼくはつらかった。だから、ぼくは、うちの会社に出入りしている業者の方に、そういう思いをさせたくない。それぞれ、みんなうちの会社のために、良いものを探して適正な価格で品物を入れようとしている人ばっかりでしょ。だれも儲けてやろうなんて——それは結果的に儲かるかもしれないけども——利益を目的だけに取引しようとする人はいないと思うの。だから、ぼくは、いつも会社の連中に「出入り業者を大事にしなさい」って言っているわけ。課長時代と部長時代に本社にいたわけだけど、本社というのは結構、いろんな人が来る。だって、会社の中で、お金が一番たくさんあるのが本社ですから……そこに、人は群らがってくる。それをいいことに、アンさんもご指摘のように、自分のポジションをいいように利用して威張る人もいる。だけど、さっき言ったように、うちの会社の出入り業者の人は、みんな、「いい情報を持ってきましょう」という善意の集まりだとぼくは信じている。だから、おたがい様じゃないですか。人間も一人じゃ生きていけない。人様の力を借りて生きていかなきゃいけない。会社も同じ。うちだけでは、生きていけない。いろんな人の知恵とお力をお借りして会社も生きていく。人様のお知恵、お力をお借りするためには、やっぱり、平等なおつきあいをしなきゃいけない、とぼくは心から思っている。優越的な考えを持っちゃいけない。

アン　瀬戸さんが、本社のビール課長をおやりになっていた当時、「知性派出入り業者」として瀬戸さんと接した人を知っています。当時、『ホロニガ』を瀬戸さんが復刊なさったという話を、前におうかがいしましたが、その「知性派出入り業者」は、その編集を請け負っていた人で、実は、わたしの恩師の一人なんですが、その方は、今でも瀬戸さんを、生涯の恩人だとおっしゃっている。というのは、ついつい二十代の若者だったその人は、ついつい調子に乗って、『ホロニガ通信』のレイアウトを、かなり大胆なスタイルに変えたところ、重役の一人、長谷川遠四郎さん――のちに、この方はニッカウヰスキーの常務になられたそうですが――の逆鱗に触れたそうです。「あんな下品な編集はアサヒの品位を落とす。なんとかしろ！」と、長谷川さんがおっしゃったときに、『ホロニガ通信』に関係している何人かの課長の中で、瀬戸さんだけが、断固、その「出入り業者」をかばってくださって、その人の首がつながったそうです。

瀬戸　そんなことも、ありましたが。あそこで、ぼくが上司に楯突いて、突っ張った件も、十か月で本社のビール課長を首になって、また、大阪に戻された原因の一つだったのかな（笑い）。

アン　その「知性派出入り業者」の方は、その後、七、八社の一流ベンチャー企業の創業社長におなりになるわけですが、その人、笑いながら曰く、「老人を激怒させた斬新なレイアウトは、十年後には、ごくごく当たり前の感覚になるんだけど、時代の波を先読みできる瀬戸さんは、将来、かならず偉くなる人だと確信したけれど、まさか、社長、会長まで昇り詰められるとは、思わなかった」。

瀬戸　アッハッハッハ（と大笑い）。ぼくも思わなかったもの。

アン　もう一つ、思い出しました。その「知性派出入り業者」の方は、こうも言っていた。「出入り業者として、裏口から入るなんて雰囲気は、当時のアサヒには、まったくなかった。今みたいに大きなロビーで、社員の方のお越しをお待ちするなんてこともなかった」と。

瀬戸 そんな態度は、なかったね。一緒になって、調子の悪いアサヒを、なんとかしなきゃいけないって思ってる人たちの寄り集まりだった。みんな机の脇に、来てもらって、いろいろ策を練ったもんだ。当時、辛苦をともにした出入り業者の方たちは、今もアサヒのことを、「うち」という呼び方をしてくださる。ありがたいことです。今は応接室に椅子があって、そこで話をする。これはこれで「今ふう」なのかもわからないけども。情報もれを防ぐということもあるでしょう……「出入り業者」について、最後にまとめておくと、あの方たちと仲良くして相手の立場になって考えてみなさいというのも、向こうからみたら、アサヒのためにいい情報を持ってきてあげようと思っているのに、「ああ、出入り業者か」と下にさげすんで見るような目つきをアサヒの社員がすると、向こうもおもしろくないから情報を持ってこなくなる。これでは、おたがいにアンハッピー。社員同士の関係も同じだと思う。ぼくが新入社員のときに引き起こした例の「灯台事件」の支店長じゃないけども、そういう人に、なっちゃいけないなあと。ああいうときは、こちらは若気のいたりなんだから、向こうも「おまえは、とんでもない野郎だ!」って大声で叱《しか》ってくれれば、こちらも救われる。黙って返事を返してもらえないことで、ぼくみたいな鈍感な人間でも、いまだに傷ついているわけ(笑い)……あの一件、ぼくはずいぶん、根に持っているねえ(笑い)……まあ、それはともかく、相手を傷つけないようにすれば、向こうも情報を発信してきてくれるのではないのかなあ、と思うわけです。

瀬戸流部下掌握術 その一。おせっかいをやくこと。

アン これからの日本の企業は、さておき、これまでは終身雇用だったから、そういった丁寧な環境づくりって、とくに大切だったんじゃないでしょうか。

瀬戸 そうね、これからの企業は、人間関係が希薄になってくるかもしれませんね。

アン たとえばアメリカでは、毎日、不機嫌な顔で働いていたら、ある日、突然、「明日から来なくていい」とボスから言い渡される可能性がある。

瀬戸 ぼくの場合、不機嫌な顔をしている部下がいたら、「なぜなの？」と相手の立場に立って考えてしまう。ぼくは、その原因を突き止めて慰めてやろうと、おせっかいをやくタイプ。ちょっと手助けすることで、相手の気分が晴れて、会社の中で明るく働けるようになれば、その人もハッピーだし会社もハッピー。

アン 神父みたいですね（笑い）。社員の人は、会社じゃなくて、大変な教会に入ったもんだと思ったりして（笑い）。

瀬戸 しかし、この神父は、ときどき厳しいことも言わなきゃいけない（笑い）。

アン そう、神父は、厳しい（笑い）。

瀬戸 そうですよ。甘やかしっぱなしだと、いけませんよ（笑い）。

SETO'S KEY WORD 168

ぼくは、おせっかいをやくタイプ。

SETO'S KEY WORD 169

終身雇用でなくなると、人間関係が希薄になってくるかもしれない。

瀬戸流部下掌握術　その二。「中央権力」にぺこぺこしないことで部下の信頼を得る。

アン　最後の最後に総括すると神戸支店長時代の三年間は……

瀬戸　……良かったと思います。

アン　瀬戸名支店長伝説があるとか。

瀬戸　信頼される支店長ってなにかというと本社に文句を言う支店長なんです。部下にしてみれば、「中央権力」にぺこぺこしてる支店長なんて見たくもない。ぼくはずいぶん、本社と喧嘩しました。

アン　支店の利益が、本社の利益じゃないこともありますしね。

瀬戸　そう。支店長というのは、支店全員の人の利益代表でしょ。そういう気持ちがないといけませんよね。

アン　本社と結構、もめごとが？

瀬戸　ああ、ありました、ありましたとも。たとえば、昭和五十二、三（一九七七、八）年ごろに、「西宮工場の生ビールは、神戸支店では、いっさい取り扱わない」って言い張ったことがあったんです。樽生ビール――西宮工場生産の生ビールが、「ちょっと味が悪い」と神戸支店の連

SETO'S KEY WORD 170

支店長というのは、支店全員の人の利益代表。信頼される支店長というのは、本社に文句を言うことのできる支店長。

SETO'S KEY WORD 171
部下の前では、上司にあやまらない。

中が言う。「よし、みんながそう思うんだったら、吹田工場から入れよう」と。

アン　当時の社長は、延命さん？

瀬戸　喧嘩相手として不足はない（笑い）。

アン　昔の因縁話もありますから（笑い）。

瀬戸　一支店長が、受け持ち地域の工場のビールの販売を拒絶するなんてのは、大問題ですよ。だって一番エリアが近くて、コストが安いんだから。

アン　要するに、おいしいビールをつくれとおっしゃりたかったんですか。

瀬戸　そう。「お客様が、うまくないと言ってるから、売りにくいと支店のみんなが言う。だから買わない。ダメ」（笑い）。こういうのは効くんですな、若い人から見ると。「支店長、本社によく言ってくれた」と大受け。

アン　そういう電話のやり取りは、個室――支店長室で、おやりになる？

瀬戸　支店長室なんてありません。

アン　そうすると、みんなに話が聞こえますよね。

瀬戸　だから、ときどき、社長の延命さんから直接電話がかってくるときには、ぼくは絶対に自分の机で電話を取らないの。別室の応接間に繋ぎ変えろって指示を出す。いくら、突っ張っていても、社長から直接電話がかかってきたら、こっちも、「はあ、すみません」って言わなきゃいけないこともある。でも、部下の前で、「すみません」なんて言ったら、みっともないから（笑い）。一応、格好をつけないとね。社長から直に電話があったら、部下も緊張するじゃない。「まーた、なにか怒られてるんじゃないか」って……みんなの前では、格好つけて、突っ張る振りをしても、別室では、「申しわけありません」なんて言ったりして（笑い）。

アン　知将は、臨機応変。

瀬戸流部下掌握術　その三。職場環境を良くする――「有線放送無断取りつけ事件」。

瀬戸　もう一つ、すごいことをやったの。こんなこと、あんまり言いたくないんだけども……勝手に時効ってことにして……神戸支店は、前にも話したように自社ビルだった。コンクリートの塊。天井に吸音テックスという防音装置がなかった。だから、電話をかけると、反響――エコーがすごいの。跳ね返ってくるの、音が。そこで、天井に吸音テックスを貼ることにした。本社へ行って、「電話が聞こえないから、営業ができない」と、ことさらオーバーに言って防音装置用の予算を取った。ここまではいいんだけど、ついでに有線放送のスピーカーも、つけようと思いついた。有線には、クラシック、ジャズ、演歌がある。それを昼休みに、みんなで集まって聴くなんていいじゃないですか。それから、ビール・デーというのを、ときどき――一か月にいっぺんくらい――やるときに、ちょっと元気な歌を流せば、いいじゃないですか。

アン　慶應ボーイふうなスマートな発想

ですね。

瀬戸　この案をみんなに計ったら、ぜひ、やりたいと言う。「よしきた。やろう。そのかわり、このことは口が裂けても本社に言っちゃダメ。内緒だよ」と念を押した。この程度のことが、会社では、大冒険なの。「もし、これが本社にばれたら、おれは首になるかもしれないけども、おまえたちも同罪だ」と脅した（笑い）。みんな、目がキラキラ輝くよね、そういう悪いことをするときには（笑い）。「防音のボードを天井に貼るときに、予算の中に入れちまえば、わからないだろう」って……。

アン　天井裏にスピーカーを？

瀬戸　隠したよ（笑い）。

アン　じゃ、本社から人が来ても……

瀬戸　……絶対にわかんない。そのあと、一番恐かったのは、神戸支店をもし改装したりするときに、天井を外したら、スピーカーが出てきたって騒ぎになること。これが一番、イヤだった。まあ改装するころに、副社長くらいになっていれば、だれも文句を言わないだろう、と（笑い）。みんな、喜びましたよ、「有線放送無断取りつけ事件」（笑い）……いや、いや、なんか知らないけど話してるうちに、いろんなことを思い出してきましたね。

アン　それにしてもすばらしい支店長だったんですね。お話をお聞きしていると、冒険小説とか、推理小説の世界が、次から次へ目の前を通り過ぎて行くような感じですね。少なくとも、ハーレクイーン・ノベルの世界ではありませんね（笑い）。

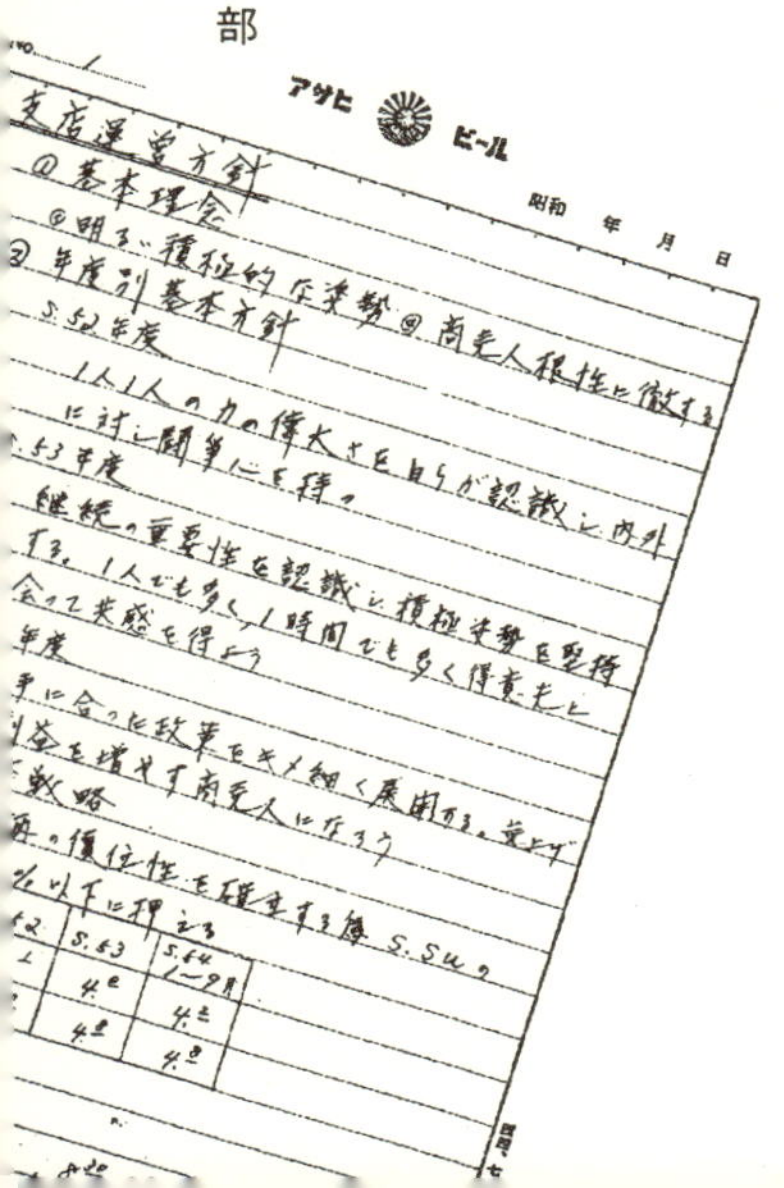
アサヒ ビール
昭和　年　月　日
支店運営方針
①基本理念
①明るい積極的な姿勢 ②商売人根性に徹する
②年度別基本方針
S.52年度

昭和五十四（一九七四）年十月に書いた十ページの『神戸支店引継書』の一部

苦しい中で、「感動の共有」を、感ずる人が、育っていった——アサヒの「薩摩・会津戦」。

SETO'S KEY WORD 172

会社再生のいろんな作戦に参画した部下たちが、全国に散っていった。彼らの多くがその後、ぼくの唱える「感動の共有」を実体験する仲間になる。

SETO'S KEY WORD 173

「感動の共有」の経験が何度か重なると人間は自信を持つから強くなる。百の説教よりもそれが一番効果的。

瀬戸　このへんで明るい話題として、ぼくのキャッチフレーズである「感動の共有」について触れておきたいのですが、神戸支店の課長のときに部下だった、現在、アサヒ飲料にいる畑中良夫君の例で話しましょう。彼は、鹿児島支店長時代に鹿児島県がトップシェアになり、当時の鹿児島支店の全員と「感動の共有」を味わいました。ぼくは、「おまえ、神戸時代とあわせて二度も感動を体験して幸せだろう」と冷やかしてやりましたが、アサヒの調子が悪いときに神戸で、スーパードライが出てアサヒが上昇しかけたときに鹿児島で、二度も彼は「感動の共有」を体験した。この経験が何度もあると人間は強くなる。自信を持つから。百の説教よりもそれが一番効果がある。それにいたる苦労が多いほど、「感動の共有」は大きいのです。苦労が少なかったら人間は感動なんかしない。思い切りバーを高くして、思い切り苦労したほうが感動が大きい。

アン　わかりやすい話です。説得力があ

SETO'S KEY WORD 174
思い切りバーを高くして、思い切り苦労したほうが感動が大きい。

ります。

瀬戸　もう一つ。それに楽しいゲーム感覚が盛りこまれれば最高。

アン　瀬戸流「演出」とか、「遊び心」。

瀬戸　当時のことを、もうちょっとくわしく話せば、まず宮崎支店が、その前の年にダントツでトップシェアを取った。次の年に、鹿児島と福島が競った。正しく「薩摩と会津の戦い」だったわけです……いまだに、この両者には、遺恨が残っているの。

アン　両県の人同士は、絶対に結婚しないという話を聞いたことがありますが……。

瀬戸　当時、営業を総括していたぼくは、そこを煽《あお》った。これは煽《あお》りやすい。最初、「薩摩と会津の戦い」の因縁にぼくは気がつかなかった。福島県の一番大きな問屋さんの会長に相楽好春さんという人がいらっしゃった。その相楽さんに、「実は、今年、鹿児島県と福島県のどっちかが、トップになる。おたくも頑張ってください」とこう言ったら、相楽さんが血相を変えて、「もし鹿児島が、福島よりも先にトップになったら、うちは、これからあと、アサヒの特約店会には、出られなくなります」とマジメな顔をして言う。「はあ？どうしてですか？」と問い返したら、「瀬戸さん、薩摩との戦いを知ってますか？その昔、会津は薩摩にやられたんです」。

アン　ユーモアじゃなしに、その会長さんは本気だったと思いますよ。

瀬戸　そう、本気だった……これはいいことを聞いたと思って、「相楽さん、絶対にトップを取ってくださいよ」と、ひとしきり煽《あお》ったあと、今度は鹿児島の畑中君に電話をかけて、「おい、おまえら大変だぞ。福島が先にトップを取ると言ってるぞ。なにしてんだ、おまえら」とか言っちゃって。

アン　悪魔ですね（笑い）。

瀬戸　煽《あお》る悪魔（笑い）。薩摩も結構、反応を示した。福島に負けられるかって。こうなると盛りあがってくる。

アン　昔の歴史の因縁が、一人の「悪魔的上司」のセンセーショナルなアジテーションで近代のビールの世界の戦争というか競争でよみがえるというのは、おもしろい話ですね。

瀬戸　結局、どっちも本気を出した結果、僅差でさっきも言ったように、このときは、薩摩が「販売戦争」に勝ったんだけど、こういう緊張した修羅場があって「感動の共有」が生まれるということを、ぼくは言いたかった。企業の戦いとかなんとか言うけど最終的には、必死になって、一人一人のパワーをうまく結集した組織が、最後に勝つということを、ぼくはこの例を引いて言っているわけ。

SETO'S KEY WORD 175
緊張した修羅場があって「感動の共有」が生まれる。

SETO'S KEY WORD 176
企業の戦いというのは、最終的には、必死になって、一人一人のパワーをうまく結集した組織が、最後に勝つ。

特約代理店のパーティーで挨拶をするぼく

神戸支店長の実績を買われて、本社営業第一部長を拝命。十年ぶりの東京。

瀬戸　昭和五十四（一九七九）年秋に、理事――これは、神戸支店長時代と同じ資格ですが――営業第一部部長になって十年ぶりに東京に出てきました。

アン　ビール課長のときに、十か月で飛ばされて以来、久しぶりの本社勤務（笑い）……よくよく考えてみれば、人生全体としても、瀬戸さんの東京の滞在期間は短いんですよね。

瀬戸　そうよ。学生時代の五年間と、課長時代の十か月。それに、営業部長のときに三年間いて、また大阪に帰って四年。それからは、また東京だけども……たしかに、東京生活は、短い。

アン　東京にいなくても最先端の仕事はできるし、偉くなれるということを証明した方（笑い）。ガイジン的でノーテンキな意見なんですけれども、外国人のイメージとしては、東京にいなければ、日本では出世できないというイメージがあるんですけれども。

瀬戸　そうですね。ぼくの場合は、ちょっと、めずらしい……ずっと営業の第一線、大阪と神戸を行き来して、現場ばかりまわっていましたからね。サラリーマン人生の後半まで、本社で仕事をしたという経験がほとんどなかった。そういう人物を本社に持ってきたというのは、当時のアサヒは、どんどんどんどん業績が落ちてきて、現場になにか問題がないかということを、会社が知りたかったのでしょうね。

アン そのことって、イレギュラーなことなんですか?

瀬戸 いや、今はイレギュラーでは、ありませんけども、昔は若干イレギュラーだったかもわかりません。

アン いつも役職が替わられるたびに、ワンパターンの質問で、すみませんが、アサヒのシェアは、まだ落ちつづけているのですか?

瀬戸 どんどんどんどん落ちつづけている……シェアがあがり出したのは昭和六十一(一九八六)年。

アン 東京へ出ていらっしゃって、今度もやっぱり、また頑張らなければ十か月で左遷されるかもしれないという緊張感はありましたか?

瀬戸 うん、ぼくを東京本社の課長時代に左遷した延命さんが社長でしたからね(笑い)。

アン 延命社長は、前よりもさらにパワー・アップして待ちかまえていたわけですね。

瀬戸 そうなのよ。なんで延命さんが、ぼくを営業部長に迎えたかというと、ぼくが神戸支店長をやっていたときに、神戸の酒屋さんが、とても歓迎してくれたという事実が、大きく作用したと思う。青年会議所の仲間が歓迎してくれたということは、前に話しましたが、お得意様である酒屋さんも非常に歓迎してくれたん

SETO'S KEY WORD 177
ぼくの今日があるのは、お得意様が盛り立ててくださったお陰。

ですよ。「神戸生まれであるうえに若いときに十四年も神戸の現場にいた瀬戸が、どうやら中央で疎《うと》まれて支店長で帰ってきた。だから、瀬戸をもう一回、盛り立ててやろう」というお酒屋さんたちの気持ちが非常に強かった。それが、大きな勢いをぼくにくれた。だから、ぼくが神戸の支店長に赴任した最初の年は、すごく業績が伸びました。ほかの支店とくらべて伸びが良かったと思います……延命さんは、「すごい。よくやる」と認めてくれた。「おれも住友銀行で預金獲得を一所懸命やって、つねにトップの座にいた。預金獲得の競争だったら負けないが、おまえのビールの伸ばし方はすごい」と言ってくれたことを覚えています。それは、なにも、ぼくに力があったというのではなくて、お得意先が、盛り立ててくださったお陰なんですね。非常に協力してくれました。また、神戸支店の連中もよくやってくれました。これは憶測ですが、「あいつ、支店で成績を伸ばしたから、あいつを営業部長にすれば、この沈滞したアサヒの空気が晴れるだろう」というふうに延命さんは、思ったから東京に呼んだんじゃないでしょうか。

偉くなられて、現場が恋しくない？
社長との対立は？

アン　若いころの数々の失敗も、なんのその、「転」段階の瀬戸さんは、最後のころには、どんどん偉くなられて（笑い）……すべてが、あげ調子。偉くなられると、社長との対立は、なくなったんですか？

瀬戸　それはありますよ。対立の歴史です（笑い）。

アン　瀬戸さんらしいお答え。もう一つお聞きしたかったのは、営業畑一本槍の瀬戸さんのようなお方は、現場が恋しくなられませんでしたか？　とくにヒットした商品が出てきたときに、現場から離れていらっしゃったことって、現場主義者の瀬戸さんには、我慢ならなかったのではありませんか？

瀬戸　ぼくは、課長のときに本社に来て、「一発逆転作戦」を展開しようとして、思うようにいかなくて、隔靴掻痒《かっかそうよう》感を持ったまま、また地方の営業の第一線に戻った話は、悔しさをにじませながら、前にしましたが（笑い）、営業部長になったあとは、現場が恋しいということはなくなってきましたね。こういうことです。本社の営業部長や本部長で陣頭指揮をするぼくにとっては、全国が現場ですから。そういった意味では問題なしだった。

SETO'S KEY WORD 178
社長とは対立の歴史。

SETO'S KEY WORD 179
管理職になって現場を離れても、全国が現場。

社長は、「回訪強化の延命さん」。

アン　会社勤めを一度もやったことのないわたしの無知な質問なんですが、営業部長になられると、自由に自分が考えている作戦で、ことを進めることが、できるのでしょうか？

瀬戸　なかなかそうはいかないですね。延命さんというのは信念の人なんです。あの人は、「アサヒの社員は、もっとお得意様を一軒一軒まわりなさい」というのが口癖だったほど、ご自身もそれに徹した人なんです。「自分は銀行時代に人一倍努力して、預金獲得でトップの成績で走ってきたんだ」という実績が延命さんにはある。雨の日は長靴を履いて預金獲得にまわったとか、水害のときに、人より先にお得意様のうちへお見舞いに行ったとか、そういった数々の美談の持ち主であるわけです。ですから、お得意様というのは、訪問して心が通じあえば、かならず預金をしてくれる。ビール会社でも、お得意様を丹念にまわっていけば、かならず、その小売屋さんはアサヒを売ってやろうということになって、売上が伸びるんだと信じていた。延命さんは、お得意様まわりということを、社員全員に厳しく言った人です。ぼくたちは、「ぐるぐるまわることが一番大事だから回訪を強めなさい」という延命さんの言葉をもじって、「回訪強化の延命さん」と、こう呼んでいました。この方針自体は一面では正しいのです。お得意様と心を通じあうというのは、非常に大事なことなんです。しかし、当時、そろそろお客様の指名力が、増え始めていました。いくら小売店が消費者にアサヒをすすめても、お客様の指名という壁に、さえぎられるという傾向が、だんだん強くなっていました。ところが、そのことについて延命さんは、まったく関心がない。要するに、アサヒが伸びないのは、お得意様の心をきちっとつかんでいないからだと言うわけです。自分の銀行での預金獲得の成功体験が頭に染みこんでいるから、この信念は、揺るぎのないものだった。そりゃそうですよ。よくわかる。銀行というのは、同じお札を扱う。住友銀行のお札も、三菱銀行のお札も要は同じ。同じお金をお客様から集めてくるためには、努力するしかない。延命さんは、ビールも同じだと思っていた。ビールの味は、どの会社のものも、そう変わらない……。

アン　えっ!?　変わらないと思っていらっしゃったんですか?

瀬戸　うん、延命さんは、そう思いこんでいた。変わらないのに売れないのは、要するに、お得意様の心をつかんでいないからだという頑固な信念に凝り固まっていたわけ。

アン　その延命社長の信念はさておいて、当時、製造畑の技術屋さんたちは、ビールの味の研究とか開発には、今ほど熱心ではなかったのですか?

瀬戸　そのころは、まだアサヒの技術陣というのは、「われわれは最高の技術で最高のビールをつくっているんだ」という信念に凝り固まっていた。前にも話したように、すごく壁が厚くて、今のように生産関係者と営業とが密接に、いろいろと話しあいをするという雰囲気はなかったのです。

営業部長と社長の方針があまりにも違っていたら現場の第一線が混乱する。

瀬戸　くどいようだが、延命さんの飛ばす檄《げき》に従って、営業の第一線の連中は、前にも話したように、家庭生活を犠牲にしてまで、夜も昼も一所懸命、走りまわるのだけども、売れない。

アン　そこで、瀬戸さんが打たれた手は？

瀬戸　とりあえず社長の方針に従って、お得意様をできるだけまわってみようと、最大の努力をした。北は北海道から南は鹿児島まで、なにかことがあれば——特約店の会であれ、なんであれ、どこへでも出かけて行った。外をまわることで問屋さんや小売屋さんが、なにを考えているのかということを、きちんとぼく自身の目と耳でいっぺん確かめて、アサヒの問題点というのは一体なんなのか、ということを営業部長の立場で、しっかり確かめようとした。その結果、結論を言うと、延命さんの壁が非常に厚かった。お得意様の現状と、「お客様が銘柄指名をする時代になっている」など、いろんなことを報

SETO'S KEY WORD 180
きちんと自身の目と耳で、なにごとも、いっぺん確かめる。

告しましても、「いや、指名がどうのこうのと言う前に熱意だ、努力だ」というような言葉が返ってくる。

アン　消費者の意向が強い時代になったから、それに対処しなければいけないと、瀬戸さんは、説かれたわけですね。

瀬戸　神戸出張所の平《ひら》のときに、すでに感じていた「消費者が商品を選ぶ時代になりつつある」という胎動は、本社のビール課長のときには、大きな流れになったという確信に変わっていた。部長になって、十年ぶりで東京へ帰ってきたぼくは、全国を丁寧にまわって、それがうねりになってきているということを、肌に感じました。しかし、「得意先をきちんと、まわれ！」というトップの方針が変わらないかぎりは、どうしようもない。手の打ちようがない。「課長のときに、あなたは七千八百万円もの大金を使って、大改革をしようとしたのに、どうして営業部長のときには、できなかったんだ？」という疑問を、アンさんは、きっとお持ちだろうと思うけれども、営業部長というのは社長と一体でないといけないというジレンマがある。営業課長だったら、若干、上と考え方の違う新しいことをやっても、それはそれとして許されるが、営業部長と社長の考え方が、あまり違ったりしたら、第一線の部隊が混乱します。

アン　なるほど。それで自分の中でジレンマが起きるわけですね。自分の信念もあるけど、とにかく社長の考え方にあわせて、営業活動をやらなければいけないということころで。

SETO'S KEY WORD 181
消費者が商品を選ぶ時代になった。

SETO'S KEY WORD 182
実戦部隊の責任者と組織のトップの考え方が、あまり違ったりしたら、第一線の部隊が混乱する。

私服姿でやるブレーン・ストーミング。

アン　久しぶりの東京本社の部内は、どうだったんですか？　瀬戸流儀の新しいことを、なにかおやりになりましたか？

瀬戸　「この部署を明るくしよう。営業の中枢がそうならないと、うちの会社は、明るくならない。どうしたらいい？」とスタッフに相談したら、「部長が赤いセーターでも着て会社に来れば、一番簡単なんですけど」という部下がいた。「それはそのとおりでも、現実には、そうはいかない。そういうラフな格好で、われわれだけでも会議をやろうや」ということになった。会社で背広ネクタイ姿で序列がはっきりしている四角四面の議論をしているとつまらない。「かたち」だけを整えた会議をやっても、いい議論ができないだろうということで、土日にホテルの会議室を借りて、ラフな格好の私服で、席順を決めない会議をやることにした。

アン　「土日に私服で」というところが、日本的でいいですね（笑い）……一種のブレーン・ストーミングですね……それにしても、日本は大変な社会ですね。ガイジン・ビックリ！（笑い）。その土日の会議は、いろいろと効果をあげましたか？

瀬戸　話の内容がやっぱり違ってきます。議論ができないバックグラウンドを整備してあげると、いろんな意見が出てくるようになる。

アン　日本人はシャイですからね。

SETO'S KEY WORD 183
会社の調子が悪いときに、営業の中枢が明るくしていないと、会社全体が明るくならない。

SETO'S KEY WORD 184
ときに私服姿で、会社外で席順を決めない会議をやってみる。

本社部長時代の二回目の「FR作戦《フレッシュ・ローテーション》」も、社長の同意が得られず頓挫《とんざ》。

瀬戸　……会議の流儀を変えた以外に、新しいことを試みなかったわけでは、ありません。昭和五十六（一九八一）年だったと思いますけども……ビール会社というのは、秋に来年の策を練る。営業部長として、これは大切な仕事の一つ。「来年はビールの鮮度を問おう」と、ぼくにとっては、ビール課長のときからの懸案事項に取り組むことにした。例の「鮮度の追求」と「新しいビールをやろう！」という執念ともいえる案の実行……懲りもせず「フレッシュ・ローテーション作戦」をもう一回やろうとする。ある種の執念みたいなものがあった。売れ筋の新しいビールを、なんとしても出したいという気持ちも強かった。この気持ちは、このあと十年間ほどつづいて、やっとスーパードライにたどりついたわけですが……。

アン　初心を貫くすごさ。

瀬戸　かなりのところまで企画を立てたんです。今までの旧態依然とした、いわゆる押しこみ型のキャンペーンとか、売れ筋のなになにを抱きあわせるから買ってくださいということではなくて、「本当に新しいビールは、おいしいんですよ」ということを前面に押し出していこうとし

SETO'S KEY WORD 185
売れ筋の新しいビールを、なんとしても出したいという気持ちも強かった。

SETO'S KEY WORD 186
初心を貫く。

SETO'S KEY WORD 187
ビールの鮮度を問うことと、新しいビールの開発は、ぼくの執念。

本社部長時代の二回目の「FR作戦」も、社長の同意が得られず頓挫。

た。あのときに根本のところが、変身しかかった。ぼくが陣頭指揮して、四、五人のスタッフで夜遅くまで、飯も食わないで夕方の四時か五時ぐらいから、部内に定着したブレーン・ストーミング形式の会議をやって、真剣に検討した。話が煮詰まってくると、どのタイミングで飯を食ったらいいのかわからないまま、気がついたら十一時ぐらいになっていたりした。若いスタッフも燃えて、「これで、ひょっとしたら変わるかもしれないなあ。ぞくぞくした感じがあるから、来年はうちが一位ですよ」なんて言っていたが、最終的に延命さんの同意が得られなくて……。

アン　またまた延命さんの登場。瀬戸さんとしては、あんまり楽しい時代ではなかったですね、その時期は。

瀬戸　そう。楽しいことを考えたいんだけども、なかなか……実行に移すことが、ビール課長時代よりも、むずかしくなっていた。さらに環境が悪くなっていたということが、なによりも、大きな原因。課長時代は、四つのブロックでテストができるほど、社に、まだゆとりがあった。なんだかんだと言っても、シェアが二〇パーセント近くあった。今度は、そんなことをするだけのゆとりも、もうなくなってきた。どんどんどんどんシェアがさがって。

アン　もう必死の思いというか、ぎりぎりの……

瀬戸　……ぎりぎりの……シェアが一一パーセントから一〇パーセントに落ちようとしてるときです。

アン　そのとき、延命さんはどういう理由で瀬戸さんたちが立案された企画に反対されたんですか?

瀬戸　「まず目先の売上が第一だ。まず押しこめ。その陣頭指揮を取ってもらうために、神戸支店長として販売実績をあ

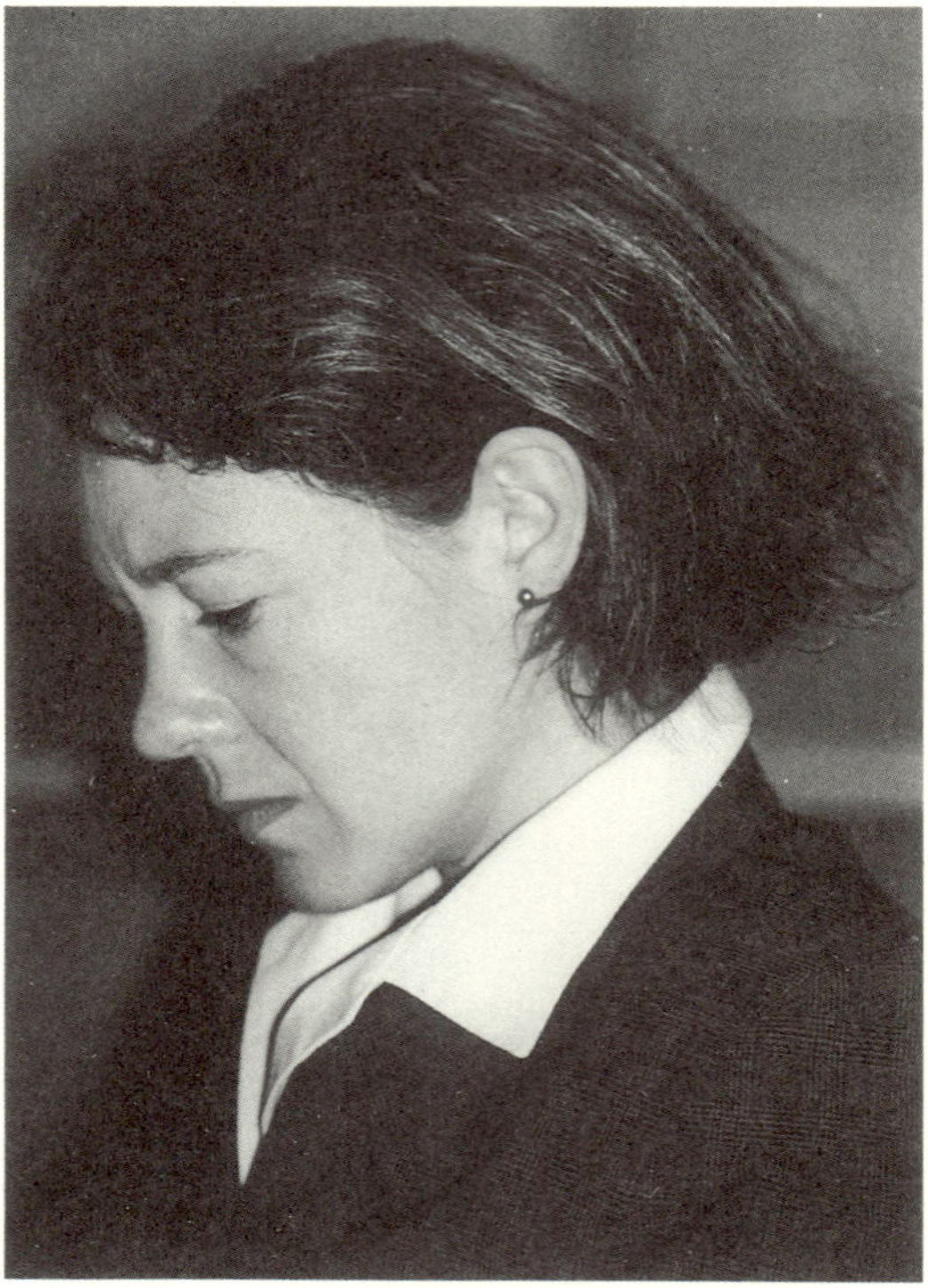

げたおまえを呼び戻したんだ。そういった新しいビールというところに逃げちゃダメだ。余計なことを考えないで、もっと営業は押していかなきゃいけないんだ」と例の延命哲学一本槍。

アン　頑固な人なんですね。でも、トップが、なにかしっかりしたそういう信念を持っていると成功するときもあるんですね。

瀬戸　ある、ある。

アン　だから、どういうときに、どういう信念がいいのかというのは、むずかしいですよね。God knows.（神のみぞ知る）。

瀬戸　今みたいなアサヒに商品力がついたときには、延命さんの政策はすごくいいでしょうね。「もっと押せ！　もっと押せ！」というのは。

アン　当時、スーパードライはなかった。

瀬戸　商品力がないのに、ただただ営業にムチを当てても、それはどこかで壁に当たるということなんです。

アン　製造は相変わらず、製造王国というか……

瀬戸　……製造王国。これは絶対に正しいんだと自分たちが信じていることしか当時はしなかった。

SETO'S KEY WORD 188

商品力がないのに、ただただ営業にムチを当てても、それはどこかで壁に当たる。

延命社長に、毎日のように社長室に呼びつけられて。

瀬戸　そのころ、延命さんの社長室に、ほとんど毎日、呼びつけられた。いったん呼ばれると、三時間ぐらい話をする。帰さないの、あの人は。とことん自分が納得しないと帰さない。夕方の五時ごろにお呼びがかかる。そうするとスタッフが、「頑張ってくださーい」と冷やかし顔でぼくを送り出す（笑い）。

アン　部下のみなさんは……

瀬戸　……待っているの……ぼくを待っているのではないんですけどね（笑い）。「あのデータを持ってこい！」という局面にいつなるか、わからないから、仕方なく待っている。部屋に帰ったら、「どうでした？」と連中が聞く。「いや、やられてきたー」って（笑い）……われながら、よくもったよなあ。

アン　じゃ、出張は楽しみだったでしょうね。

瀬戸　出張したって電話かかってくるんだから。「おまえ、あの件はどうなってんだ？」とか言って。その電話が、一分や二分で終わらない。十分、二十分間。これは大変だった。

アン　瀬戸さんが信頼されていた証拠だとわたしは思いますが……。

SETO'S KEY WORD 189

取締役になったときに、感激よりも責任が重いという気持ちのほうが強かった。

取締役に昇進して。

アン　昭和五十六（一九八一）年三月には、それまでの理事営業第一部長から取締役営業第一部長に昇進……感動はありましたか？

瀬戸　それなりにうれしかった。延命さんから、「今度、取締役になってほしい」という電話があったときに、「ああ、ありがとうございます」と答えたのが、なんか延命さんの気に入らなかったらしくって、ある人に、「瀬戸に辞令を伝えたけども、あいつ、あんまりうれしそうな返事をしなかった」と漏らされたとか。「ああいうときには、もっと感動した感じを相手に伝えなければいけないんだ」と思ったりして（笑い）……そういう感激性がないのかな、ぼくには（笑い）。しかし、感激よりも責任が重いという気持ちのほうが強かった。今のようにアサヒが調子のいい時代ではありませんでしたから。

アン　なんとかしなければ、というお気持ちが強かった……

瀬戸　……責任が重い。まして第一営業部長ですからね。このポジションは、営業の全責任を負わされているわけですから。今の営業部長とは、ちょっと違います。当時の取締役営業部長というのは、一手に営業の責任を負わされていたわけですから、気楽な気持ちでは、引き受けられなかった。「これからどうしようか？」という気持ちのほうが強かった。

「うまいビール」をめぐっての営業と生産現場の対立。

アン　取締役営業部長になられたときの抱負は、なんでしたか?

瀬戸　これは、これまで、くどいほど何度も何度も強調してきたことですが、「お客様に、うまいと思ってもらわなければビールは売れない」というぼくの若いころから、ずーっと変わらない執念に近い信念を、どうやって具現化するかということを、考えつづけていた。

アン　延命社長のころは――とくに取締役になられてからは、自分の信念を抑えなければならなかったという局面も?

瀬戸　ええ、たしかにそうでしたが、心の中では、「どうしたら、うまいビールができるのか?」と、いつも思いつづけていた。もちろん生産現場の人とも、いろいろ話をしました。

アン　「もっとうまいビールをつくれ!」という側と、「つくっている」という側の対立という構図は、なんとなく見えるのですが……。

瀬戸　そうすると、「うまいビールとは、なんだ?」となる。うまいビールったって、そりゃねえ、なかなか口で言えないよね(笑い)。「うまいビールは、うまいビールなんだよ」と言うしかない。

SETO'S KEY WORD 190

お客様にうまいと思ってもらわなければビールは売れない。

SETO'S KEY WORD 191
醸造を本当に知っている人は、日本にほんの一握りしかいない。

アン　むずかしいところが、ありますね、たしかに、その手の議論は。

瀬戸　「お客様がキリンのほうが好きだって言ってるんだから、やっぱり、アサヒは好まれていない。それだけは、間違いない。とにかく、キリンよりうまいビールを、つくってくれ！」といったような話をした。

アン　製造のほうは、「いや、キリンより、うちのビールのほうが、うまいんだ！」の一点張りですか？

瀬戸　「おまえらが、ちゃんと売らないからいけないんだ。売れたら回転が良くなるじゃないか。おまえたち営業に力がなくて、消費者の口に、どんどん入らないから回転が悪くなって、せっかくいいものをつくったって、途中で退化するから、味がまずくなっているんじゃないか」と。『「承」の章』の『会社の調子が悪いと内部の歯車があわなくなる』のところで分析したとおりの展開になって……

アン　……「花火大会」が盛りあがる。

瀬戸　そう、そう、そう（笑い）。その議論のあいだに、ビールをガバガバ飲んで、おたがいに最後は、「もういいかっ」となって、「今日はこれで終わり。また、明日、つづきはやろう」――そんな感じね。不毛の論議ですな。

アン　当時、製造は、新しいビールの開発に取り組む気は、なかったわけですね。

瀬戸　製造は、もともと日本一のビールをつくるっているんだから、それを早く回転させるのは営業の仕事だという意識。

アン　水かけ論ですね。

瀬戸　水かけ論なの。ここで、製造畑の人を弁護すれば、醸造を本当に知っている人は、日本にほんの一握りしかいない。ビールの醸造を本気で勉強してきたという人は少ない。大学に行って、「おいしいビールをつくろう」なんて思う学生なん

SETO'S KEY WORD 192
今までの長い苦難の歴史が、アサヒの今のいい雰囲気をつくった。

て、本当に、そんなにいないじゃないですか。数少ない人が、本気で勉強してきた。われわれみたいに、なんとなく大学を出て、「ただの売り子」としてやっている人間に、ビールの味のことを語ってほしくないと彼らが思うのは、もっともと言えばもっともなんです。

アン 「素人は、引っこんでいろ!」と。

瀬戸 スペシャリストの世界。「おれたちには、わかっているが、消費者は味がわからないんだ」と、当時の一線のビール醸造の専門家は思っていた。

アン 今は、そういう考え方は?

瀬戸 それはありません。マーケティング側と生産側とがチームを組んで、「お客様がこんなビールを好んでいる」というところから、おたがい一緒に論議していますから。今までの長い苦難の歴史が、今のいい雰囲気をつくったということです。今となってみれば、営業と生産現場の対立は、それはそれで良かったんです。昔の苦労が生きてきたんだから。

現在の生産現場（茨城工場）

「容器戦争」顛末談《てんまつだん》。

瀬戸　もろもろの制約の中で、それでもお客様にアサヒをアピールするなんらかの手を打たなければならない。ただ、やみくもに営業にまわっているだけでは、お客様の目を引きつけたり、お客様のアサヒに対するイメージを変えることができない。中身については、生産関係者が「絶対にいい」と言い張っているわけだから、これに触れることはタブー。苦肉の策として、容器に目をつけるしかない。このあたりで若手が登場する。今、支社長になったりしている連中が、ぼくの下にいた。連中が知恵を搾りました。まず第一に考えたのは、家庭でビアホールの感じを楽しむというシチュエーション。

アン　ビアホールを家で？

瀬戸　そう。ビアホールの生ビールが、おいしいということは、当時から周知の事実。びんや缶に詰めたビールはどうしても、流通で時間がかかるうちに鮮度が落ちて、まずくなる。アサヒならずとも、他社も同様。「ビアホールの生ビールは、新しいからおいしい」というのは、定説だった。だからわれわれは局面を打開するために、「家庭でビアホールの生ビールの味を楽しむ」という戦略を立てた。

アン　そこで出てきた商品は、どんなものだったのですか？

瀬戸　ミニ樽とそれを家庭で飲むための「機械」――今考えると、おもちゃみたい

SETO'S KEY WORD 193
「家庭でビアホールの生ビールの味を楽しむ」という戦略を立てる。

なものですが――これを使うと生ビールが出てくる。ビールを飲む楽しさができて売れるのじゃないかと考えた。キリンが支配している「大びんの世界」は、なかなか崩せない。あえてアサヒの強みを発揮できて戦えるところは、やっぱり生ビール。キリンは熱処理をしたビールで頑張っている。アサヒは、それまでも生は、ビアホールや大きな飲み屋さんでご評価をいただいておりましたので、この評判のいい生ビールをご家庭に持ちこもうと、たくらんだわけです。『小さなビアホール』というのが謳い文句だった。この作戦で大びんの世界を切り崩そうという戦略。

アン　当時の日本人には、生ビールは夏のものという固定観念――イメージが、あったような気がするんですが……。キャンペーンをおやりになったんですか?

瀬戸　そう。そのイメージが強かったし、こっちも「夏だから生です」と言わないと、生が市場に入っていけない……商品のコストは、若干高かった。容器代とか「機械」が加わるから。

アン　『小さなビアホール』は、全国に浸透しましたか?

瀬戸　いや、各社が全部あとから追いかけてきたことで、へんな方向に行ってしまった……。昭和五十五（一九八〇）年のはじめくらいから、昭和五十八（一九八三）年のはじめくらいまで、アサヒが火をつけたことで「容器戦争」と呼ばれる時代に入ったが、その後は各社のアイデア合戦時代。あえて言うと、われわれは「おいしさ」をお客様にお届けしようとしたんですけども、途中から、本末転倒の「容器戦争」になってしまって、「容器の『かたち』がおかしい」とか、「サントリーさんのように、ピヨピヨ鳴る容器がいい」とか、違う方向へ最後は行ってしまって…

……。

アン　日本人は、商品開発の創造力がないとよく言われるんですが、クリエイティビティーに富んでいます。

瀬戸　切羽詰まってやるから（笑い）。

アン　今、いろんな容器に入ったビールが巷《ちまた》にあふれていますが、元祖はアサヒと言っていいんですね。

瀬戸　そうです。しかし、ビールの新しい楽しみ方とか、おいしさを違う方向で味わってほしいというコンセプトがベースにあったのに、力ずくでアイデア勝負みたいなことに巻きこまれて、最後のほうは「おいしさ合戦」では、なくなってしまって、この作戦が、急速にしぼんでいったのは、返す返すも残念です。

アン　その『小さなビアホール』のキャンペーンでシェアは、あがったんですか？

瀬戸　全体とはいきませんでしたが、少しあがりました……とにかく、パイオニア・ワーカーとしてなにをやっても、すぐにほかの会社が同じものをぶつけてくるから、なかなか思うようにいかない。

アン　日本人は、物真似が得意ですから（笑い）。仮想宿敵延命社長……これは冗談ですが（笑い）、延命さんのご意見は？

瀬戸　そりゃ、いい商品が出たときは、すごく評価してくれた。ただ、その商品の勢いが、二年つづかないから、そのたびに彼を失望させていた。大当たりする商品がないから、あの当時は、「つけ焼き刃的状況」が毎年つづいた。社長からの大局的立場に立った指示で新商品を開発するのでなくて、営業部の若い連中が、目先の他社の動きを気にしながら、「次は、なににしようか？」と案を練っていた……そう、少なくとも営業畑のわれわれは、出口を発見できないまま、すべて、「容器戦争」に振りまわされていた、あのころは。

「アサヒ再生作戦」、その一。ランドーやマッキンゼーに調査を依頼。その答え――「市場から撤退しろ！」

SETO'S KEY WORD 194
ヘビー・ドリンカーという大のお得意様は、銘柄を変えないかぎり、自分好みのビールを変えない。

瀬戸　目先の「容器戦争」の最中《さなか》、抜本的な分析をしなかったわけではない。ビールの場合、人口の二〇パーセントぐらいのヘビー・ドリンカーが、八割のビールを飲んでいるというのが定説。この大のお得意様は、銘柄を変えないかぎり、自分好みのビールを変えない。動かない。どうも、その層にアサヒは、届いていない。ヘビー・ドリンカーは、家で売れ筋の銘柄、キリンの大びんを飲んでいる。このことが、わかっている以上、根本的なことをしなくてはいけないと思いながらも、ズルズルとシェアが、さがっていく焦りの中で、その場しのぎの商品しか市場に出せない歯がゆさ。「なんで、アサヒは、いろんな商品開発をするけども、力がつかないんだろう、勢いがつづかないんだろう？」と悩んだ末に、「ラベルが悪いのではないか？」ということで、まずランドーというアメリカの調査会社に頼んで、ラベルを一回変えてみようということになった。ランドーは、いわゆるビジュアル・

アイデンティティーの会社ですが、外部からの力も取り入れて、なんとか変身できないかと。

アン　試行錯誤の果てに、そっちの方向に向かっていったんですね、今度は。こうした一連の「アサヒ再生作戦」のときの営業部長としての瀬戸さんの役割は？　いろいろとアイデアを出してくる人たちに指示を出し引っ張る役割ですか？

瀬戸　営業部長の役割は、商品開発の問題にたずさわることと、得意先の小売屋さんをアサヒに引きつけることが、おもな仕事。ビジュアル・アイデンティティーなどの具体的な仕事は、当時の営業担当役員、竹縄さんとか中小路さんなどの役員の人たちです。ランドーの次というか、ほとんど並行してマッキンゼーに、アサヒのイメージ調査を依頼した。「アサヒの会社の内部にどういう問題があるか？　外部から見て、アサヒは、どういうふうに思われているか？」という調査。その結果、すごく激しい結論が出た。たとえば、「アサヒは××のようなマーケットは捨ててしまえ」とかね。要約すると、「売れない市場からは撤退して、売れる市場を固めて、そこからもういっぺんエキスパンションしていかなければダメ」というすごくドラスティックな結論だった。調査報告を見て、「これほどまで、アサヒの実態が悪くなってるんだ」ということを実感した。われわれが思ったよりも、外部から見たアサヒは、すごく悪い会社なんだと思い知った。イメージ上からも、財務体質上からも。

アン　非常にドラスティックな結果が出たと、今おっしゃいましたけど、瀬戸さんは、あんまり驚かれなかった？

瀬戸　うーん、まあ、「市場から撤退しろ！」と言われれば、そりゃ、だれだって驚きますよ（笑い）。

のちのち役に立った本社営業部長経験。

瀬戸　ビジュアル・アイデンティティーなどといった大きいことよりも、営業部長というのは、目先の日々の数字をあげていかなければ、いけない――わが社を離れようとしているお得意様の説得とか、成績のあがらない支店のあと押しとか、そういうことで東奔西走の毎日だったというのが実感。営業部長時代に、全国のお得意様を全部網羅してまわった経験が、のちのち営業本部長になったり、社長になって仕事をするときにすごく役に立った。営業部長の仕事という社全体を見渡せるポジションにいたということで、前と違った力がついたと思いますし、お得意様を広く知ることができた。ということは、ぼくのキャリアの中で、すごく良かったことだと思います。

アン　日本全国全部、まわられた？

瀬戸　沖縄は行きませんでしたけども、北海道から鹿児島までの会社の隅々まで全部知っています。

アン　三年間、営業部長をおやりになって、ご自分のお仕事に対して、自分なりに納得――満足をなさいましたか？

瀬戸　あのときは、満足していない。個人としては、全国の市場を知ったとか、問題点を知ったという利点はありましたけども、それに対する的確な解決策を見出せないまま、また大阪へ戻ったわけですから、内心忸怩《じくじ》たるものがある。

SETO'S KEY WORD 195

営業部長の仕事という社全体を見渡せるポジションにいたということで、前と違った力がついたと思う。

昭和六十（一九八五）年、アサヒどん底。サントリーに抜かれかかる。

SETO'S KEY WORD 196
どん底まで行ったことで、危機感が生まれ、再生に向かって社全体が動きだした。

瀬戸　アサヒは、昭和六十（一九八五）年ごろに、どん底まで行った。このままではアサヒはつぶれてしまうという危機感から、アサヒの問題点をすべて追及していこうという動きが出てきた。

アン　シェアは、どこまで落ちたのですか？

瀬戸　当時は表向きには、一〇パーセントと言っていたんですけど、九・六パーセントまで落ちました。サントリーと、わずか〇・三ポイントぐらいの差です。

アン　じゃ、サントリーに一度も抜かれたことはないわけですね？　業界最下位転落ということは、なかったんですね？

瀬戸　ないです。

瀬戸　われわれは、コンマ一の争いだと思ってましたから、〇・三ポイントというのは、こちらが思ったよりも差が開いていたわけです。次の年には、前から準備していたCI作戦を始めて、うちが打って出たから、サントリーは、とうとう年間シェアで一度もアサヒを抜くことなく、また開いていったんですね。

アン　……なんと過酷な世界なんでしょう！　のんき者のわたしなんかの想像を絶する世界！

担当者から聞いたCIのエピソード。

瀬戸　アサヒを立て直すために、本格的なCI作戦が始まったのが、昭和五十八（一九八三）年。アサヒとしては、すべてを変えると決心したわけですから、非常にリスクを負った勝負に出たわけです。そのときの社長は、非常に明るい村井さん。悲愴感はなかった。シェアが、九・六パーセントとさがるところまでさがって、「生きるか、死ぬか」の勝負に出たわけです。ところが、データにもとづいてシミュレーションをやってみたら、その結果報告は、『五年後にアサヒは、うっすらとなくなっていく』――要するに存在感がない。ここは正々堂々と正統派の勝負をしなければいけないと全社をあげて、腹をくくってCI作戦に取り組んだわけです。実は、ぼくは当時、取締役大阪支店長だったから、直接、その作戦の現場には参加していない。担当者は、上も下もあの作戦には、最後の最後まで泣かされたと愚痴っておりました。たとえばCIのマークをつくる、ラベルのデザインをするなどという作戦を現・戦略企画本部長の泉谷直木君や現・マーケティング部長の杉浦誠君たちの若手が手がけた。要は大変身を遂げようとしているわけですから、今までのイメージをなくして、新しい会社に生まれ変わらせるのが、彼らの使命。最大の関門は、シンボライズされたアサヒの過去の「朝日――日の出」のマークがある

CI　corporate identityの略。企業イメージ総合戦略。個々の商品だけでなく企業が現に追求しようとしている経営理念や社会的使命などを含めた会社全体のより良いイメージ（corporate identity）を会社の内外で形成しようとする経営戦略。（小学館刊『最新英語情報辞典』より）

かぎり、変身したけど、尻尾が残っていたみたいな格好になる。これは、理屈上ありえない。

アン　もめたわけですか？

瀬戸　わたしとは因縁の深い竹縄さんが、CIの委員長。アサヒを全身全霊で愛している竹縄さんにとっては、シンボルマークまで変えなければいけないということは、理屈ではわかっていても、情念として我慢ならないところがある。これから話すことは、当時の担当者からあとになって聞いたエピソードですが、改革を推進している若い現場の担当者たちに、「なんとか、前のマーク、どっかに入らんかね？　われわれは、このマークをシンボルとして、これまで何十年も頑張ってきた。これがなくなったんでは、やっていけない」と竹縄さんは、こだわったそうです。若い彼らは、「なんで入れる必要があるんですか？　消費者は、なんとも思っていませんよ」と突っ張る。

アン　なるほど。新旧の対立。

瀬戸　連中は、夜中まで、このことを巡って議論したそうです。ついに、あの温厚な竹縄さんが、声を荒げたそうです。「君ねえ、理屈じゃないんだよ。入れてくれって頼んでいるんだよ、おれは！」って。「いや、これは理屈なんです」って、若者は、突っ張った（笑い）。最後には、竹縄さんは、諭《さと》すように、「いや、どこでもいいんだよ。見えなくてもいいんだよ。とにかく、入れてくれ」と言ったそうです。若い奴もしぶとい。「見えなくてもいいものを入れる理屈は、なんですか？」と食いさがった。その答え。「それはハートだ。今まで、みんなが、一所懸命、かけてきたハートだ。消費者じゃなくて、うちのインナーの、これから大変身をやっていくときに、みんなの力を結集しようとするそのよりどころを、最後に残してくれよ、

担当者から聞いたCIのエピソード。

SETO'S KEY WORD 197
心を一つにして、方向を一つにして、社の力を結集するために、会社が、どうしようもないときにCIをやる。

いろんな人がいるんだよ、社内には」。

アン　カッコ良くて、ホロリとする話ですね。なんか、企業をテーマにした映画のクライマックス・シーンを見ているような感じ……前にも話しましたが、本当にアサヒをテーマにした映画をだれかつくればいいのに。

瀬戸　結論として、薄い金のラベルに銀の透かしみたいな格好で「過去の栄光マーク」は、入りました。遠くから見ると光が当たって見えないんですけれども、よく見ると見えるんです。ちょいと見では見えない、だけど、じっくりと見たら見える。これがポイントです。どうしても「朝日――日の出」のマークは残してくれという旧勢力と、なにがなんでも新アサヒにするんだという新勢力とのきりぎりの妥協案。結論として「アサヒの心」は残ったということですね。ぼくは、これは成功だった、良かったんじゃないかと思っています。会社が、どうしようもないときに、なぜCIをやるかっていうと、要は心を一つにして、方向を一つにして、社の力を結集しようとする仕組みなわけですよね。ばらばらの旧態依然とした商標が最後に残ったのでは、パワーにならない。ぎりぎり納得のできるところで、いいスタートが切れたと思いますけどもね。

アン　今のスーパードライには、もう、昔懐かしいアサヒのマークは、全然入ってませんね?

瀬戸　そうですね。その初年度のパワーで見事な変身を遂げられたんで、次の段階からは、そういう精神論は、出てこなくてもすむようになった。

アン　なるほど。わたしの専門外の話なので今のお話は、よくわからないところもありますが、なんとなく感覚的には納得という感じです。

大阪支店長時代のモットーは、『クイック・アクションとクイック・レスポンス』

忙中閑あり……家内と阿蘇でプライベート・タイムを過ごす（昭和六十［一九八五］年）

アン　さて、情は深いけれども、豪放磊落《ごうほうらいらく》な「ノン・ストップ・ドライ・ジェントルマン・ミスター・セト」――あら、この造語、ベリー・グッド！　これから、使いましょう（と自己満足する姿が笑いを誘う）――瀬戸さん個人の「起承転結人生」に話を戻せば、またまた因縁の大阪勤務（笑い）。今度は、取締役支店長。大阪のシェアは……

瀬戸　……昔日の面影はないが……本社から見れば、社内では、一番の売上をあげている部隊の一番怖くて手強い部隊長。本社のこと、よく知っているし（笑い）。本社が、なにを言ってきても、「こんなもん通るか、こんなもんやるか――大阪はやらない」と言ったら、これでおしまい。

アン　（笑いながら）支店長時代の大阪はある意味で、瀬戸さんにとって居心地のいいところだったんですね。自分の信念とか、力とかを発揮できた場だから。

瀬戸　そう、自分が殿様だから、自分がなにしようとかまわないわけ。本社だって、

SETO'S KEY WORD 198

お山の大将になると、ぼくは本来の力がフルに発揮できるタイプ。

SETO'S KEY WORD 199

いつも胸を張って負け犬になるな！

SETO'S KEY WORD 200

大阪支店長時代の標語——モットーは、『クイック・アクションとクイック・レスポンス』。

売上の多い支店に、ものすごく遠慮する。大阪支店に背かれると会社がガタガタになってしまうから、ある程度大事にせざるをえない。そうなると、ぼくのような男は、本来の力をフルに発揮する（笑い）。

アン　一番お得意な場面（笑い）……大阪に帰られたとたんに、本来の瀬戸雄三に戻られたという感じ。東京時代の話から大阪時代の話に話題が変わったとたんに瀬戸さんの顔の表情とか声の調子が、明るくなった。正直な方ですね（笑い）。

瀬戸　ぼく、正直な人（笑い）。

アン　そこで、大阪支店の「殿様」の当時の「配下采配方針」をお聞かせください。

瀬戸　みんなに言ったのは、「大阪は、アサヒの生きるか死ぬかの運命を担っている一番大事な支店である。だから、プライドを持ってやれ。いかに会社が、おかしくなろうとも大阪だけは生き残るというぐらいの気迫、気合いを持って仕事をしなさい。いつも胸を張って、負け犬になってはいけない」ということ。これがぼくの大阪にいるあいだの一貫した指導方針。ぼくは、大阪支店の標語——モットーを、『クイック・アクションとクイック・レスポンス』と定めて、これを全員が、「やれ！」と号令をかけた。それは、「イエス、ノーを明確にしなさい」ということでもある。これがぼくの在任中の、大阪支店の変わらざるモットーだった。『クイック・アクション、クイック・レスポンス』というのは、商売の当然のポイント。イエス、ノーを、はっきりするということも、「大阪はとくに、『まあ、なんとか考えまっさ』という世界だけど、それはダメ。できることはできる、できないことはできない、という見識を持て！」と説いた。もう一つ。「気位を持ちなさい。アサヒの命運を握ってる大阪支店であるっていう気位を持ちなさい」とも。

大阪支店長時代の全員ミーティングは、次の戦の戦闘準備。

SETO'S KEY WORD 201
企業でも組織でも、強くなる弱くなるというのは、一人一人の人間の心の持ちよう一つ。

瀬戸　神戸支店長時代に全員ミーティングをやった話を、前にしましたが、支店の連中一人一人の気持ちを、いっぺん確かめようということで、ここでも全員ミーティングというのをやった。当時の大阪支店というのは、和歌山、奈良、島根、鳥取まで……でかいんだ。裏日本から太平洋まで、温泉地から観光地まで、みんな管轄内。その二百人ぐらいの社員全員と会って胸襟を開いて話をする。そして、彼らの考え方、問題意識をきちっとつかむ。それがまず第一だと考えた。企業でも組織でも、強くなる弱くなるというのは、一人一人の人間の心の持ちよう、心の動きで強くなったり弱くなったりするわけですから。まず大阪から始め、一人一人の意見を聞きながら、それをぼくは全部メモしました。

アン　二百人全員の!?……すごい!

瀬戸　それをファイルして。その聞いたこと、疑問点、解決してあげなければいけない問題は、その年のうちに解決したと思いますけどね。

アン　問題点は、いっぱいありましたか?

瀬戸　もちろん、問題点のない人もいた。

大阪支店長時代の全員ミーティングは、次の戦の戦闘準備。

SETO'S KEY WORD 202
自分の言ったことに責任を持って、自らを追い詰めると、やらなきゃしょうがなくなる。

でも、問題を訴える人には、会った翌日に、「これはああしよう、こうしよう」と解決策を出した。だって、こっちは『クイック・アクション、クイック・レスポンス』という方針を打ち出しているうえに、「イエス、ノーを明確にしよう」と言っているわけだから。こっちがやらなかったら、大変でしょ。自分の言ったことに責任を持って、自らを追い詰めると、やらなきゃしょうがなくなる。ぼくは、もともと怠惰な人間。自らを追い詰めないとできない人間。だから、こうする。配下の社員が抱える問題点を全部、早急に解決してあげることによって、ぼくに求心力が高まります。前に次長として大阪にいたときには、得意先をどんどん取って、「いやあ、今度の次長はやるぞ」と思わせて部下の目を、こっちに向けさせせようとしたけども、このときは、この方法論を取った。「大阪支店長は、殿様だ」なんて威張っていても、現実に目を向ければ、ほかの支店よりかは、いいというだけで、大阪も、どんどん数字はさがっているわけですから、数字でこちらに社員の目を向けさせるということは不可能。とりあえず「気持ち」をこっち向けさせて、次になにか転機があれば、チャンスがあれば打って出るという態勢に持っていかなくてはいけない、という意味で、この「演出」をやってみたんです。

アン 戦闘準備ですね。巻き返すときには、大阪から……

瀬戸 ……スタートを切る。大阪が復興――回復できれば、アサヒ全体が回復できる。こういうことですね。

アン 大阪のシェアが、あがっていけばまわりも元気になりますものね。

瀬戸 そうなの。アサヒ全体が、「おお、大阪がやったじゃないか、おれたちも、やれるぞ！」ということになる。

「朝日は地平線から顔を出しませんか?」「まだ、日は昇りません」――しかし、大阪のシェアだけは、タイガース缶のおかげでさげ止まった。

瀬戸　ええ。だけど、大阪のシェアだけは、昭和六十（一九八五）年で、さげ止まったと思います。ぼくは、ラッキー・チャンスに恵まれる運のいい男なの。どういうことかというと、阪神タイガースが、アサヒのどん底の年に、二十一年ぶりに優勝したの。その前の年の春に阪神さんから、「タイガース缶というのを、つくってくれ」という話があった。即、「よし、そ

SETO'S KEY WORD 203
ぼくはラッキー・チャンスに恵まれる運のいい男。

アン　瀬戸さんの先ほどのお話にありましたように、瀬戸さんの大阪支店長時代に、アサヒは、サントリーにコンマ三まで追いつめられていた一方では、Cーの準備が進んでいたわけですが、まだ「朝日は地平線から顔を出しませんか?」

瀬戸　ぼくの大阪支店長時代には、「まだ、日は昇りません」。

アン　全然、まだダメですか。

の話、乗りましょう」と。当時、東京本社のバリバリのジャイアンツ・ファンの若手が、泣く泣く、この缶のデザインを担当した。でも、その年は、あんまりブレイクしなかった。

アン　ところが、翌年、阪神が優勝した。その効果でみんなそれを飲むようになったという図式ですね。

瀬戸　瞬間的には、あれほど売れたものは、ないでしょうね。大阪だけじゃないの。全国で売れた。たとえば、東京にも「隠れタイガース・ファン」というのはいる。どんどん伸びていった。「タイガース缶は、どこで買えるんですか?」という問いあわせが、全国から来るぐらい人気がわいた。隠れていたタイガース・ファンがニョキニョキ出てきたわけ。売れるわ売れるわで、笑いが止まらない。

アン　それぐらいタイガースの優勝の経済効果は、大きいんですね。

瀬戸　その経済効果を、もろに頂戴できたのは、アサヒということです。

アン　なるほど。ペナントレースの最中から、勝って一杯、負けて一杯……でも、野球が一つの会社にそういう影響を与えるというのは、またおもしろい日本的現象ですね。

瀬戸　おもしろいよねえ。あのタイガース缶をアサヒが当てたおかげで、甲子園球場で売っているビールは、今もアサヒが、ほとんどです。もともと阪神電鉄とアサヒとは、非常に深い関係があるのです。たとえば、阪神百貨店のビアガーデンとか、阪神パークとか、六甲山の上の阪神の施設など、全部アサヒ一本槍です。とにかく阪神電鉄さんは、なにかあったらアサヒと言ってくださる。その関係が、ぼくの支店長時代に、タイガース缶を生み出し、思わぬ阪神の優勝で、それが売れた——ぼくは、ほんと、運のいい男です。

カンフル注射――「営業経費予算青天井作戦」。

アン　阪神の優勝がなくて、タイガース缶が爆発的に売れなかったら、大阪のシェアは、どうなっていたでしょうか？

瀬戸　もっと数字が落ちこんでいったでしょうが、それよりも、気持ちが萎《な》えていたでしょうね。ちょうどそのころは、アサヒ全体が、なんか燃えていなかった。そりゃそうでしょう。数字がどんどんさがってくるし、本社からの締めつけは、厳しいでしょ、お金がないから。「お金を使っちゃいけない」ということばっかり、本社は言ってくる。延命さん流に言うならば、「もっとお得意先をまわって、お得意様の信頼を獲得しなさい」とハッパをかけても、お金の裏づけがなかったら、お得意様といったって相手は商売人だから動かない。なにかあったときに、お得意様から、「サービスしてくれ」と言われて、「それはできません」と言ったら、「ああ、なんだ」ということになる。そういったことの繰り返しで、営業マンのモラール（士気）というのが、あのころは、すごくさがっていたと思います。昭和六十（一九八五）年だったと思いますけども、「お金があったら、きみたちは動けるのか？」と聞いたら、「動ける、動く」と言うから、

SETO'S KEY WORD 204

「いざとなったら、お金というのは、そんなに使えるものではない」というぼくの哲学を踏まえて、営業マンに対して「経費は青天井で、好きなだけ使え！」という一見、乱暴な方針を打ち出したこともある。

一回、カンフル注射をしてやれと思って、「それじゃ、きみたち、お金をあげよう」と言った。

アン　（笑いながら）どこでお金を用意なさったんですか？　会社所有の不動産を売ったりなさって、お金を用意されたんですか？

瀬戸　実は、なんにも財源がないの。だけど、ビールで一番大事なのは春先。三月から六月ぐらいにかけて、いわゆるビール商戦の最盛期の前の準備活動というのが、一番大事。ぼくは、その当時、大阪支店の現場の営業マンに、四月から六月までの三か月間、「きみたち、経費は青天井で、好きなだけ使え！」と。

アン　ワーオ。そういう会社で一度働いてみたい！

瀬戸　いや、いや、アンさんは、何千万円もするネオンサインを建てるとか、そういった大きなお金を想像したかもしれないけれど、そうじゃなくて、ぼくは、「きみたちが営業活動をするときに、たとえば、今までお金がないということを理由に、飲食店さんの小さい看板を頼まれてお断りしたことがあるだろう。要するに、きみたちが自分の足を使って、こつこつこつこつお得意先をまわって、そのうえでなおかつ、その営業にいるというお金は、青天井、いくら使ってもよろしい」と言ったわけ。いざとなったら、お金というのは、そんなに使えるものではない。そうすると結局、どんなことが起きたかというと、お金が使えなかったの。

アン　使えなかったか、使わなかったか、どちらでしょう？

瀬戸　使えなかった。それは、どういうことかというと、今までお金がないということを言いわけにして、みんな営業をしていなかった。支店のトップに青天井予算というお墨つきをもらって、いざ営

SETO'S KEY WORD 205
お金がないから、なにもできないという言いわけはやめる。

SETO'S KEY WORD 206
「頭を使って使うお金」は、たくさん使えるが、「自分の体を使って使えるお金」には、限度がある。

SETO'S KEY WORD 207
イチかバチかの危ない作戦も、ときに必要。

業活動を始めてみると、ほとんどの人が、なかなかお金が使えない。使うだけの器量がないというか、能力がない。そこで、ぼくは言った。「ただお金がないということを理由にして、営業をしていなかったということが、おまえたちもわかっただろう。これからは、お金がないから、なにもできないという言いわけは、しないようにしよう」と。だけど、そのときに、もし、みんなが、積極的に営業活動をして、お金をどんどん使っていたら、ぼくは、三回目の左遷か、クビになっていた（笑い）。

アン　クールな瀬戸さんは、当時のモラール（士気）の低下した大阪支店の営業マンの実態を、よく観察していらして、「営業経費予算青天井作戦」を実行に移されたんだと思うんですが……みんなが、支店長を困らせるほどのお金は、使えないと思っていらっしゃったのでは？

瀬戸　そう、そのとおり。ぼく自身の営業経験からして、人間が「自分の体を使って使えるお金」というのは、タカがしれている。「頭を使って使うお金」というのは、ずいぶんたくさん使えますが、「自分の体を使って使えるお金」というのは限度があるんです。

アン　お金がないことを理由に、あんまり熱心に営業活動をしなかった営業マンたちは、少しは反省しましたか？

瀬戸　「やっぱり、おれたちが悪かった。会社が金を締めているから、営業活動ができないのでは、なかったんだ」と反省しました。そのことがわかっただけでも、「営業経費予算青天井作戦」は、良かったんではないでしょうか……イチかバチかの危ない作戦でしたが……。

アン　こうした一連の瀬戸支店長陣頭指揮のいくつかの作戦の結果、どん底時代が終わって、じわじわと大阪支店の成績は上向いてきたのですか？

瀬戸雄三　男盛り

瀬戸　横ばいってところかな。会社全体がどん底へ向かっているときに、大阪は、落ちこみが少なかったか、タイガース缶のおかげもあって、なんとか横ばいをキープしていたんじゃなかったかな。そして、最後の一年は、C—もできたし、コクキレビールも生まれてきたから、これでシェアは、あがり始めました……現場舞台の力を発揮する予兆は、それまでにつくってあった。いい商品さえ来れば準備万端整っていたということです。

アン　出陣の準備ができていたところに、C—作戦が始まり、『コクがあるのに、キレがある』のキャッチフレーズとともに、アサヒ生ビールが登場してきた。瀬戸さんも昭和六十一（一九八六）年八月に、常務取締役におなりになった。と同時に、今度は東京本社の営業本部長に、ご栄転なさった。

重大余話　その一。カリスマ性のある樋口廣太郎さんとの最初の出会いの失敗。

アン　樋口元社長、現名誉顧問の話が出たところで、社長の交替劇の整理を……。

瀬戸　延命直松さんは、昭和五十七（一九八二）年に耳が聞こえなくなる病気で倒れて退任。同年一月に住友銀行から村井勉さんが来て、三月に社長就任。その村井社長のときに、ぼくは大阪支店長になった。それで昭和六十一（一九八六）年一月に、顧問で樋口さんが来て、同年三月に樋口さんが社長に就任。

アン　ということは、瀬戸さんを常務にちでしたか？

アン　三度目の東京――どういうお気持ちでしたか？

瀬戸　日がちょっと差してくるところに帰ってきたから、ぼくは「いい舞台に立ったな」と思いました。問題は樋口廣太郎さん。この人は、すごいカリスマ性のある人。ぼくにしてみれば、「ぼくの生涯であれぐらいぼくをいじめた人はいない」というぐらい、いじめられたと思っていますが、樋口さんは、ぼくを「徹底的に教育した」と言うんです（笑い）。

SETO'S KEY WORD 208

樋口廣太郎元社長は、すごいカリスマ性のある人。ぼくは、「生涯で一番ぼくをいじめた人」と思っているが、彼は、ぼくを徹底的に教育したと言う。

SETO'S KEY WORD 209

ぼくは偉い人の前で、すぐ失敗する質《たち》。

任命されたのは、樋口さんですね。

瀬戸　そう。樋口さんとの最初の出会いから、ぼく、また失敗しちゃってね。ぼくは偉い人の前で、すぐ失敗する質《たち》（笑い）。樋口さんは、最初顧問のときに大阪支店に来た。昭和六十一（一九八六）年の二月か、三月のこと。樋口さんは、顧問としてアサヒにやって来た当初から、全国をまわった。彼は彼なりに問題点を探ろうと思っていたのでしょう。ぼくは、彼が来ることは、あらかじめ知っていましたけど、彼が大阪支店に来たときに、お客様と会っていた。「樋口顧問が来られました」という報告を受けて、「今、お客様と話しているから、すんだら、すぐに行く」と言った。お客様がお帰りになったあと、彼に会ったら、開口一番、怒るわけだ。たしかに、二十分か、三十分ぐらい待たせた。でも、彼はそのあいだ、いろんな人と話して情報収集しているわけだから。

アン　何時にお会いになるというアポを瀬戸さんが、破られたわけでは……

瀬戸　……ない。午後に来るとか、そういった感じのアポ。会うなり、「だれと話してたんだ!?」と、彼が聞くから、「お客様と話していました」と答えた。そしたら、「おまえ、おれをなんだと思ってるんだ！」と烈火の如《ごと》く怒るわけ。

アン　それが、最初の出会いですか？　若いころから上司を、よく怒らせる方なんですね、瀬戸さんという方は（笑い）。

瀬戸　樋口さん、つづけて、「おれはおまえを、すごい奴だと思っていたけども、おまえ大丈夫か？」と言う。そう聞かれたら、「大丈夫ですよ」と言うしかない。「大丈夫ですよ」と答えたんだ。向こうは、「大丈夫かなあ」と（笑い）。

アン　初対面で次期社長に悪印象を与えられたのですね。

瀬戸　そう。おそらく彼は、「こいつ、もう少し気の利く奴だ」と思っていたんでしょう。だから、自分が行ったら、なにをさておいても、すぐに飛んできて挨拶をすると思ったんでしょう。

アン　銀行で、ずっとそういう扱いを受けていらっしゃったのでは?

瀬戸　こっちは、お客様第一。社内なんか、二の次だという考えで動いている。

アン　正論なんですけどね。

瀬戸　正論なんだけど、通らないんだよ。

アン　樋口さんにしてみれば、今まで瀬戸さんのような部下は、銀行にはいなかったから、びっくりされたのでは。大銀行の副頭取が支店に来たといったら、みんなが、ワアッと子犬のように飛んでくる。たぶん、玄関にみんなで並んで最敬礼でお迎えするのが、それまでは、当たり前の世界だった……でも、おもしろい出会いですね。ただ一つ言えることは、樋口さんが並の人だったら、「この野郎!」ということで、自分が社長におなりになったあと、五か月後に、瀬戸さんを常務に……

瀬戸　……ぼくだったら、しない(笑い)。

アン　ほんと、よくぞ樋口さんは瀬戸さんを常務に任命されましたね。

瀬戸　ちょっと変わっていたからかな。平均的アサヒの社員とちょっと違うから、おもしろいと思ったかも——「捨てるか、拾うか。どっちでもいいから、まあ、いっぺん身近なところで使ってみるか」と。

アン　入社三日目の昼休みにボートを漕いだときの話をはじめ、若いころから、瀬戸さんのサラリーマン生活は、きわどいことの連続。ずっと、最後まであまり変わらないんですね。

瀬戸　全然、変わらないよ。つねに危ういんだよ。よくぞ、ここまで来たって感じだね。

SETO'S KEY WORD 210
ぼくはお客様第一、社内は二の次。

SETO'S KEY WORD 211
ぼくの本質は若いころと変わらない。だから、つねに危うかった。よくぞ、ここまで来たというのが実感。

重大余話　その二。瀬戸雄三の樋口廣太郎評。「アサヒの再建にかける熱意はすごい」。

アン　樋口さんに、最初はカルチャー・ショックを受けられたのでは？

瀬戸　受けた。今まで銀行の経営者が何人かアサヒに来ていましたけども、とくに樋口さんは、いい意味でプライドが非常に高い人でね。

アン　強烈だったんですね。

瀬戸　強烈だった。それと樋口さんは住友銀行の中で史上最年少で副頭取になった人。若いころから「住友にこの人あり」と知られていた逸材。そんなプライドがあった人が、アサヒに出た。それだけに、自分がアサヒを、なんとかしようという固い決意があったと思う。言葉は悪いけども、「男をあげる」決意。

アン　本流を外れたという思いが、逆に力になる。

瀬戸　そう、自分が本流だと思っていたのが本流を外れたから、住友銀行に対する怨念みたいなものがあって、「よし、おれはアサヒに行って、住友銀行を見返してやろう。調子の悪いアサヒを、絶対に

SETO'S KEY WORD 212
樋口さんのアサヒの再建にかける熱意は執念に近いものがあった。

SETO'S KEY WORD 213
樋口さんは本物人間。

SETO'S KEY WORD 214
樋口さんには、強烈な自信に裏づけされた個性がある。

おれの力で立て直してみせる」という気持ちがあった――彼はぼくにも、こういう意味のことを、言いました。そういう気持ちがあるから、アサヒに対しての熱意というか、再建にかける熱意というのは、執念に近いものがあった。それを、ぼくは、すごいと思います。

アン　本物人間。

瀬戸　本物なの。だからこそ、アサヒのカルチャーと、彼のカルチャーとが、ぶつかる。彼は自分の信念で、樋口カラーをアサヒに染みこませようとする。われら生え抜きは、「社長だから、従わなければいけない」ということを承知のうえで、小刻みに反抗しなければいけない（笑い）。これが、非常にデリケートなところでね。

アン　なんか、樋口さんには可愛いところがある感じがします。瀬戸さんの語り口が、延命さんとのエピソードを話されるときと、樋口さんのことを話されるときとでは、微妙に違う。わたしの勘ぐりすぎかもしれませんが、延命社長の下では、ぎりぎりのところで踏みとどまるというか、「これを言ってしまったらおしまいよ」という大人的な判断が瀬戸さんにあったような気がするんです。ところが、樋口さんに対しては、本能的に「ユーモアを交えた反抗」ができる大人物であると読んで、いろいろ「小刻みに」ぶつかられたのではと思うのですが……ヒヨッコが生意気言ってすみません……樋口社長の下では、延命、村井社長時代とは、また違ったご苦労がいろいろおありになったんだと思いますが、瀬戸さんに余裕があったような気がするんですが……。

瀬戸　そうねえ……（しばらく考えて）とにもかくにも、強烈な自信に裏づけされた個性が樋口さんにはある。「おれを信じてついてくれば、かならずアサヒは立ち直る」というカリスマ性。

重大余話　その三。瀬戸流歴代社長評伝。アサヒ再生の基礎は村井社長時代に構築。

SETO'S KEY WORD 215
住友銀行からやってきた樋口社長ではなく、プロパーがあの時期に社長になっていたら、アサヒは劇的に変身できなかっただろう。

アン　樋口さんは、運のいいときにアサヒに赴任されたという気がします。「朝日がちょっと顔を出して、ちょっと薄日が差しかかったところ」にいらっしゃった。

瀬戸　あの時期に、樋口さんの代わりにプロパーが社長になっていたら、アサヒは劇的に変身できなかったというのが、ぼくの持論。外から来た人は、今までの「文化」――アサヒのやり方を全面否定できる。何十年間もアサヒにいるぼくには、その過去を否定することは、非常にむずかしい。人間、だれでも自分のやってきたことは、否定しにくい。だけど、外から来た人は、バサッと過去を切ることができる。それによって、アサヒは立ち直ったということを、ぼくは、つねづね強調している。住友銀行から、四人の社長――高橋、延命、村井、樋口とアサヒに、やって来た。これは、今から思えば、絶妙の人事配置だった。山本為三郎という創業社長のあとの二代目の中島正義さんは、アサヒの生え抜き社長だった。このお二人の社長時代に、慢性的にシェアがダウンした。そこで中島さんは、メインバンクの住友銀行に後任社長を要請した。アサヒに関係のある社長ということで、銀行は高橋さんを送りこんできた。彼はアサヒの前身の大日本麦酒の社長をやっていた高橋龍太郎さんのご長男。関係者を社長に据えることで、アサヒのカルチャー・ショックを和らげ、なおかつ新しい風も吹きこもうという一石二鳥人事。「おいしいビールを、おいしい状態で食卓へ」と高橋さんは、つねに言っておられた。これは、ぼくの主張するフレッシュ・ローテーションと合致するわけですが……高橋さんというのは、非常にノーブルな人で、実際に泥にまみれて現場をまわり、市場を開拓していくという方ではなかった。彼がかかげた理想的なモットーは、すばらしかったのですが、実際には、アサヒの態勢——落ちこんだ姿を立ち直らせることが、できなかった。住友銀行で、「営業の神様」「預金獲得の神様」と言われていた延命直松さんが、高橋さんと一緒に常務でアサヒに来ていたのですが、回復が思うようにいかないから、その延命さんに社長の座を譲った。前に話したように、アサヒの社員に延命さんは、「回訪強化」を言いつづけた。世間からは、「延命さんは愚直な人である。なにも政策がなかった」と評価されたのですが、ぼくは、延命さんがあの時期にやられたことは正しかったと思っています。もし、あのとき樋口さんがいて、彼が社長に就任してからやった政策を、あの時期にやっても、アサヒの復活は、とげられなかったと思います。あの時期のアサヒは、お客様からの信頼を勝ち取るために、愚直なまでにお得意様をまわって心を通じるというベーシックなことをやったということで、良かったと思います。延命さんのときに、どんどんシェアがさがって、さらに沈みこんで会社の空気が沈滞したところで村井勉さんが社長になった。村井さんは、持ち前の明るい性格ですから、会社の中に、「新社長は明るくて頼りがいがある人だ」という空気を植えつけた。と同時に村井さんは、アサヒの中に経営理念を持ってきた。村井さんはマツダの出向を終えて住友銀行に帰ってきたときに、アメリカへ行って、ジョンソン・エンド・ジョンソンをはじめいろんなアメリカの企業をまわって、企業理念を学んだ。アメリカでは、それに基づいて、社員も会社も行動している——「これがアサヒにないのは、おかしいじゃないか」ということで、アサヒに企業理念を導入して、精神の「よりどころ」をアサヒに示した。村井さんは、商品、社員の考え方、行動、すべてを全部一新するという決心をして、企業を改革する一番のポイントであるＣＩも始めた。ＣＩ導入の一つの大きなポイントは、商品の改革に取り組むことです。コクキレビールをつくったのも村井さん。スーパードライの計画にも着手した。こうやって村井時代に、コクキレビールとスーパードライという二つのアサヒの今後を決する商品の土台づくりができたのです。コクキレビールというのは、要は、キリンのコクとサッポロの黒ラベルのキレの「いいとこ取り」をポイントに商品開発をしたビールです。

アン　スーパードライの原形は……

瀬戸　……村井時代に、できあがっていた。このビールのすぐ隣に違う酵母を使ったスーパードライが、ほぼ同時にできあがっていた。こちらのほうが、キレが少し良かった。最後にどっちにしようかと社内の議論を呼んだんですが、先にコクキレビールを出してから、スーパードライの販売に踏み切ろうということになった。コクキレビールを出して、翌年すぐにスーパードライを出しました。

アン　村井時代に、じわじわと抜本的な飛躍への下準備ができたという、今のお話は、かなり重要なポイントですね。

瀬戸　村井さんは、昭和五十七（一九八二）年から六十一（一九八六）年までの四年間が社長で、任期の年数でいうと短かったのですが、すごく大きな存在だった。アサヒ立ちあがりの基礎は、全部彼の時代につくられたことは、間違いありません。今、ちょっと村井さんのやった仕事が、かすんでいる。樋口さんの時代の実績が、ビジュアル的に見えるからクローズ・アップされているけども、村井さんの実績も、きっちり評価しておかなければいけない。

アン　こうやって、ちゃんと、そうした実績を記録に残しておくことは大切ですね。

瀬戸　大事なことです。村井さんのおかげで社内に明るい空気ができて、将来の発展の基礎ができた。そこに樋口さんが来た。樋口さんというのは、ああいった八面六臂《はちめんろっぴ》の活躍をする人。あらゆることをやる。すべての可能性に挑戦する強烈な人だから、とにかく目立つ。それと、もう一つ。樋口さんがアサヒにやって来たころに、非常にラッキーだったのは、当時日本はバブル期だったこと。

アン　時代と一致した。バブル時代の日本――あれほどハッピーな時代は、企業にとって、ないんじゃないですかね。

瀬戸　そうなんです。そのハッピーな時代に、樋口さんのようないわゆる積極策を取るリーダーが来たことは、アサヒにとってラッキーだった。ちょっと退屈な「内輪話」がつづいて、おもしろくなかったでしょうが、後世のために、歴代社長のことは、丁寧に分析しておく必要があると思ったので、あえて長々と話しました。

SETO'S KEY WORD 216

村井勉元社長の存在は、大きかった。村井さんの実績も、きっちり評価しておく必要がある。

SETO'S KEY WORD 217

バブル期のハッピーな時代に、樋口さんのようないわゆる積極策を取るリーダーがきたことは、アサヒにとってラッキーだった。

すばらしいビールができた！スーパードライの誕生。そして、「ドライ戦争」の勝利。

アン　本題に戻ります。三回目、七年ぶりの上京です。常務取締役営業本部長。いよいよ、「ノン・ストップ・ドライ・ジェントルマン・ミスター・セト」の上京とともに、待ちに待ったスーパードライの登場です（笑い）。

瀬戸　昭和六十一（一九八六）年の秋に東京に来て、半年後の昭和六十二（一九八七）年三月十七日にスーパードライの発売。さっき、ちらっと触れたコクキレビールとスーパードライは、双子の兄弟なんです。コクキレビールを先に世に出したが、どちらに重点を置くか？　スーパードライの発売以降、市場の人気を探り、消費者の感触を探った結果、スーパードライを中心に販売戦略を立てたほうがいいという確信が深まっていきます。そこで、スーパードライの成功にすべての力を集中させる方針を打ち出した。

アン　全社的合意に達して、スーパードライ一本槍体制ができたわけですね。

瀬戸　そうです。

アン　わたし、素人なので、せっかく話が盛りあがろうとしているところで、つまらない質問をして、申しわけありませんが（笑い）、スーパードライとコクキレビールというのは、試作を始めてから試飲にいたるまで、どれぐらいの期間で開発された商品なんですか？

瀬戸　コクキレビールは、スタートから発売まで八か月ぐらい。それが完成して、発売したときに、スーパードライも八割ぐらいできていました。

アン　はじめて試飲されたときの印象は？

瀬戸　鮮烈。飲んだ瞬間に、「うまい！うん、これは売れる。今までのビールと違う」と試飲した全員が褒めて支持したということは、めずらしいことです。

アン　新しいビールを開発して、当たるまでのスピードが、すごく早かったのでは？

瀬戸　市場の反応は、ものすごく早かった。

アン　出ました、爆発的に売れました……その後の状況は？

瀬戸　はじめの三年間ぐらいは、ほぼ思ったとおりに他社が全部参入してきました。これは、いつものことです。スーパードライが出てからの仕事は、ほかの会社が全部、追随をしてくるのを、どう振り切るか――「ドライ戦争」に突入。今度の勝負が、これまでと違ったのは、前のいろんな商品と違って、ビールを大量に飲むヘビー・ドリンカーに受ける「味」で勝負したこと。スーパードライというのは、男のターゲットに向けて、「テイストはライトなんだけど、アルコール度は、ちょっと高め」という言葉をつけて、ヘビー・ドリンカー用に仕上げたことが、「ドライ戦争」に勝った要因だと思います。各社がドライという言葉を使って、この戦場に

SETO'S KEY WORD 218
お客様のビールの味に対する好みというものを、きちっと、つかむことができたのがアサヒの勝因。

全部参入してきたわけだから、過去の経験からすれば、うちはここでつぶれた。キリンも当然つぶせると思って、かなり全力でのしかかってきた。ところが今回は、「先行者優位の法則」が働いて、ドライ市場のシェア全体の半分をうちが取ってしまって、上へ伸びてしまった。

アン　他社がぶつけた製品は？

瀬戸　キリンドライ、サントリードライ、サッポロドライ——全部ドライです。

アン　すごい包囲網で、四面楚歌の攻撃を受けて、よくつぶされなかったですね？

瀬戸　ずばり、スーパードライの「味」が消費者の方の好みにあったということですね。

アン　わたし自身、ヘビー・ドリンカー——ビールだけのヘビー・ドリンカーですが——としての立場で発言すれば、最初に飲んだ瞬間、お世辞ではなく、「ファンタスティック！　おいしい！」と思いましたもの。

瀬戸　アサヒにとって、はじめての中身の競争。今までは容器などの「ビール周辺部の小道具」の戦いでやってきたから、すぐにつぶされた。だけど今度は中身——品質で売れる商品を出した。よそがいくら名前をドライと名乗ったって、中身が全然違う。飲んだ人が明らかに、キリンのドライとアサヒスーパードライは違うということを意識した。これが一番の大きなポイントですね。お客様のビールの味に対する好みというものを、きちっと、つかむことができたのが勝因。それと同時に、お客様のほうが、情報化時代になってきたところで、自分で自分の好みというものをきちっと主張するような時代に入ってきた。そういった時期に、中身で絶対有利な品質のものをつくった。もう一このタイミングの良さもあった。もう一点。「これはいい」と思ったときには、自分で手に取って買いに行ける購買形態に、ものすごい勢いで世の中が変化していったことも幸いした。

アン　たしかにそのとおりですね。購買形態の変化は、おもに都市部から始まったと思うのですが。わたしはスーパードライの発売時には、農村にいたんですが、スーパードライは都会のビールだというイメージを当初は持っていました。

瀬戸　アンさんが言われるように、はじめ東京で一番人気がありました。学生が東京でスーパードライを飲んで、休みに地方へ帰る——家に帰る。地方には、スーパードライは売っていない。学生が地元の酒屋さんで、「なんだ、スーパードライ、売ってないのか。東京で今すごく売れているんだよ」と言うと、地方の人は、「東京で売れているものは、売らなきゃいけない」と、こうなる。この波及効果が、すごく大きかったと思います。若者が東京で味わった味を地方へ持って帰った。情報の発信基地の東京で、消費者の味覚を捕らえる——これが成功した原因。

アン　東京で流行ったものを、すんなりと受け入れない大阪は？

瀬戸　大阪は頑固。大阪のアサヒの昔の支店長も頑固だったけども（笑い）。大阪は最後までコクキレビールが残った。

アン　おもしろいですねえ。

瀬戸　おもしろいの。大阪の人間というのは、昔からライジング・サンのマークのビールが、大阪のビールだと思いこんでいる——コクキレビールには、前に話したように竹縄さんが、頑張ってうっすらと日の出のマークを残していたから、大阪人はマークの入っていないスーパードライには、なかなかなじまなかった。結局、コクキレビールは平成五（一九九三）年に発売をやめましたが……。

SETO'S KEY WORD 219

ほしいときに、自分で手に取って買いに行けるという購買形態に、ものすごい勢いで世の中が変化していったこともアサヒに幸いした。

SETO'S KEY WORD 220

情報の発信基地の東京で、消費者の味覚を捕らえることができたのも、アサヒが成功した原因。

「結」の章

スーパードライのシェアが横ばいのときに、社長を仰せつかって。

アン 「スーパードライ神話」に関しては、すでに、単行本も出ていますし、あっちこっちのマスコミが、裏も表も取りあげていますので、この本では、さらりと流そうというプランだったのですが……スーパードライが市場に登場して、辛口という新しい分野をつくって、ビール界のナンバーワンになりました。でも、あの「スーパーヒット商品」が、華々しく市場に登場して、どんどんシェアをあげていったあと、ちょっと停滞した時期がありましたね……平成三、四（一九九一、二）年ごろでしたか？

瀬戸 平成二、三、四（一九九〇、一、二）年とシェアは、二四パーセントぐらいで横ばいだった。専門的に言うと、シェアが横ばいということは、売上がフラットということなんですけど、これにはバブルの崩壊が、大きく関わっている。あの時期に、シェアが伸びなかったのには、二つの理由がある。一つは、単純な理由。自力でシェアを伸ばし切れなかった――スーパードライの成功に気を良くしたわが社は、次にまた商品を出したらいけるだろうと思った。「スーパーイースト」をはじめ「Z」などなど、もろもろの商品を

「Z」（右）と「スーパーイースト」

スーパードライのシェアが横ばいのときに、社長を仰せつかって。

SETO'S KEY WORD 221
スーパードライの成功によって、中身の品質競争の時代に入った。

矢継ぎ早に出した。地域限定ビールも出しました。ときには季節限定のビールも出しましたし。そういったことで、スーパードライのヒットを背景にして、「これも当たるだろう、あれも当たるだろう」といい気になった。結局、商品を出すことによって、力が分散してしまった。その結果、肝心のスーパードライに力を集中することができなかったというのが、一つの理由。それからもう一つは、スーパードライの成功によって、中身の品質競争の時代に入った。同業各社も品質競争で中身の良さを訴える商品戦略を始めてきた。

アン 日本人がお得意の猿真似。

瀬戸 アンさんも、なかなか過激な意見を吐きますね……そこまでは、言わないけれども、同業のヒット商品、「キリン一番搾り」が平成二（一九九〇）年に出た。あまり褒めたくないんだが（笑い）、これが、ネーミングといい、一番麦汁でつくったというインパクトといい、消費者に新鮮に映った。これに食われた。簡潔に整理すると、スーパードライの低迷の原因は、まず経済環境が悪くなってきたということで、ビール全体の需要が伸びなかったのが、理由、その一。わが社が、いい気になって、スーパードライ以外の商品をたくさん出しすぎたことによって中心商品の販売に集中できなかったことが、理由、その二。そんな作戦ミスを、わが社がやって、もたもたしているうちに、同業各社がいろんな商品を出し始めた。なかんずく「キリン一番搾り」が……

アン ……強敵になった。

瀬戸 消費者にとって印象が強かった。これによってうちは二四パーセント台で横ばい。二番目と言ったって、当時のキリンは約五〇パーセントのシェア。

アン ……そういった時期に瀬戸さんは、社長に就任された。

社長任命の内示に、即断即決で、「はい、わかりました」と快諾。

アン　樋口さんが、「きみを社長にする」という辞令を出された……そのあたりの任命のエピソードを、ちょっとお話し願えませんか？

瀬戸　樋口さんから、非公式に打診されたのは、平成四（一九九二）年七月の取締役会の前の日だった。社長の樋口さんと会長の村井さんに、会長室に呼ばれた。「きみ、今度、社長になってくれ」と、樋口さんが言ったから、「わかりました」と答えたんだ。ぼくが、六十二歳のとき。

アン　それだけ？

瀬戸　それだけ。

アン　その場で、即断即決（笑い）？

瀬戸　「はい、わかりました」って。そのあと、いろんな月並みなお話がありますわな。「大変だけど頑張ってくれ」とか、「今、ちょっとアサヒもこういう事態でシェアが、低迷しているが、伸ばしてくれ」とかね……そういう話があったと思うんだけども。何日かたったあとで、「きみね、ああいうときには、一晩考えさせてくれと言うもんだ」と樋口さんに叱られた。「ああ、そうですか！　そんなもんですか」って（笑い）。

アン　おもしろいお話！　わたしたち欧

社長任命の内示に、即断即決で、「はい、わかりました」と快諾。

米人には、瀬戸さんの反応は、わかりやすいんですが、日本では、そういうときに、間を置かなければ、ならないんですか？

瀬戸 普通は謙虚に、「そんな大役は、わたしにはできません」と、いったん辞退のかまえを見せるのが、日本的奥ゆかしさ。

アン 日本って、ほんとに理解するのが、むずかしいところ！ 西洋だったら、そんな辞退のかまえを見せたら、「あ、そう。じゃ、きみじゃなくていいや。ほかの人に声をかけるから」という成りゆきになって、チャンスを失うんですよ（笑い）……樋口さんは多分、社長を拝命されたときに、一晩考えてから、あくる日、多分イエスとおっしゃったんでしょうね、きっと……ちょっと話は飛びますが、わたしが、最初に日本に来たときのホームステイ先は関西だったという話は、前にしましたが、わりと関西ではイエスとノーを、はっきりと言う習慣があると思うんですね。

瀬戸 関西人は、そう。言葉は、ちょっとソフトだけどね。「あきまへんで！」と、まあ、こんな感じで、ダメを表現する。とにかく、社長の辞令を、「はい、そうですか。わかりました」は、ちょっと、まずかった。

アン 社長任命の内示を樋口さんと村井さんから受けられたあと、どなたにはじめてお知らせになりましたか？ 「アイム・ネクスト・チェアマン」という電話を、どなたかになさいませんでした？

瀬戸 しなかったなあ。家に帰ってから家内に言ったんじゃないかなあ。どうも感激性がないのかな、ぼくには（笑い）。

アン 奥さんは、瀬戸さんの社長就任を喜んでいらっしゃいませんでした？

瀬戸 家内は、喜ぶどころか、「これであなたの命は縮まった」と言っていました。

正式発表前に社長就任情報が日刊工業新聞に掲載された。

アン　長い長いインタビューの果てに、やっと社長になっていただいた（笑い）。

瀬戸　日刊工業新聞の平成四（一九九二）年七月七日の紙面に、『アサヒビール次期社長、瀬戸氏就任予定』と書かれて、「えらいこっちゃ」となった。小野尚美君という日刊工業の女性記者が抜きました。彼女は、ぼくのうちにしょっちゅう来て夜の十一時まで帰らない。家内が、いつも、「若い娘が夜中までうろうろしてちゃダメ、早く帰りなさい」と言うと、やっと帰る。とにかく、ときどき、「今晩は」と、やって来る。

アン　夜討ち朝がけの仕事熱心な若い女性記者が、突然登場！（笑い）

瀬戸　彼女とは、いまだに家族ぐるみでつきあっている。その人は、香港返還の二年ほど前に、香港が中国に返還される瞬間を自分の目で見届けたいということで、新聞社をやめて香港に行って今もあちらにいる。このあいだも深圳のビール工場の開所式に行ったときに彼女を呼んで、ちょっと会った……その彼女に社長就任を抜かれちゃった。ことわっておきますが、親しいからといって、ぼくが漏らしたわけではありません。

社長就任の公式発表のとき、ぼくは病院で寝ていた。就任の日、病院から会社へ。

蓼科の山小屋

瀬戸　日刊工業新聞の朝刊に社長就任の記事が載った日は、伊藤忠のビアパーティーがあった日で、樋口さんをはじめ社の幹部は、それに参加していた。そこへマスコミがいっぱい押しかけてきたので、樋口さんはその晩、自宅にマスコミを呼んで正式に、「瀬戸を次期社長として内定している」ということを発表した。実はそのとき、ぼくは胆石が原因の胆嚢炎《たんのうえん》で永寿病院に入院していた。次期社長になるはずのご当人が、病気で寝ているんだから締まらない話（笑い）。そのあと、社長就任式のある九月一日までのあいだ、正直言って社長になるのは辞退したほうがいいと思ったときもありました。とくに、就任のスピーチの原稿を書こうと思って八月十七日から蓼科にあるぼくの山小屋に行ったときに、八月二十日ごろ、夜中におなかが痛くなって七転八倒。本当に「もうダメだ」と思った。夜が明けるのを待って、タクシーを呼んで蓼科中央市民病院に入院した。血を取ったら、アミラーゼの反応が出たから、急性膵炎《すいえん》だということが、すぐに判明。主治医の先生が、「三か月間、絶対安静！」と言う。「なんでですか？」と聞いたら、胆嚢《たんのう》に胆石が二つあって、それが動いてへんなところに止まってしまった。その結果、膵臓《すいぞう》から流れる膵液《すいえき》が逆流して、急性膵炎《すいえん》を起こした。「七〇パーセントぐらいの確率で死ぬ」と先生におどされた。いわゆる膵臓壊死《すいぞうえし》。ぼくはその前に、二度ほど、おなかが痛くなって、二、三日、永寿病院に入退院を繰り返していた……蓼科中央病院の院長先生に、「先生、二、三日寝ていたら、前のように治ります」とたてついたら、先生が「とんでもない。そんなことをしたら命取りになりますよ」と、救急治療室に放りこまれて、じーっとしていざるをえなくなった。そしたら、樋口さんから、「おまえ、大丈夫か。どうしたんだ？」という電話が、救急治療室に夜の十一時ごろに、かかってきた。「どうしたんだって？　おなかが痛いから入院してるに決まってるじゃないか」と開き直りたいところだけど（笑い）、社長にそんなことは言えない。「なんとか頑張ります」と従順に答えて（笑い）。この病気には、なれているから、点滴をしばらくやっていると、かならず、おさまることを、ぼくは知っている。二日ほど経ったら、数値が元に戻ってきたので、東京に帰ろうと。

アン　痛みもおさまったんですか？

瀬戸　痛みは止まった。それで、寝台車で東京まで、点滴をしながら帰った。みじめな帰還。即、永寿病院へ、そのまま、また入院。こんなふうにして、なんとか九月一日を迎えようとするんだけれども、体力が弱っているから家に帰れない。なにも食べちゃいけないの、あの病気は。絶対安静にして、静脈から栄養を取って、体力の回復を待つ以外ない病気。静脈注

社長就任の公式発表のとき、ぼくは病院で寝ていた。就任の日、病院から会社へ。

SETO'S KEY WORD 222
ネバー・ギブアップ……ノン・ストップ・ドライ・セト。

射なんかで体力が回復するわけが、ないんです。いよいよ九月一日。はっきり言って、大変だった……その朝、家から病院に背広を持ってきてもらって、病院から会社に行った。

アン　普通の人だったら、もうやめます。

瀬戸　ネバー・ギブアップ……ノン・ストップ・ドライ・セト。やめるものか（笑い）。やめてほしいと思った社員は、いっぱいいただろうけど。

アン　ところで、社長就任スピーチの原稿は、完成しなかったんですか？

瀬戸　書けた、書けた。書くストレスが病気を誘発した。胆石というのはストレスからくるって言いますから。そのスピーチは、その年の十月か、十一月ごろの社内報に全部載っています。

アン　あとで拝見いたします……樋口さんはそのときに、代わりの社長候補者を何人か考えていたかもしれないですね。

瀬戸　そうだろうねえ。でも、社長就任前後のぼくの病気のことは、社内外でオープンになっていなかったので、知らなかった人が多かった。だから、騒動にならなかったのだと思います。

アン　次期社長の入院というのは、極秘事項ですよね。欧米と違って日本では、トップの病気は絶対に公表しないというのが鉄則ですからね。社内外に、病気のことが広まったら、大変なことになる。

瀬戸　もちろん極秘事項。樋口さんが、箝口令《かんこうれい》をしきましたからね。次期社長が救急治療室に入っているなんていうのは、イメージダウンも、はなはだしいよ。生え抜き社長もへったくれもない。

アン　今でこそ語れる、とっておきの話ですね。

死ぬ思いでやった各地の披露パーティー。

アン　九月一日、病院から会社に、やっとの思いでたどり着かれた……

瀬戸　……やせ細っちゃってね。それはそうでしょう、十日間ほど、注射だけで食べてないんだもの。出陣する前に、朝、「今日は一発強いのを打ってください」と主治医さんに頼んで出かけたわけだ（笑い）。それで、本社の人を集めて、社長就任の挨拶をした。それを同時にビデオに撮って、全国にまわす。昼に病院に帰って、また一発注射を打ってもらって、また会社へ。午後は、支店長を集めて話した。

アン　すごい！　そんな状態では、奥さん、心配なさったでしょう。

瀬戸　しました。ぼくは、なんかやるときには、熱中して走りまわるタイプ。だから、この人になにを言ったって、ブレーキが効かないんだから、どうしようもないと思ったでしょうね。とくに蓼科の別荘で倒れたときは、「ダメだと思った」と、あとで言っておりました……社長に就任したあとも、大事な時期にぼくは、また入院する。新社長の最初の仕事は、各地――東京、大阪、九州などで社長交替披露の会に出席すること。先生に、「絶対、ビールを飲んじゃいけませんよ。それか

死ぬ思いでやった各地の披露パーティー。

ら脂っこいものを食べちゃいけませんよ」と言われていたから、ウーロン茶を飲みながらのパーティー出席。ゲソゲソに痩せて……ひっくりかえっちゃいけないと気を張りながら、各地の披露パーティーは、なんとかこなした。できるだけ淡泊なものを食べて、「少し病状が、おさまってきたな」とひと安心していたら、今度は、十一月に神戸のオリエンタルホテルに泊まっているときに、おなかが痛くなって倒れて、神戸中央市民病院に夜中に担ぎこまれた。そこの先生が、「これは胃潰瘍だ」と言うから、「なにを言ってんですか、先生。これは胃潰瘍じゃありません。胆石が動いているんです」（笑い）――こんな先生にかかっていてはダメだということで、朝一番の電車で東京へ帰ってきて、また、行きつけの永寿病院に入院。ここで胆嚢《たんのう》を取ろうと決心。こんな石っころの爆弾を、おなかの中に抱えていたのでは、いつどこで爆発するかわからないし、みんなにも迷惑がかかるからということで、今度は日大病院に入って、手術。病院側の話では、三十日か四十日で退院できるということだったのですが、四十五日も入院していた。

■——かつての苦労を知る社員が年々少なくなりますが、不安はないですか？

瀬戸　（前略）我々のころはたとえミスしても、世間が大目に見てくれたんですよ。「シェアがどんどん下がって、あいつらも可哀想だから」と。今はそういう甘えが許されない。昔の我々とは質が違うけど、彼らは彼らなりに苦労し、鍛えられていると思っています。（平成十二［二〇〇〇］年『Men's Ex』一月号より『リーダーたちの肖像』）■

「樋口さんという最高の経営者のあと、瀬戸さんどうする？」

瀬戸　退院して会社に顔を出して、「ＦＲ《フレッシュ・ローテーション》作戦」で、ともに苦労したころの若い仲間を何人か呼んで、「さあ、ぼくに対して率直な意見を言ってくれ」と聞いたら、営業の一線で戦っている古くからの中堅幹部が真剣な顔をして、「新社長は、どういう売り出し方をなさるのですか？」と聞く。彼曰く、「瀬戸さん本人は、プロパーの社長は、何十年ぶりだ、みんな同じ釜の飯を食った仲間だから、社員のみんなが、社長就任を喜んでくれているだろうと思っていらっしゃるだろうけど、ちょっと待ってください。ぼくをはじめ、いい年の連中が、瀬戸さんの社長就任を喜んでいるのは、当然なんですが、今うちの社で働いている社員の大半は、昭和六十一（一九八六）年にＣＩを導入したあとの、いわゆる新しい会社になってから入社した連中です。その若い連中から見れば、樋口さんというのは、文句なしに最高の経営者だったわけです。瀬戸さんのほうが売れてませんよ」

アン　そういうアドバイスを直にしてくれる部下がいるということは、瀬戸さんはヤマタメさんと違って、「裸の王様」では、なかったということですね。

「樋口さんという最高の経営者のあと、瀬戸さんどうする？」

瀬戸　そうだったらいいんですが……たしかに、現場を離れて長い。一番、現場を把握できる支店長をやってから、もう七、八年ぐらいたつわけですから。彼の率直な意見はつづく。「なにはともあれ、現場をまわるというのは、どうでしょう？支社、支店、工場も含めて、新しい社長を、みんなに見せましょう。見せれば納得してくれる。商品じゃありませんけど」（笑い）。

アン　スーパードライじゃない社内のスーパードライ。新社長という商品を持って行って、「ちょっと味見を。これはおいしいノン・ストップ・スーパードライ・ジェントルマンだから」（笑い）

瀬戸　製造の日づけはちょっと古いけどね（笑い）。

社長になって六か月間に三回の入退院。「面会謝絶」の病室が社長室。樋口さんも心配したと思う。

SETO'S KEY WORD 223
「早く体を直して現場まわりを、まずやろう」と決心したが……。

瀬戸　「よし！　若い連中のアドバイスどおり、早く体を直して現場まわりを、まずやろう」と決心したのですが、如何《いかん》せん体がいうことをきかない……社長になってから、半年ぐらいで、三回入退院を繰り返すていたらく。とくに、営業の一線で働いている連中の正直な感想は、「まいったな」ということだったと思います。秋というのは、ビール会社にとっては、新年度。次の年の企画をやっている最中。病室へ営業の第一線の中堅幹部が押しかけてきて、壁に来年度の企画の原稿をべたべたと貼って、「殿、どうしますか？」（笑い）と迫る。

アン　そうか、病室が新社長室だったのですね。

瀬戸　看護婦さんが、こんな患者さんは、見たことがないって（笑い）。お医者さんも、「早く帰れ！」と連中に言うんだけど、「最後に、もう一つだけ相談があるんです」と言って延々とねばる（笑い）。「面会謝絶」の病人のそばに二時間ぐらいいたり

社長になって六か月間に三回の入退院。「面会謝絶」の病室が社長室。樋口さんも心配し

するんです。

アン　日本人ってご苦労様（笑い）。

瀬戸　ほんとに、ご苦労様。

アン　押しかけてきた瀬戸さんの部下たちのしつこさに奥さんは激怒されませんでした？

瀬戸　ただ、あきれ返っただけ（笑い）。

アン　そんな調子で、病気は回復されたんですか？

瀬戸　患部の胆嚢《たんのう》を取ったから大丈夫。お医者さんから、「これからは当分、脂っこいものを食べちゃいけません、ビールも半年間ぐらいは飲まないでください」ときつく言われて退院。その祝いに、家族とともに、ビールを飲んで中華料理を食べた（笑い）。翌日、そのことを先生に報告したら、あきれ返って、「どうぞご勝手になさってください」って（笑い）。これで、終わり。

アン　それにしても、時期が悪いときの発病、手術だったですね。

瀬戸　タイミングが悪いですよ、いくらなんでも。アサヒの歴史の中で、こんなふうに社長に就任したのは、はじめてじゃないですか。そりゃ、樋口さんも心配したと思いますよ。自分が選んだ社長ですよ。ぼくもこの立場になってわかりますけども、自分が後任に選んだ社長が、そのとたんに、病気でひっくり返ったなんていったら、それを選んだ人の責任になるじゃないですか。世間から、「銀行から連れてきた部下じゃなくて、生え抜きの社長を後任に任命した樋口さんは偉い。太っ腹の人だ」と褒められても、その結果、「そのおかげで、アサヒもこれでまたダメになる」と言われたら、これはもう樋口さんの問題じゃなくて、会社全体のイメージダウンになりますよ。それと同時に、社員にしてみたら、「なんで瀬戸は、社長になれと言われたときに、病気が悪

SETO'S KEY WORD 224

ぼくは、回復することに賭けるしかなかった。「地獄から天国まで見た男」を自認するぼくとしては、本当に社長就任直後のしばらくは、地獄的局面だった。

化したから辞退する、と断わらなかったのか」ということになるもしれない……言いわけをするわけじゃないけど、内示を受けたときには、元気だったんだから、そのあとのできごとは、悪夢というしかない。

アン　これって映画になると思います(笑い)、本当に。日本式のユーモアタッチでやれば、「サラーリマンもの」の極致の映画ができる。

瀬戸　これは、喜劇。

アン　病気の社長のそばで走りまわっている人たちをうまく描けば、絶対におもしろい映画になる！

瀬戸　ぼくからすると、ほんとに元気になれる病気なのか、入院中は、真剣に悩んだ。本当は、膵臓癌《すいぞうがん》じゃないのかと。正直言ってわからないわけじゃないですか。「手術したから大丈夫」とお医者さんは言うけれど、みんなでぼくに隠している可能性もある。ぼくは、回復することに賭けるしかなかった。「地獄から天国まで見た男」を自認するぼくとしては、本当にあのときは、地獄的局面だった。

重病をおして、「シェア・アップ作戦」の指示を出す。

アン　『「転」の章』のあと、『「結」の章』では、ひたすら出世街道を驀進《ばくしん》する「ノン・ストップ・ドライ・ジェントルマン」が語る明るい話題をテーマにしようという方針だったのですが、暗い話が、相変わらずつづきますね（笑い）……それにしても、事情を知っている幹部社員は、結構、不安だったでしょうね。

瀬戸　社長になってから、どこへも、あんまり顔を出さないんだから、「新社長の瀬戸さん、どうなってんだろう?」ってなもんですよ。

アン　「偉くなったから、社長室にあの人はこもった。昔は気さくな人だったけれども、偉くなっちゃうと、あの人も並の社長だな」なんて言われていたんですよ、きっと（笑い）。

瀬戸　生意気だとかね。

アン　挨拶にも来ない。

瀬戸　そう思ったと思いますよ。それにしても、わが社の中枢部の当時のスタッフは、みんなよくやってくれたと思います。社長不在の中で頑張ってくれた。当然、会長の樋口さんからのプレッシャーも直接かかりますからね。社長がいないんだから、それは当然でしょう。そんな

SETO'S KEY WORD 225
「スーパードライに精力を集中する」決心をする。

SETO'S KEY WORD 226
三年間ほど、売上が伸びない時期に、マスコミが、騒ぎ立てるのには、まいった。マスコミというのは、変化を一番好むもの。

中でよく頑張ったと思います。

アン　就任から何か月ぐらいそのイレギュラーな状態がつづいたんですか？

瀬戸　九月から十二月――年末まで、ぼくの病気のせいで、わが社は、もたもたしておりました。とにかく、波乱の新スタートでした。

アン　新社長になられて、新年度の抜本的な方針を打ち出す時期のご病気は、口で言われる以上にストレスフルだったでしょうね。そのあと、春から夏に向けての他社との「実戦」のときには、すっかり元気を取り戻されたんでしょうか？

瀬戸　もう一月からは、正規復調しました。完全に元気になった。二月に、懸案の「ＦＲ《フレッシュ・ローテーション》作戦」――フレッシュ・マネジメントの陣頭指揮を取り始める。病床で、「どうしたら、もういっぺん、アサヒは元気を取り戻せるか？」ということを考え抜いたすえに、「スーパードライにあらゆる経営資源を集中していこう」というフォーカス戦略を立てて実行に移しました――九月の就任早々から、「スーパードライに精力を集中する」ということは、みんなに言っておりましたけれども。

アン　そのへんに迷いとかは？

瀬戸　なかった。ただ、なにかスーパードライに付加価値をつけないと、勢いを盛り返せない。三年間ほど、ずっとフラット状態がつづいたわけだから。当時、マスコミが騒ぎ立てるのには、まいった。マスコミというのは、変化を一番好むものです。今まで伸びていたスーパードライの伸びが止まったというのは大ニュースになるわけです。アサヒは、スーパードライの次の商品として市場に、なにを出すのかと、ポスト・スーパードライについて、いろんなマスコミが騒ぎ立てた。そう熱く問われたときに、なにも出さな

SETO'S KEY WORD 227
ビジネスは、意表を突くことが、非常に大事。

SETO'S KEY WORD 228
上に立つ人間は求心力を持て！

いで、周辺商品を整理していってスーパードライに集中するという戦略を打ち出したわけですから、マスコミ受けしない。ビジネスというのは、意表を突くことが、非常に大事なんです。相手が、次はこう出てくるだろうと思っていることを、そのままやるんだったら、ニュース性——いわゆる新鮮さがない。なにか、世間が思っていることと違ったことをやるときにはじめて、これがニュースになって追い風になる。また、お客様に新鮮さを感じさせる。これが、「ひとつ飲んでみてやろうか」とか、「買ってやろうか」とか、「応援してやろうか」という次のエネルギーになるわけです。しかし、スーパードライの付加価値の「鮮度」というのは、正直言ってむずかしいのです。そこで、なにをよりどころにするか？　これは、やっぱり数値で示す以外ないんです。「新しくしました」って言うだけだったら、だれにでも言える。「現在の状態は、工場で生産してから出荷するまでのあいだが何日です。工場を出てから販売店に届くまでが何日です。しかし、わが社は、こういう企業努力をして消費者の皆様に渡るまでの日数を短縮します」——短縮するためのシステムをディスクローズして、消費者の皆様に訴えることに主眼を置いた。それと同時に、「社内はこのことに賭けろ！」と緊張感を煽《あお》った。この鮮度に賭けるというのは、ビール会社にとって基本なんです。当たり前のことなんです。このことの詳細は、あとで話しましょう……ぼくは、新しいことにチャレンジするときに、とにかく、なにかを「かたち」で示すという手法を取る。とにかく、社長に求心力がわいてこなきゃダメでしょ。支店長のときには、支店長に、部長のときには部長に、それぞれ置かれたポジションに応じた求心力があることで、はじめ

SETO'S KEY WORD 229

命令して、みんなを恐れおののかせて、部下を従わせるのはリーダーシップではない。部下を納得させてついてこさせることが大切。

て、リーダーシップというのは発揮できるわけだから。ただ、「やれ！　やれ！」と命令して、みんなが恐れおののいて、それに従ったって、それはリーダーシップではない。部下が納得してついてこなければいけない。これがリーダーシップ。大阪支店課長時代の「キャバレー『クラウン紫光』奪取作戦」じゃないけれど、部下を納得させるためには、なんらかの実績を示さなければいけない。

アン　こうやって、じっくりお話をうかがっていますと、社長になられて、やっとというか、とうとうというか、「執念実ったり」という感じですね。全然、そういう価値観が、ビール業界になかった時代から、「ビールの鮮度」を説かれつづけて、課長、営業部長のときに、それをアサヒの基本に据えようとしながら挫折の連続の挙げ句の果てに、社長になられてから、とうとう「執念実ったり」。

瀬戸　そう、そのとおり。でも、ぼく一人の力ではない。樋口さんが社長時代に、「ビールはコクとキレ」であるという方針を打ち出したときに、市場に出まわっていたアサヒの古いビールを全部、回収して捨てるということをやった。同時に、樋口さんは、「三か月以上たった古いビールは全部回収します」という作戦も実行した。こういう、先達の実績のうえに、ぼくの執念は実ったわけです。このことを忘れてはいけない。

アン　はい、それはよくわかります。

瀬戸　ぼくは、村井さんと樋口さんがトップとして口火を切ったことを、もう少し具体的かつ積極的に推進しただけです。数値をきちっと示すことによってシェアをあげただけです。そして、社内の意識づけと、外に対してのアピールを「演出」しただけ。

アン　本当に瀬戸さんって謙虚な方！

瀬戸流企業経営論　その一。
「足元を見る」――
厳しい現状分析は会社経営の原点。

アン　日本人は頑張りますねえ。

瀬戸　頑張りますねえ。

アン　ほんとに。もう感心です。

瀬戸　こんなに頑張っているのに、なんで、たいして経済的に強くならないの？

アン　（笑いながら）でもわたしの故郷カナダのGNPやGDPと比較したら、日本は、その何倍もあります。

瀬戸　今やGNPとかGDPでその国の「幸せ度」を計ること自体が間違っている。

アン　賛成です。

瀬戸　もっと、そこに住んでいる人が、幸せかどうかという尺度で計るべきです。なにも背伸びする必要はない。自分でそれぞれの生活をエンジョイしてるかどうかということが、ポイントじゃないの？

アン　おっしゃるとおりです。

瀬戸　あんまり経済、経済と言うこと自体が、問題なのかもわかりませんね……ご託を並べていないで、さあ、始めよう。本題に入ろう……ぼくが社長になったときは、経済環境は良くない時期でした。

SETO'S KEY WORD 230

バブル期の日本人は、官界も政界も経済界もマスコミもみんな浮かれて、実力以上に派手なことをやって嬉々としていた。

SETO'S KEY WORD 231

自分の足元を見ることは大切。

SETO'S KEY WORD 232

現状の中に、いい点と悪い点がある。いい点は、どんどん伸ばしていけばいいし、悪い点は、変えていかなければいけない。

いわゆるバブルが弾けたあとです。日本経済そのものが、非常に暗くなる兆しが見えてきた時期です。あのころまでの日本人は、官界も政界も経済界もマスコミもみんな浮かれちゃって、実力以上に派手なことをやって嬉々としていました。そして、ずっと右肩あがりが、つづくだろうという錯覚に陥っていました。そのツケがそろそろまわってきて、「なんかおかしいぞ」というふうに思い出したのが、ちょうどぼくが社長になる前後の平成四（一九九二）年ごろではないでしょうか。アサヒも、ご多分に漏れず、このあいだからお話しているように、「ちょっと伸びが良くないぞ」というときですから、非常に緊張して社長になったということなんです。企業がリズムを取り戻すためには、なにかで転機をつかまなければ、いけない。ぼくが社長就任のときに思ったことは、まず自分の足元を見るということです。これはぼくの人生哲学でもある。なにかことを起こすとき、なにか仕事を新しく始めるときには、自分の足元——まわりの状態は、どうなっているのかという現状分析が大切だと思っている。ぼくは、いつも、まずこれを始めます。現状がはっきりわかっていないのに、なかなか先のことは、考えられないじゃないですか。まず現状をきちっと踏まえること。現状の中に、いい点と悪い点がある。そして、いい点は、どんどん伸ばしていけばいいし、悪い点は、これを変えていかなければいけない。そういったことを、きちっと自分の頭の中で把握するために現状分析をやる。こういうことなんです。

瀬戸流企業経営論　その二。「基本に忠実」「積極的な考え」「心のこもった行動」。

アン　瀬戸さんが社長に就任されたときのアサヒに対する現状分析は、どうだったのでしょうか？

瀬戸　アサヒというのは、前に話しましたように、スーパードライが出てから、とにかく、業績が奇跡的に伸びた。かつては、「あの会社、来年はつぶれるんじゃないか」と毎年言われていた会社が、ぐんぐんシェアをあげてきたことによって、世間からは、「アサヒというのは、すごく勢いがある会社だ」と言われるようになった。さらに言えば、社員の意気ごみとか、会社の勢いから見て、なんか期待をされている。「立派な会社、いい会社」というイメージができあがってきた。こうした外からのアサヒ評価に対して、ぼくたちの会社の中身は、本当に世間のご評価とイコールなのか？　会社の中も、かつてのつぶれかけたアサヒとくらべて、がらっと変わって、会社全体や社員全員が、ほんとに立派になったのか？　厳しく分析した結果、「世間の評価は高いけども、会

SETO'S KEY WORD 233
会社に対する世間の評価が高いときには、本当に中身がともなっているのかどうかと厳しく自問自答することが必要。

社の中でやっていることというのは、そう変わっていないんじゃないか」という結論に、ぼくは達したんです。たとえば、ものの考え方です……企業が勢いをつけるためには、戦略というものを、もっと考えていかなくてはなりませんね。そういった戦略面において、アサヒの未来のこと——三年後、五年後、十年後のことを考えたときに、それに対処する戦略を本当に持っているのだろうか？　次は社員のレベルの問題。社員のレベルは、どん底のときのアサヒの社員のレベルとくらべて平成四（一九九二）年にぼくが社長に就任したときのレベルが、どれだけアップしているのだろうか？　と考えていくと、そんなにレベル・アップをしていない。

アン　逆に、会社の調子が良くなったことで、ほっと気がゆるんだうえに、世間からちやほやされることで、へんな一流意識が社内に蔓延《まんえん》して、レベル・ダウンした可能性もあるということでしょうか？

瀬戸　うん、逆行したかもしれないし、フラットだったかもわからない。さっきも言ったように、冷静に分析してみれば、とにかく、世間の過大評価に見あう事実が、あまりない。ここで、真摯《しんし》に、「そんな現状で、なぜ伸びたのか？」と問い直してみた結果、「たしかに、スーパードライに人気があって、商品のパワーがあって、お客様から、これはうまいという支持を受けたのは、まぎれもない事実。そのスーパードライの人気だけで、業績があがってきたのではないだろうか」という結論にぼくは達したのです。

アン　日本はイメージ形の社会です。極言すれば、ある種の人たちにとって、イメージがすべてみたいなところがあります。これは、ちょっと誤解を受けやすいパラドックス的な言い方になりますが、中身はなくても、次から次へと斬新なイ

SETO'S KEY WORD 234

競争相手が、より良い商品をつくってきたときには、商品だけの力で保っていた会社の勢いというのは、音を立てて崩れる。

SETO'S KEY WORD 235

経営というのは、自社の悪い面を厳しい目で見ることが、非常に大事。

SETO'S KEY WORD 236

商品の力と人間の力の二つが重なって、会社の勢いというのは、ついてくる。

SETO'S KEY WORD 237

「基本に忠実になろう」「つねに積極的な考えを持とう」「つねに心のこもった行動をしよう」。この三つが、ぼくが社長に就任したときに社員に示した社長の基本理念。

メージを打ち出して、イメージだけで、もたせるという手は、ありでしょうか？

瀬戸　アンさんが言うイメージというのは商品イメージのことね。うちはたしかに、商品の評価によって業績があがってきた。しかし、その商品の評価が、これからあと、十年も二十年も三十年もずーっとつづく保証は、どこにもありません。コンペティーターが、もし、わが社の商品よりも、いいものをつくってきたときには、商品だけの力で保っていた会社の勢いというのは、ガラガラと音を立てて崩れます。だから会社全体の勢いを、いつも良くしておくことは、大切です。この会社の勢いとは、なにか？　わが社は、ものをつくっているメーカーですけども、商品の力と、いわゆる営業の力、もっと言えばマンパワー——人間の力の二つが重なって、会社の勢いというのは、ついてくるわけです。さらに、最近になってくると、それに情報力とかいろんなものが加わってくるのですが、そういったことは、この二、三年のことです。それはとにかく、社員のものの考え方、いわゆるマーケティングの方向でも、うちは、あまりレベルが、あがっていないのではないかというふうにぼくは見た。たしかに、厳しい見方だと思う。甘く見れば、いいところも、いくらでもあるけども、経営というのは、そういう甘いところばっかり見て、「良かった、良かった」と言っていたらダメ。悪い面を厳しい目で見るということが、非常に大事。そこで、社員のものの考え方については、三つのスタンスということを言ったわけです。一番目は、「基本に忠実になろう」。二番目は、「つねに積極的な考えを持とう」。三番目は、「つねに心のこもった行動をしよう」。この三つが、ぼくが社長に就任したときに社員に示した社長の基本理念。

瀬戸流企業経営論　その三。財務体質改善を目指す!

■——1998年12月期は、売上約一兆〇二八〇億円、経常利益五〇三億円と過去最高を記録しました。十五年ほど前、キリンビールがビールという単品経営で初めて一兆円企業に成長したとき、マスコミは高く評価したことがあります。売上高一兆円は大きな目標の一つであり、節目でもある。問題は一兆円に達した後です。息切れするかダウンしてしまうのか、あるいは一段と成長するのか。アサヒビールはどの方向へ行くのでしょうか。

瀬戸　ぼくの社長就任時の二番目の問題——会社の財務体質が非常に大きな問題を抱えていたということ。当時、アサヒは、売上高が六千五百億円の会社でした。そして、借入金が七千四百億円あったのです。売上金よりも借入金のほうが、多かった。それに加えて、バブルのときに、いろいろ財テク——英語でどういうのかな……ファイナンシャルをやって、いろいろ失敗した。株を買って株価がさがったことによる含み損失というのを抱えていた。実は、これが大きな金額になっていた。こうしたマイナーな面は、表に出てこなくて、売上のほうにだけ、みんなの目が行ってしまう。しかし、財務体質というものを見てみると、借金をいっぱい抱えている。シェアがあがって、三、四年で急速に会社が伸びたといったって、前にも言ったようにキリンの当時のシェアは、五〇パーセントあった。アサヒのシェアは、二四パーセントでキリンの半分。急速に伸びたことに注目して、世間はすごく評価してくれているけども、売上量において、実力からするとキリンの半分しかないということを冷静に直視しなければいけない。さらに会社の内部の財務

瀬戸　上に行くに決まっているじゃないですか（笑）（平成十一［一九九九］年『週刊東洋経済』七月三日号より『編集長インタビュー』）■

SETO'S KEY WORD 238
会社の体質を本当にピカピカ光るようなものにしていかなければいけない。

SETO'S KEY WORD 239
会社の財務体質を良くしないと、本当の意味で世間から認めてもらえる会社にならない。

体質としては、売上金額よりも大きい借金を抱えているということも、しっかり頭に入れておかなければならない。ちょうどぼくが社長になったころ、金利がどんどんどんどんさがってきた。こんなふうに金利が安いときは、まだいいけども、もし金利が高くなってきたら、たちまちわれわれは、金利負担で自分の首を締めることになってしまう。早くこの財務体質を良くしないといけないということを、社長就任のときに、考えていました。

アン　平成四（一九九二）年に、そのことに気づいていらっしゃったということは、日本の経営者として早いほうでは、ないんですか？

瀬戸　どの企業も気がついていたと思うんだけども……当時の日本の経営者にしても、ほかの日本人にしても、いずれまた良くなるだろう、土地の値段もあがるだろう、景気も良くなるだろう、と思っていたのが現状。

アン　甘かった（笑い）。

瀬戸　甘かった、甘かった。わが社の一部には、甘い考えもあったかもしれないけど、会社の体質を本当にピカピカ光るようなものにしていかなければいけないとぼくは、本気であのときに考えていた。そうしたエクセレント・カンパニーにするためには、売上のさらなる上昇を志し、そのためには、もっと社員のものの考え方、行動を変えると同時に、財務体質を良くしていかないと、本当の意味で世間から認めていただく会社になれない、と考えた。

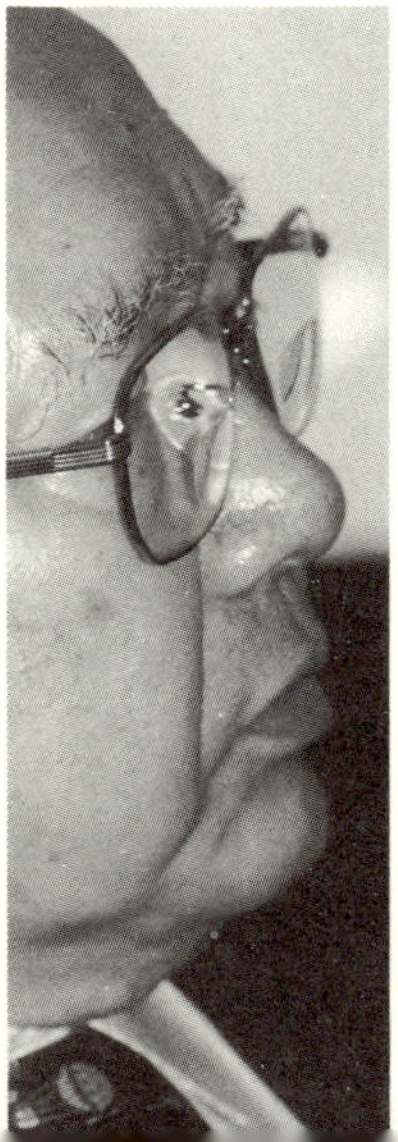

瀬戸流企業経営論　その四。「瀬戸さんは、ムチ、アメ、ムチですね」「今はムチ、ムチ、ムチ」

瀬戸　そこで、社長に就任したときに、二つのポイントをあげました。一つは、「売上を拡大していく」――企業として、当たり前のこと。その一方で、「効率化の推進」ということを言った。これは、非常に抽象的な言葉だけども、「財務体質を良くして、もっと利益のあがる体質の会社にしていこうではないか」ということを言ったわけです。もう一つは、毎年、「コスト二百億円節減計画」を立てた……一番大きな出費は、物流。ビールを運ぶ費用。物流改善によって、コストの削減を計ろうという計画。

アン　神戸出張所の新人時代に、会社の下に物流会社があって、瀬戸さんが、その会社の人たちから、物流のことを学ばれたことが、その発想のヒントには?

瀬戸　(笑いながら)それも、たしかに、ちらっとあります。とにかく諸外国とくらべて日本の物流費というのは、すごく高い。ワインでもヨーロッパから日本へ持ってくる船の運賃と、日本に上陸して

SETO'S KEY WORD 240

「売上を拡大していく」のは、企業として当然。その一方で、「効率化の推進」を進める。

SETO'S KEY WORD 241

経費節減の努力は、企業として当然のこと。

物流のスピード・アップには　こんな大型トラックが大活躍する

から国内を運ぶ運賃とがイコールであるぐらい日本の運賃は高い。この高い運送費を削減するということは、非常に大きなメリットがある。「出費がかさむ物流費をはじめとして、あらゆるコストの削減というものを、もういっぺん全社の各部門で探せ！　コストをさげられるタネが、どこにあるかということを、みんな掘り出してみよう」と号令をかけました。

アン　社内の反抗は、ありましたか？

瀬戸　業績が下降気味のときに、効率化であるとか、引き締めということをやると、反抗が出てくるけれども、会社が伸びているときには、ちょっとぐらい締めても大丈夫。

アン　人間の心理っておもしろい。

瀬戸　そう、心理作戦は大切。「伸びている今だから、もっと引き締めてやっていこう」と檄《げき》を飛ばせば、みんな張り切る。たとえば、社員を指導するときにも、企業

SETO'S KEY WORD 242

企業が伸びているときは、社員にムチを当てても大丈夫。ところが業績がさがるときに、ムチを当てると、人間というのは、弱いものだから、ガタガタと崩れてしまう。

が伸びているときは、ムチを当てても大丈夫なの（笑い）。ところが業績がさがるときにムチを当てると、人間というのは、弱いものだからガタガタと崩れてしまう。

アン　日本人だけでなくカナダ人も、調子が悪いときには、「アメちょうだい！」と思います。慰めてほしいんです。

瀬戸　業績の悪いときにムチを当てると、「業績を悪くしたのは社長の責任じゃないの。それをわれわれに働け、働けというのはおかしいじゃないか」という反応を示してくる。その反応が、反抗に繋がっていく。伸びているときは、ちょっとぐらいムチを当てられても、「よし、社長や経営陣が、そう言うんだったら、いっぺんトライしてみようか」というふうに、非常にものの考え方がアクティブに働く。伸びているときには、社員にムチを当てて、伸びないときは大事にしてあげようと、ぼくは思っています。

アン　なるほど。瀬戸さんて、心理学者ですね（笑い）。ムチ、アメ、ムチですね。

瀬戸　今はムチ、ムチ、ムチ（笑い）。社長就任のときにあげた二つの標題には、もちろん、もっとディテールがあるのですが、ここでは割愛して……とにかく二つの旗印を掲げて、社長に就任した。

アン　環境に対する方針──「環境保全型企業宣言」を、高らかに謳いあげられたのは、まだ、あとですか？

瀬戸　環境問題との取り組みは、だいぶあと。環境と企業の関係について、カッコいいことを、このへんで言いたいところですが、まだそこまでは、一気にいきません。アサヒの環境対策の現状については、ゴミ・ゼロ問題から、ノン・フロンまで、近刊予定の『ASAHI ECO BOOKS SPECIAL ISSUE 環境保全型企業宣言！』の中で、くわしく触れていますので、そちらを参考にしてください。

瀬戸流企業経営論　その五。
「ノーと言える社員の養成」

SETO'S KEY WORD 243
「自ら考え行動する体質の会社になってもらいたい」と社長のぼくは提案した。

アン　「外から見たらいい会社だけど、中から見ても、いい会社にしよう」というのが、社長時代の瀬戸さんの大方針の一つだということだったのですが、このことを、もうちょっと具体的にお話し願えませんでしょうか？

瀬戸　厳しい目で自己分析をすると、けっして外の評価ほど、わが社がいい会社ではないと気がついた話は、前にしましたが、そこで、「中身も、もっと充実させよう」と思った……とまあ、社長として、いろんなアドバルーンをあげて、掲げるビジョンは高邁《こうまい》なんだけど、現実のビール・ビジネスの世界では、毎月毎月のシェアが、ある時点まで来て、ずーっとフラット状態がつづいて、そこから、なかなかあがらない。社長になったわけだから、社長としての方針を理想に燃えて、病床の中で熟慮して、考えに考え抜いて、「社員に対する社長の三つの基本理念」を提示し、「自ら考え行動する体質の会社になってもらいたい」ということを提案しました。樋口さんの社長時代には――あの人は、何度もくどいほど言うように、すごくカリスマ性のある人であるうえに、外から来た人だから、アサヒの社員が、樋口さ

SETO'S KEY WORD 244
羊の集団では困る。一人のリーダーが、もし間違った方向に行くと、全部が間違ったほうに行ってしまう。

んに、「これしろ！　あれしろ！」と言われると、「はい！」と即座に実行するのが、当たり前というスタイルが確立していた。

アン　羊みたいに従う。

瀬戸　羊になっちゃうの。でも、いつまでも羊の集団では困る。一人のリーダーが、もし間違った方向に行くと、全部が間違ったほうに行ってしまう。「世の中は、これから、どんどんどん変わってくるんだから、一人一人の社員が、自分の部署で、どうしたら会社が良くなるか、どうしたら自分たちがハッピーになるか、ということを考えたうえで行動しなさい。アサヒは、自ら考え、自ら行動する人間が主導権をにぎる積極的な集団になってもらいたい」ということをぼくは強調しただけなんです。

アン　すばらしい！　すごい！　ファッキング・ファンタスティック！……下品な英語を使ってすみません。瀬戸さんに、このインタビューで、これまで十数時間か、おつきあいしていただきましたが、今の「人間賛歌」のお言葉に、感動しました。この本を読んでくださる読者の方は、わたしが、これまで、なにかというと、瀬戸さんのおっしゃることに、「すばらしい！」「おっしゃるとおりです！」などなど、イエス・ウーマン的に相槌《あいづち》を打っているうえに、権力者の瀬戸さんに媚《こ》びた発言をしているように思っていらっしゃるかもしれませんが、本当にすばらしいお人柄――英語ではジェントルマンと言いますが（笑い）――の方が、正論を吐かれることに、心から賛同かつ感動して「イエス・ユアー・ライト！（あなたは、正しい）」と、エールを送っているだけなんです。イエス・ノーのはっきりしている、わたしたち欧米人は、権力に媚《こ》びたり、ろくでもない人を褒めるほど、甘くはありません。はっきり言って、「個」の確立して

SETO'S KEY WORD 245
ぼくも、ずいぶん長いあいだサラリーマンをやってきたが、部下が、口で、「イエス、イエス」なんて言っていても、心の中では「ノー」と言ってることぐらいわかる。

SETO'S KEY WORD 246
イエス・マンはいらない。たくましい会社になってほしい。

いない日本で、瀬戸さんのような経営者が、自分の会社で「個の確立教育」をなさろうとしていらっしゃることに、感動しました……すみません。インタビューアーが、ついつい、興奮して、たくさんしゃべりすぎました。

瀬戸　上から言われたことを、そのまま「はい、はい」というふうに、無条件に従う、いわゆる従順な会社員になっては、いけません。

アン　イエス・マンは、もういらない。ノーと言えるアサヒの社員を育てようと瀬戸さんは思っていらっしゃる……簡単に言えば。

瀬戸　そう、そう、そう。イエス・マンはいりません。とにかく、たくましい会社になってほしい。

アン　でも、イエス・マンのほうがトップは、やりやすいんじゃないですか、ある意味で。

瀬戸　ぼくも、ずいぶん長いあいだサラリーマンやってきたけども、だいたい、口で、「イエス、イエス」なんて言っていても、心の中では「ノー」と言ってることぐらいわかるよねえ。そんな気持ち悪い人と接するよりも、ストレートに、「ノー」と言ってもらうほうが、気持ちがいいじゃない。ぼくはそういう性格なの……わが社の経営会議でも、もっとディベートしよう、もっと論争しようと言っている。

アン　でも、日本人は議論がへたじゃないですか。

瀬戸　へた、へた。なにしろ、ことなかれ主義だから、上の奴に、なにか言われたら、「そうですね」と相槌《あいづち》を打つ。心の中では、「いや違う」と思っていてもね。会議がすんだあとに、赤提灯で一杯やりながら、「いや、おれ、反対なんだけどなあ」と……。

瀬戸流企業経営論　その六。
企業経営は、リズム感と緊張感。

SETO'S KEY WORD 247
リズム感と緊張感を交互に社員に認識させることが経営者の務め。

瀬戸　最後にもう一つ。企業経営というのは、リズムをつかむことが肝心。企業経営にとって、リズム感というのは、非常に大事。リズム感をつかんだら、次に緊張感を持たなければいけない。

アン　緊張感の持続ですか？

瀬戸　そう。リズム感と緊張感を交互に社員に認識させることが経営者の務めじゃないでしょうか。これは、飛行機と同じ。飛行場を離陸するときに、飛行機はすごくエネルギーを使う。エンジンをふかして、上昇していきますでしょ。あれには、すごいエネルギーがいる。九千メートルぐらいまであがると、今度は巡航速度になってくる。そのときに飛行機は、もうリズムをつかんでいる。だけど、一瞬でもエンジンが止まると失速します。これは緊張感を持って操縦していなければ、いけないということ。会社も同じことだと、ぼくは思います。企業経営は、リズム感と緊張感。この二つをタイミング良く「演出」していくのが、経営者の務めじゃないでしょうか。

アン　たぶん一生、わたしは企業の「長」になることは、ないでしょうが、そのときのために、よく覚えておきます（笑い）。

スーパードライの成功は、高度情報化社会のおかげ。

SETO'S KEY WORD 248
中身の品質というものを、見極めて、ものを買うという時代。

SETO'S KEY WORD 249
消費者は、だんだん、かしこくなっていて、宣伝ぐらいでは、なかなか騙《だま》されない。

瀬戸　さて、現実の世界に話を戻すと、病の床にいるという「地獄状態」で、社長を引き受けた。いろいろ社の内外に向けて、理念のアドバルーンもあげた。でも、なかなかシェアが、あがらない。シェアが、あがるきっかけを、つくらなければならないということで、スーパードライを立て直すために、なにか付加価値をつけようということになった。それは、なにか。ずばり、鮮度だと。消費者の購買形態というのが、ずいぶん変わってきている。消費者は、だんだん賢くなってきまして、宣伝ぐらいでは、なかなか騙《だま》されない。要するに情報をたくさん仕入れて、中身の品質というものを見極めて、ものを買うという時代。そこで、鮮度をきちっと消費者に伝えることが大切だと思った。「アサヒスーパードライは、新鮮なビールです。だから、ほかのビールと違うんです」ということを訴えれば、お客様は、われわれの姿勢を理解してくれるのではないだろうかと。

アン　わたしって、すぐマイナー・ポイントを探して、聞かなくてもいいことを聞くタイプのイヤな性格の女だと思うのですが……その時期の同業他社の動向は、どうだったんですか？

瀬戸　（ちょっとむっとして）向こうも、

もちろん、追ってきました。だけど、先にやったほうが勝ちです。アサヒのスーパードライは新しい、というイメージが、お客様に定着しました。そのために営業部門と製造部門と物流部門と、システム企画というコンピューターをやっている部門の四つを総合して、ビールをフレッシュな状態でお客様に届けるシステムをつくりました。

アン　ビールというのは非常にやっかいな商品ですね。まずよく売れる必要がある。そのことで流通が早くなり、味が落ちない。そこで、お客さんもおいしいと思う。ところが、落ち目になる。ビールが売れない。まずくなる。在庫が残る……平成二（一九九二）年の夏は、キリンの一人負けだったというのも、アサヒにとっては、「昨日のわが身」で、「ざまあ見ろ！」というよりも体で理解できる、人ごとではない話ですね。落ち出すと、倍々で落ち出す、あがり出すのも倍々。

瀬戸　そう、アサヒの転落のプロセスの中で、われわれが実体験したことを、今度はキリンが味わっている。これまでキリンは、なんにもしないのに売れていたから、新しくておいしい状態でお客様が飲んで、「キリンはうまい、うまい」と言われていた。それをわれわれは、今度は逆手に取ろうと。スーパードライが、もっとも新しいビールだということを、消費者に徹底的に知ってもらう作戦の展開。キリンは、全盛期にこのことを、消費者に向けて告知宣伝しなかった。広報でもって、発信をしなかった。売れているからうまいんだということが、自然に伝わっていっただけです。当時は、それほど情報化社会でなかったということもあります。幸いなことに、われわれがスーパードライを出す前後から、いわゆる高度情報化社会になってまいりました。テレビ

■　――アサヒビールは製造業ですが、情報化社会への大転換期ということでとくに心がけていることはありますか。

瀬戸　やはり、スピードでしょう。〝ファースト・イート・スロウ〟速きが遅きを食う時代ですから、迅速に処理する事を心がけています。それぞれのセクションの顔を立てる、などと考えていては、会社全体の判断を狂わすことになりますから、若干立場をおかしてでも速くスピーディーに処理すること、これですね。（平成十〔一九九八〕年『週刊現代』九月二十六日号より　インタビュアー　松村保孝）■

の普及、新聞の普及、インターネットとまではいっていなかったけれども、そろそろパソコンも普及し始めていました。

アン　時代の波を的確にとらえて、フルに生かされた。

瀬戸　そう。結論から言うと、ぼくはスーパードライが、これだけ伸びたのは高度情報化社会のおかげだと言っているんです。「スーパードライは新しいんだ」とか、「アサヒは、環境問題の取り組みも含めて、こういう企業努力をしているんだ」といった類《たぐい》の「いい情報」が高度情報化社会の波に乗って、消費者、ユーザーの元へ、どんどんどん届けられるようになった。一方のキリンは、伸びが悪い。あがいて、いろんな商品を出す。でも売れない。このことも情報化社会だから、マスコミのルートでどんどん消費者に届いていくわけです。アサヒのほうは、毎月売上があがっているという情報が、お客様に届いている。口に入るものだから、売れている商品のほうがうまいし、安心だとお客様は思って買います。飲みます。アサヒは、そういった情報化社会の波に乗れたんです。もし高度情報化社会でなければ、アサヒは、こんなに劇的な勝利をすることはなかった、とぼくは分析しています。だから、「もしわれわれが気をゆるめて、一瞬でもこの努力を怠るようなことがあれば、たちまち情報化社会の波からも、落ちこぼれてしまって、アサヒは、また元のどん底へ落ちる可能性がありますよ。今の時代は、毎日を緊張して過ごさなければならない」ということを、つねに社員に言っている。

アン　こうやって、こまかいことまで、いろいろとお話をうかがっていますと、瀬戸さんの人間としての優しさと、企業家としての厳しさが、ひしひしと伝わってきます。

「フレッシュ・マネジメント作戦」の展開

アン　「アサヒは新鮮だ」ということを、ユーザーに伝えるために、どんな手を打たれたんですか？

瀬戸　平成五（一九九三）年二月に、「フレッシュ・マネジメント」というのができて、そこで「製造後十日以内の工場出荷」という数値目標をきちっと決めて、それに向かってみんなで進もう、ということになった。この委員会には、営業も生産も物流も、すべての部門が参加しました。その理由は、かつてアサヒが、くだり坂のときに、各セクションが、「自分はやってるけども、よそのセクションがやってないんだ」という、前に話したあの最悪の状態――会社の中が、ばらばらになるという状況に陥らないためです。ベクトルをきちんとあわせて、共通の目標に向かって、各パートのパワーをフルに発揮して、社員の一人一人が、一つ一つの部門が、同じベクトルでパワーを出していけば、会社全体のパワーになっていく。この委員会で、営業と生産と物流、この三つの部門が、力をあわせてやっていく。さらにそれをコンピューターでシステム化していく。全社員にも成果が、きちっとわかるようにしていく。

アン　業界でははじめての試みですか？

瀬戸　システム化していったということは、まさに最初の取り組みです。これはどういうことかというと、営業は販売予

SETO'S KEY WORD 250
ベクトルをきちんとあわせて、共通の目標に向かって、各パートのパワーをフルに発揮して、社員の一人一人が、一つ一つの部門が、同じベクトルでパワーを出していけば、会社全体のパワーになっていく。

SETO'S KEY WORD 251
フレッシュ・マネジメントをすることによって、お客様に新しいビールを提供できたと同時に、会社の中のコストダウンにもなった。

測を立てる。工場のほうは営業が立てた販売予測に呼応して生産計画を立てる。全国にある九つの工場——当時は、八つだったけども——のどこで、どういう製品をつくるかという生産計画も含めて、生産計画を立てる。つくったビールを、どういうふうな手段で運ぶか。もっとも早い時間でお得意様のところへ運ぶには、どうすればいいか対策を練るのが物流の仕事。営業、生産、物流の三つの部門が、きちっとスクラムを組んでやらないと、この作戦は成功しない。営業だけが、問屋さんの在庫を減らしていったってダメ。生産のほうも、できるだけ工場の在庫を少なくするだけでもダメ。会社の中で非常に重要な部門である三つの部門が、きちんとスクラムを組んだということに意義がある。一日も早くお得意様に届ける、問屋さんや販売店に届けるということを考えていくと、究極は、わが社が当時全国の四十一か所に持っていた配送センターの合理化につながった。それまで工場から出たビールをいったん配送センターに入れて、そこから問屋さんとか小売屋さんに運んでいた。一日も早く、お得意先へお届けしようと思うと、今度は配送センターを通さないで、工場から直接、問屋さんとか小売屋さんへ運ぶことができるわけね。そうしなければ、いけないわけ。そうすると配送センターが、いらなくなる。これは、すごい合理化。コストが安く、低くなる。だから、フレッシュ・マネジメントをすることによって、お客様に新しいビールを提供できたと同時に、会社の中のコストダウンにもなったわけ。これを実行することによって、コストの削減が大きく図れた。ここまでは、最初に考えたとき、気がついていなかった。やり出してみて結果的に、「ああ、こういうことが起きるんだな」ということ

がわかった。あわせて今度は、問屋さんのほうも、フレッシュに届けなきゃいけない、新しいビールを小売店に届けなきゃいけないから、自分のところの在庫をできるだけ少なくしようということになってきますでしょ。そうすると問屋さんの在庫が少ないということは、問屋さんのコストの削減にもなるわけですよ。だから言ってみりゃ、八方が丸くおさまる。今現在、配送センターは、二十六か所。六年か七年のあいだに十か所以上減っている。それに伴うコストの削減というのは、ちゃんと数字に出てくる。

アン　でも配送センターが自社のもので良かったですね。農協とか漁協に当てはめて考えると、中に立っている人を外すというのは、やっぱり……

瀬戸　……抵抗ある？

アン　大変だと思います。

瀬戸　日本ではね。

アン　そうですね、日本では。やっぱりそういう伝統とか人間関係とか、いろいろ絡んできますからね。

瀬戸　それはとにかく、「フレッシュ・マネジメント作戦」の成功は、物流コストもさがってきたという付随的効果も生んだ。

社長になった翌年五月にシェアが、あがったのが最初のラッキー・チャンス。

SETO'S KEY WORD 252
転がりこんできた運を最大限に利用する。

瀬戸　ぼくの社長就任後の最初のラッキー・チャンスは、平成五（一九九三）年二月に「フレッシュ・マネジメント委員会」をスタートさせたところ、五月にシェアがあがったことです。二、三年ずっと停滞していたシェアが、久しぶりにあがった。けっしてアサヒの社員の努力だけで、あがったわけではない。たまたま前の年の五月のシェアが、落ちこんでいた。だから、あがって当たり前の状況だった。そんなにたいした数字では、なかったのだけども、われわれ経営陣にしてみれば、これを最大限に活用しない手はない。「フレッシュ・マネジメント委員会」を発足させたら、三か月でシェアがあがったという事実を踏まえて、プロデューサーが社内に「演出」をする。「基本的な地味な努力を、お客様はきちんと感じてくれるじゃないか。だから、われわれのフレッシュ・マネジメントという、ものの考え方は正しかった。これをさらに推進していこう」と、こうなるわけです。自分たちがやったことで成果があがってきたということになれば、うちの製造も営業も物流も燃えます。「より新しいビールを、お客様に届ける」というビール会社の基本の姿

SETO'S KEY WORD 253
基本の行動に徹する。

SETO'S KEY WORD 254
ぼくのテクニックではなくて、みんなの知恵が、成功を招いた。

SETO'S KEY WORD 255
地味なことをやるというのは、すごく忍耐がいる。

勢を、さらに自分たちが実感して、「もっと基本の行動に徹しよう」ということになります。これは、うまくいった。

アン　アサヒに入社されてから社長になられるまで、瀬戸さんのテクニックというか「演出」は、本当にすごい！

瀬戸　ぼくのテクニックではなくて、みんなの知恵。たまたま、ぼくがその時期にトップにいたから、カッコいいことを言っているけれども……ラッキーの要素が強い。それに、タイミングが良かった。基本のこと――地味なことをやるというのは、すごく忍耐がいる。派手なことをやれば、お客様を驚かすことができるけども、基本的なこと――地味なことをやっていても、お客様は驚かないし、なかなか数字に跳ね返ってこない。そうすると、やっているほうが飽きてくる。「こんなことをやっていていいのかい？」という気持ちになってくる。そこで、「それじゃ、ほかのことをやろうか」とこういうふうになってくる。ところが、われわれにすごくラッキーだったのは、「フレッシュ・マネジメント委員会」をつくってまもなくシェアがあがった。飽きがくる前にね（笑い）。とにかく数字があがったわけだから、こんなラッキーなことはない。普通は、こんな地味な作業の効果が出てくるまでに一年や二年は、かかりますよ。

アン　シェアがあがったのは、全部が全部、フレッシュ・マネジメントの成果ではなかったと……。

瀬戸　言葉は悪いけども、「やったから、シェアがあがった」というふうな錯覚をテコに利用する。

錯覚、自覚、自信が必要。

SETO'S KEY WORD 256
錯覚をテコに利用する。物事をやるときに、ぼくは、錯覚、自覚、自信が必要だと、つねづね思っている。

瀬戸　物事をやるときには、錯覚、自覚、自信が必要だと、つねづね思っています。まず「錯覚させる」。たとえば野球でも、「おまえは打てる、おまえはすごいバッターなんだ、だから次の打席、打てるぞ」と監督が選手を激励する。選手は、バッター・ボックスに入って、バットを振る。たまたま、彼はヒットを打った。そこで、また監督が、「そらみろ。おまえは、いいバッターなんだ」と言って、「おれは打てるんだ」と「自覚させる」。その次に、その選手が、バッターボックスに立つと、前のヒットが自信につながって、もう一本ヒットを打つ――こういった錯覚、自覚、自信という心理的な動きというのがあると思う。われわれの「フレッシュ・マネジメント委員会」に、この論法を当てはめれば、「五月は錯覚」。

アン　「自覚」は、いつごろですか？

瀬戸　「おまえたちが、みんなで力をあわせてやったから、数字があがったんだ。このままでいけば、これからずっといけるよ」と「自覚」をうながした。そして実際に毎月シェア・アップ。この状態が半年ぐらいつづくと、「自信」になる。そのころには、全支店の数字が出てきて、全社員が知るわけだから、「よそが、こんなにやってんだから、おれんとこも頑張ろう」ということになってくるから、今度は燃えてくるじゃない。これが、「自信」。

■ お早うございます。今日は私の最初の全体朝礼でありますので、先ず初めにこれからの全体朝礼の進め方について、私の考え方を申し上げておきたいと思います。この全体朝礼は、昭和61年の3月にスタートしている訳ですけれども、今日まで続いておりまして、これを通じまして皆さんに経営の考え方を御説明致しましたり、それから皆さんの挙げられました成果を全社にお知らせする、こういう事を致しまして、全体の気持ちを一つにするという事で、大きな貢献があった訳であります。又、そういう事が結果的に私共の会社が大きく躍進するパワーの源になったという事も、大変な大きな成果であったと思う訳であります。先日私は就任を致しました挨拶の中で「足元を見直して内部を充実していこう」という事

シェアを落とす支店に対して、全体朝礼で叱咤激励。

アン 本題に戻ります。インタビュアーが話をそらしておいて、本題に戻るもないですが（笑い）……さあ、全体のシェアがあがってきました……

瀬戸 ……ということは、理屈上は、全都道府県でシェア・アップしていること。全都道府県に、アサヒは、一つずつ支店があります。「一つの支店でもシェアを落とせば、毎月のシェア・アップの記録が途絶えるぞ！」と、ぼくは檄《げき》を飛ばす。たとえば、千葉支社だけシェアがさがると、それは大変なことです。そういう支店は、全体朝礼で、「磔《はりつけ》の刑」（笑い）。緊張感を持続させるためのぼく流の「演出」です。

シェアを落とす支店に対して、全体朝礼で叱咤激励。

を申し上げましたけれども、この全体朝礼につきましても、そういう観点から当面、次の3つの事を柱に致しまして、取り進めていきたいと思っている訳でございます。

1つは私共、経営陣の方針や考え方、それから皆さんへの要望事項を的確に伝えて、それぞれの業務の充実と、スピードアップを図れる様にして行きたいという事であります。2つ目には、我々が実現出来た事、或いは獲得した成果、例えば新しい制度の導入や労働条件の向上、シェアアップの問題や世間の好意度のアップや、そういう風な成果を皆さん方に報告を致しまして、皆さん方と一緒に喜びを分かち合いたい、こういう事が2番目でございます。3つ目には社員の皆さん方の声を、この全体朝礼の中に取り込んでいきたいと言う事であ

アン　「磔《はりつけ》の刑」にする「あわれな犠牲者」を、どうやって探すのですか？

瀬戸　それは簡単。県ごとというか、各支店ごとのシェアをチェックして、さがっているところを、一つ一つフォローしていけばいいだけです。「全体があがっているのに、どうして、きみのところは、あがらないんだ、きみのとこは、問屋さんにビールを押しこんで、ビールを古くしているから売れないんじゃないのか」と。支店の実態は、月末の出荷を見ればわかります。今まで百だったのが、月末になると二百、三百と、どんどん数字があがっていると、ここの支店は、営業成績が悪いから、月末にどんどん押しこんで、月末の数字をカッコ良く見せようとしている。これはデータを見ればわかります。「おまえのところは、おかしいぞ。いっぺん本社へ来い。押しこむのはおかしい」と叱ると翌月から押しこめなくなる。

アン　社長自ら、陣頭指揮で支店長をお呼びになるわけですか？

瀬戸　そう。そのうえで、月に一回の全体朝礼でも言う。「この支店とこの支店は……」

アン　全部、ガラス張りなんですね。

瀬戸　すべての情報を全社員に公開する。ビデオに出るということは、四千何百人の社員全員が見るということ。「なになに支店が、ビデオに出ている。またやられている。どうしたの？　どうしたの？」となるわけ。ぼくは悪いところは、徹底的にやっつける。東京支社なんてのは三か月やっつけつづけた。「猛省を促す」とやった。でも、回復できない。三回ぐらいやったら、当時東京支社で働いていた女性から、手紙が来ました。『社長は東京支社に、なにか恨みでもあるのではないでしょうか？　わたしは、毎月社長の朝礼ビデオを見て、耐えられません。わた

ります。会社を良くする為の皆さん方の御意見や提案といった物を、どんどんこの全体朝礼に挙げて頂いて、いわゆるツーウェイの全体朝礼にしていきたいという風に考えている訳でございます。又時間につきましては、大体一回30分程度という事を考えておりますが、今日は若干スタートでありますので伸びるかも解りません。こういう考え方で今月からスタートをして参りますけれども、この朝礼をより充実した物にする為に、又、より意味のある朝礼にする為に、皆さん方の御協力をお願い致したいと思う訳でございます。それでは本題に入りますが、先ず申し上げたい事は、新体制がスタート致しましたので、早速来年度と来年度以降を睨んだ社長方針や、各部門別の方針の検討を開始致しました。現状認識なり今後の

したちの支社のことを、こういうふうに、あしざまにみんなの前で公表されるのは、耐えられません』という内容の手紙。そこで、さっそく、ぼくは翌月のスピーチで、「東京支社の女子社員から、こういう手紙が来た。しかし、その方には、大変、申しわけないけども、成績が良くなるまで、ぼくは言いつづけるから覚悟してもらいたい」とやった。

アン　お気の毒な女子社員!

瀬戸　彼女には、申しわけなかったけれども、企業が勢いづくまでというのは、一人一人の人間――社員のマインドが全部変わって、営業でいうなれば、全支店が足並みを揃えて成績があがってこないと、全体のパワーにはならない。一か所でも二か所でも、そうでないところがあると全体のチームワークに、ならないでしょ。全支店が毎月ドッドッドッと、成績をあげてくれれば、今度は、どの支店長も、「もし、自分のところだけが落ちたらどうしようか?」と心配になって、真剣に営業活動に取り組むじゃありませんか。

アン　三か月間、東京が瀬戸新社長の標的にされて、ほかの地方の支店のみなさんは、そのあいだ、ほっとしていらしたのじゃないですか?

瀬戸　ほっとしている暇はない。明日は、わが身。悪いところは、みんなやられるんだから。たまたま、あのときは、東京支社の成績が悪くて、連続して三か月間標的になっただけで、ほかのところは、一回注意して立ち直ったら、ぼくは、あとはなんにも言わない。とにかく、この「磔《はりつけ》の刑作戦」のおかげで、どの支店にも絶対にシェアを落とさせないという緊張感が出てきて、いいリズムになってきました。

大きな方向性につきましては、就任挨拶の中で申し上げました様に中身の充実、言葉を変えて申し上げるのならば、売上の拡大と効率化の促進でありますが、それともう一つは、お客様満足度ナンバーワンの会社になろうというのが我々の目標であります。話は少し横道にそれますけれども、私は先日就任挨拶の中で顧客満足度ナンバーワンという事を申し上げましたけれども、社員の皆さんの中から顧客満足度というのは少し解り難いと、「お客様満足度ナンバーワン」という方が、言葉が平易で分かり易いという風な御意見もありましたので、これからはお客様満足度ナンバーワンという言葉に統一を致して参りたいという風に思っております。この中身の充実を図りまして「お客様

信賞必罰——褒めるときには、徹底的に褒める。

アン　人や組織にそれだけ厳しく対処される瀬戸さんのような現場主義最優先で完全主義者のお方には、お褒めになるときの哲学が、絶対におありになると、わたしは思っているんですが……。

瀬戸　もちろん。トップとして、褒めるときには徹底的に褒めました、ぼくは。悪いほうは反省を促す、いいほうは褒める——これがないと、「鬼の社長」になってしまう。社長は細かいとこを見てくれている、ということを「演出」しなければいけない。小さいことでも、いいことがあったら褒めてあげる。相手は、それで元気づくじゃない。そうすると、やっぱり人間というのは、人に褒めてもらいたいという本能があるから、「うちの支店では、こういうすばらしいことがあったから、来月の朝礼で、ぜひ発表してください」というようなことが、広報を通して、ぼくに伝わる。そうすると、「そんないい話、どんどん、おれの耳に入れろ！　どんなこまかいことだって、かまわないから、おれに報告しろ！」と広報の担当者に檄《げき》を飛ばす。

アン　そのビデオを使う全国朝礼は、瀬戸さんが始められたんですか？

満足度ナンバーワン」の会社になっていく為に、ここ数年を見通して何をしていくのか。その為に来年は何に重点を置き、力を入れてという事が社長方針の柱になって参る予定であります。今後、検討を進めて参りまして10月9日の事業場長会議で、皆さんにお計らいをして全社の結集を図っていきたいと思っておりますので、どうぞ宜しくお願い致したいと思います。(平成四［一九九二］年社長就任後、九月七日に吾妻橋本社ビルで行われた全社朝礼における瀬戸雄三新社長の第一回目のスピーチ。後半省略。原文ママ)■

瀬戸　いやいや、樋口さんが始めたこと——とにかくあの人は、アイデアのあるすぐれた社長でした——朝礼に話を戻せば、社長朝礼は、毎月、本店、各地の工場、支店など、あっちこっちでするのです。今の社長もやっています。その月の朝礼を、すごくトピックスがあったり成績のいいところでやるようにする。たとえば、福島工場に行きますと、「平成元（一九八九）年から実に、当工場は、無災害記録五百四十五万時間を達成しました。今月は、ここで全体朝礼をやります」と。そうすると、福島工場で働いている人たちは、すごくハッピーな気分になる。たとえば静岡支店だったら、「連続何か月間、好業績の静岡支店から朝礼をおこなっている」と冒頭で話す。さらに、「静岡支店は、こういうことでずっと成績がいいんだよ」ということを、だいたい三十分のビデオ収録の中の最初の五分くらいで紹介する。そうすると、全国にその工場や支店が知れ渡るじゃありませんか。工場や支店の事務所の中で社員が仕事をしてる風景も映す。これをやると、「自分のところは、こんなにいいことをやっているから、来月は、ぜひうちに来てやってください」と、こういうことになっていく。

アン　営業成績をあげて、社長に来てもらうのが名誉になるわけですね。

瀬戸　やっぱり、シェアがあがっていく陰には、こうした、ちょっとした秘訣ありということですね。

キリンの凋落《ちょうらく》のきっかけは、アサヒの『生ビール売上No.1宣言』。

瀬戸　「新しいビールをお客様に届ける」というビール課長時代以来のぼくの持論と執念は、社長になってから、さらに磨きがかかった（笑い）。ドライ、生、ラガーといろんな種類があるビールの中で、時代にうまくマッチしたこともあって、ドライは、うちが完勝した。こうした情勢の中で、われわれは、次の目標をスーパードライを日本のビール業界の中でのナンバーワン・ブランドにすることに定めて、平成五（一九九三）年に『生ビール売上No.1スーパードライ』と宣言した。今までドライビールカテゴリーと見られていたスーパードライをこれからの時代のメインになる生ビール全体でナンバーワンとしてしまうことで、新しいステージに移ったと思う。あとで話しますが、「さらなる鮮度追求」は、この宣言を後追いする格好になった。

アン　キリンは焦ったのでは？

瀬戸　その当時のキリンは、ラガービールだった。いわゆる熱処理をしたビールです。そのキリンラガーは圧倒的なブランド力を持っていた。ところがそれ以外の生ビールのブランドの中では、スーパードライが、どんどんどんどん数字を

SETO'S KEY WORD 257
スーパードライを日本のビール業界の中でのナンバーワン・ブランドにすることに定めた。

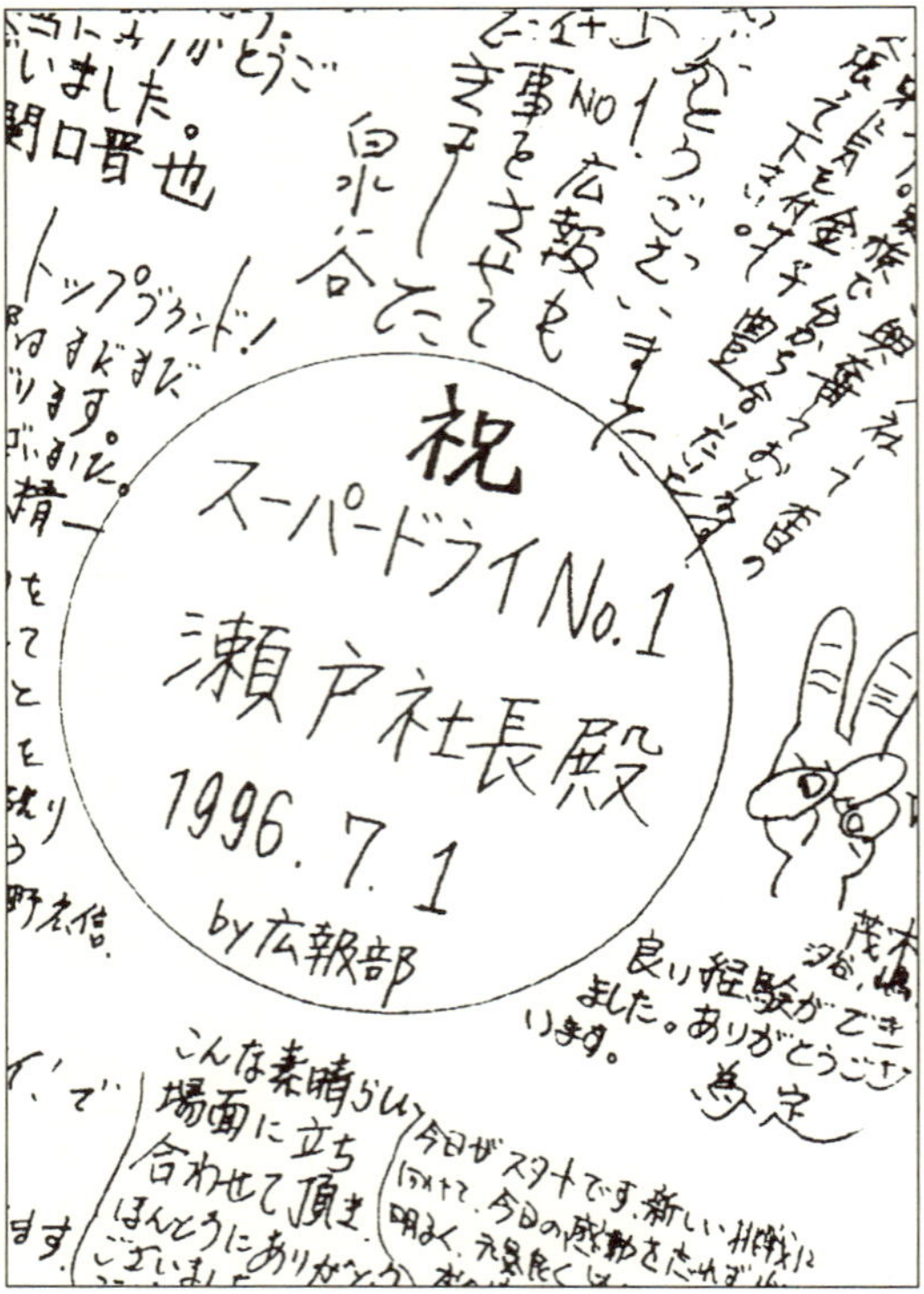

広報部の寄せ書き（スーパードライ・ナンバーワン祝賀会にて）

あげていったから、それを横目で見ながら、対策を練っていたと思う。

アン　生ビールの分野の中で、スーパードライが、ナンバーワン・ブランドになったのがいつですか？

瀬戸　宣言は、平成五（一九九三）年でしたが、実際にナンバーワンになっていたのは、もっと前。スーパードライ発売二年目の昭和六十三（一九八八）年には、生ビール・ナンバーワンだった。そのデータがあったから、生ビールでナンバーワンであるということを、きちんと広告にしたり、広報したりしようという方針を打ち立てたわけです。

アン　高度情報化社会に向けて。

瀬戸　そう、そう。高度情報化社会に乗るために。だから、われわれはテレビのコマーシャルで『生ビール売上No.1スーパードライ』と宣言したわけです。

アン　人間は、ナンバーワンに弱い。ナンバーツーと言ったら、「ふうん、それで？」となっちゃうんだけど、ナンバーワンだったら、「じゃ、買わなければいけない」と思ってしまう動物。

瀬戸　そうなの。キリンにしてみれば、「なにを小癪《こしゃく》な！　われわれのキリンラガーが、ナンバーワン・ブランドじゃない

SETO'S KEY WORD 258
われわれビール業界は、お客様を見てビジネスをしていかなければいけない。

か。生ビールの中で、ナンバーワンなんて、なにを生意気な！」ということになる。それで今度は、キリンが、「敵がそう出るんだったら、ラガーを生ビールに変えてやる」と、平成八（一九九六）年にラガーを生ビールにした。

アン　キリンは、これで楽々またアサヒを押さえこめると思ったんでしょう。

瀬戸　そう。キリンは、そうすることによって、スーパードライを叩きつぶしてやろうと思った。これはキリンの大失敗。前に何度もお話しましたけども、われわれビール業界は、お客様を見てビジネスをしていかなければいけないのに、キリンは、同業者に対抗心を持って、自分の大事なブランドを変えてしまった。要するに、他社が一番得意とする生ビールという土俵に、キリンがあがってきた。このジャンルは、彼らにとっては、得意の分野ではないところへ、「おれは強いんだ」ということで、ラガーが生ビールの標識をつけて、あがってきた。これは失敗するに決まっています。

アン　敵は焦りましたね。

瀬戸　その焦りを誘発したのが、スーパードライの『生ビールNo.1宣言』だったと思います。焦らせたのは、やっぱり、こちらのマーケティングの宣伝が良かったからだと思います。ここからキリンの凋落《ちょうらく》が始まる。

アン　さぞかし、瀬戸さんは、気持ち良かったでしょうね（笑い）。

瀬戸　いえいえ（笑い）。ついに、平成八（一九九六）年六月、アサヒは、ブランドでナンバーワンになりました。キリンは生をやった結果として、その年にラガービールのシェアが急速に落ちました。キリンはラガーにしても、生にしても、結局スーパードライの生ビールナンバーワンの座を奪回することができなかった。

■　——アサヒビールは、最近、業務用の樽生ビールにも非常に力を入れていますね。
瀬戸　樽生市場はここ数年拡大し、今年の上期も業界全体がダウンしたのに樽生は四％弱増えています。これもお客さまの変化です。飲料店で飲む樽生は品質の良し悪しを一番感じる商品で、品質に対するご要望が高まっている。私どもの樽生が非常に高いご支持をいただいているのは、こうしたお客さまのご要望に十分にお応えしているからです。（平成十「一九九八」年『週刊ダイヤモンド』九月十二日号『TOP INTERVIEW COUNTDOWN 2001』より）

さらに執念深く「鮮度」の追求。

瀬戸　『生ビールNo.一宣言』をしたことで、弾みをつけて、「ビールは、鮮度」というぼくの執念とも言えるコンセプトを、さらに執念深く追求した。スタッフのほうは、「少しずつ鮮度を良くしていけばいい」ぐらいに思って呑気にかまえていたのですが、「一気にやれ！」と檄《げき》を飛ばした。これまで、ビールができてからお客様のお手元にお届けできる日数は、十五日ぐらいかかっていたのを、「十日でお届けできるようにしろ！」——これをやるには、根本的にシステムをはじめいろんな要件を全部変えないと不可能。「無理だ」というのが、みんなの反応。こういうときこそ、トップがリーダーシップを発揮するとき。一言、「やれ！」と。一年間でその目標は、ほぼ達成しました。「やればできるやないか。もっと短縮しろ！」と、ぼくは、また言う（笑い）。当時は、工場を出るまでが四日台、工場から販売店までが七日台。だから、不可能と思えた十日を、ほぼ達成したら、あとは、それが九・五日、八日、七日と、だんだん縮まっていく。「販売店の店頭に行くまでを四日ぐらいにしよう」と、今は言っているんですけども……もう、これはキリがない。
アン　スーパードライがビール市場で勝っていく秘密というか、バックグラウンドには、すさまじいものがありますね。社内のスタッフとの大変な戦いも、きっ

さらに執念深く「鮮度」の追求。

SETO'S KEY WORD 259
リーダーとスタッフの戦いは、永遠のテーマ。

SETO'S KEY WORD 260
消費者の皆様が商品を選ぶ基準は、「品質」。ビールの場合には、「中身の品質」と、つくってから消費者に渡るまでの「日にちの品質」がある。

SETO'S KEY WORD 261
数値をきちっとお客様に開示――ディスクローズすることによって、自分で自分を縛ってしまうことが大切。

と、いろいろとおありなんでしょうね。

瀬戸　リーダーとスタッフの戦いは、永遠のテーマ。今も、来年（平成十二［二〇〇〇］年）発売の商品をめぐって、激しくやりあっている……消費者の皆様が商品を選ぶ基準というのは、「品質」――ビールの場合は、まず第一に「中身の品質」。もう一つは、つくってから消費者に渡るまでの「日にちの品質」というのがある。スーパーマーケットかなにかに買い物に行くと、かならず主婦は日づけを見て買いますね。賞味期限をチェックする。そのときに棚の一番奥に手を入れて取る。奥のほうが鮮度がいいわけです。表に出ている商品は古いという固定観念がある。消費者は、それほどまでに鮮度というものを強く意識している。こういう購買形態に、われわれは着眼した。スーパードライに、鮮度というものをきちっと付加していけば成功できると、確信を持って取り組んだ、一つのきっかけなんです。今、消費者の目はすごく厳しくなっている。それに応える。応えたら、かならずヒットする。数値をきちっとお客様に開示――ディスクローズすることによって、自分で自分を縛ってしまう。こういうことじゃないでしょうか。できるだけ、そのときに高い目標を設定する。そして、みんなが一所懸命努力する。達成したときに、達成感というのがわいてくると、その達成感が今度は自信につながる。自信ができると、次へのパワーが生まれてくる――こういう循環なんです。

アン　新人のころから頑固なまでに変わらない瀬戸さんの終始一貫した哲学というのは、「お見事！」の一言につきますね。

瀬戸　この次に注意しなくてはいけないのは、自信過剰。これは注意しなければいけない。そこで社長を辞めたわけ（笑い）。

■　――製品の品質から企業の品質へと、一段進化した感じがしますが、瀬戸さんの基本姿勢は一貫して変わりませんね。

瀬戸　企業には変えてはいけないことと、変えるべきことがあります。例えば、ビールは嗜好品ですから、やっぱり本物でなければいけない。（中略）もの作りのメーカーは個性がないといけません。他社のものマネをするようになったら、もう存在価値はない。（平成十年［一九九八年］『週刊ダイヤモンド』九月十二日

ボーダレス時代に グローバルな世界に向かって……。

アン　そんなに急いでお辞めにならないでください。お辞めになる前に、最後にお聞きしておきたいのですが（笑い）……こうやって、何十時間かお話をうかがっていますと「ビールの鮮度への挑戦」は、瀬戸さんの「会社人生」の一生のテーマであったことは、ひしひしと伝わってきました。そして艱難辛苦《かんなんしんく》の果てに――「ノン・ストップ・スーパードライ・ジェントルマン」、あるいは「地獄から天国まで見た男」として、ついにその執念を実現されるという日本人好みの「サラーリマン・サクセス・ストーリー」になるわけですが（笑い）、この「ビールの鮮度」のほかに、瀬戸さんの社長時代のコンセプトのアウトラインを、かいつまんでお話しいただけないでしょうか？

瀬戸　スーパードライの周辺商品として、機能性のある商品をつくろうということで、「黒生」をつくったり、「ファーストレディ」をつくったりしました。商品というのはシュリンクするのです。ただ、スーパードライにフォーカスするだけじゃなくて、そういった個性のある商品を生むためのチャレンジは、いつも、しなければと心がけていました。鮮度の問題の

号『TOP INTERVIEW COUNT DOWN 2001』より）■

SETO'S KEY WORD 265
アサヒを、さらに将来に向けて磐石のものにするための国際戦略を立てた。

SETO'S KEY WORD 266
あらゆる産業がボーダレスの時代に入ってきている。

SETO'S KEY WORD 267
「環境保全型――持続可能な産業システム」への全社をあげての取り組みを、急ピッチで始めたことも、大きなポイント。

次は、これが一つのポイントだと思っていた。それとアサヒをさらに将来に向けて磐石のものにするための国際戦略を立てた。ビール業界というのは、これから……ビール業界だけではなくて、あらゆる産業がボーダレスの時代に入ってきていますから、日本の国内だけで、ただ売上がいいとか、シェアが高いといったことだけでは、二一世紀以降は、すまなくなってくる。舞台をグローバルなところに求めていかなくてはいけない。そのための布石というのが、ぼくの社長時代に、できたと思っています。その市場が、中国・アメリカ・ヨーロッパであるわけです。企業として生き残るために必死だった時代には、余裕がなくて、手のつけられなかった、「環境保全型――持続可能な産業システム」への全社をあげての取り組みを急ピッチで始めたことも大きなポイントだと思っています。

アン　グローバルな世界で、十年後、二十年後、アサヒが、どう生き残っていくか。来世紀のための戦略ですね。

瀬戸　そうですね。平成十一（一九九九）年一月に新社長になった福地茂雄君が、五か年計画の発表をしました。「平成十六（二〇〇四）年のアサヒは、こういう姿にしますよ」ということを発表したわけです。これは非常にいいステップだと思っています。

スピード重視の経営革新――飯塚昭男

■ 変化の激しい時代、問題を先送りしては致命的な打撃を受けることになる。

経営者は過去は過去として決別し、素早く改革を進めていく必要がある。

すでに地球規模の大競争が始まり、「速き者が遅きを食う」が世界の合い言葉になっている。日本の企業も生き残りをかけて、時代の変化に即応していかねばならない。

もはやトップは悠長なことは言ってはいられない。スピードが勝負のしどころとなったのだ。（次ページにつづく）

(前ページより)

先送りが致命傷となる時代トップはイノベーターであれ

危機の存在を知っていても、問題を先送りしていると、事態は深刻化する。平和な時代ではそれでも何とか切り抜けられるが、社会がいったん流動化し、変化が激しくなるとそうはいかない。先送りして時間をムダにしたため、企業は致命的な打撃を受け、倒産という最悪な事態を招いてしまう。(中略)

……素早い変化対応といえば、トヨタに次いでアサヒビールが話題となろう。具体的に分析してみよう。

変化即応で勝利したアサヒ今日はスピードが勝負どころ

全産業が低迷している中で、アサヒビールだけが一人、気を吐く。昨年(1月〜12月)実績でキリンビールを抜き、遂にシェア40%を達成したからだ。かつてトップだった座を32年後に失い、長らく業界3位に低迷していたものが、スーパードライの発売で息を吹き返し、わずか13年でトップに返り咲いたのだから、驚異的である。

前任者の樋口廣太郎(現名誉会長)の再生戦略を受け継ぎ、その勢いを倍加させた瀬戸雄三現会長。感想を求められると、「たまたま世の中の変化が激しかったからです。変化のスピードがわれわれに味方してくれた」と、変化のスピードを強調する。

瀬戸が入社した時がトップ(33・5%)、営業本部長になった時がどん底の9・6%。「私は地獄を見た」と言うだけあって、その経営手腕は見事なものがある(ちなみに瀬戸が社長を引き受けた時はシェア24・5%)。一口でいえば、変化対応の勝利だろう。

もっとも、変化に追随するだけでは薄っぺらなものになるし、かといって変化をかたくなに拒めば超保守的になってしまう。そこで瀬戸は変化しないものと変化すべきものを識別し、変化すべきものを大胆に変えた。そして独特のマーケティングを展開したところに、躍進の秘密がありそうだ。

(中略)パソコンを使ってマーケットの変化を徹底的に追究する一方で、自らは「戦略は現場にあり」と称して日本国中をかけ回っている。週のうち4回は現場を歩いているのだ。

「社員一人に1台」というパソコンを4000台配置させ、流通から入る情報は1日200件、消費者の情報は1日100件、計300件の情報を処理する。「毎晩、2時間ぐらいあればすべてに目を通すことができる。そして必要なものは指示するから、翌日は新しく物事を始められる。市場の声、消費者の声をその日のうちに吸収し、変化に即応しているわけです」と、瀬戸はあくまでもスピードを重視するのである。

(平成十一〔一九九九〕年『WEDGE』三月号『A MASTERMIND 新「リーダーの研究」』より)■

■――シェアは気になりませんか？
瀬戸　シェアは結果。お客さまからいただく通信簿です。シェアを目的に仕事をしていては駄目です。（平成十〔一九九八〕年『週刊ダイヤモンド』九月十二日号　『TOP INTERVIEW COUNTDOWN 2001』より）■

九・六パーセントの「地獄」から、四六パーセントの「天国」へ――

アン　瀬戸さんの社長時代のことで、最後の最後に――しつこくて、すみません――具体的な数字を、お聞きしておきたいのですが……それまで横ばいだったシェアがあがり出した平成五（一九九三）年五月のシェアは、どれぐらいだったのでしょうか？

瀬戸　約二四パーセント。あがったといっても、わずかなんだ。でも、「あがったー！」って、みんなで大喜び（笑い）。

アン　平成十二（二〇〇〇）年四月のシェアは何パーセントですか？

瀬戸　約四六パーセントです。あのころにくらべて、二〇ポイントあがっている。

アン　すさまじいですね。ついでのついでに、参考までにお聞きしておきたいのですが、キリンは……

瀬戸　……キリンはビールは、三四パーセント。発泡酒を入れたら、平成十二（二〇〇〇）年四月現在、うちはまだ二番手。

アン　発泡酒を入れると、キリンとの差は？……話を横にそらして、すみません。

瀬戸　あと約四ポイント。うちがどん底のときは、九・六パーセントで、向こうが、六三パーセントだったことを思うと、感慨無量のものがあります。

■他社の悪口はやめよう

「他社を非難、中傷するような発言はするな」と全社員に通達を出したのはアサヒビールの瀬戸雄三会長（六九）。自身が会長を務める業界団体で「悪口の言い合いはやめよう」と申し合わせたことを受け、早速、社員に徹底させている。「競争が激しいのはいいが、仲の悪い業界と外から見られては、業界の活性化につながらない。悪口はいけない」と力説する。

　しかし、今年は各社の新商品がめじろ押しとなる。激しい売り込み合戦が予想される中で「フェアな競争」が本当にできるか注目されている。

（平成十二［二〇〇〇］年一月十五日『信濃毎日新聞』掲載の『トップひと言』より）■

アン　次なるアサヒの目標は、じゃ発泡酒も含めた全部のシェアの……

瀬戸　……中でトップ。

アン　目標としてはいつごろ追いつこうとされているんですか？

瀬戸　世紀末最後の年に……

アン　……単なる目標でなしに、実際にシミュレーションされたうえで抜くという確信をお持ちなわけですね？

瀬戸　そう。紳士的にフェアな手法で抜きたいと思っています。

アン　次なる作戦は、海外ですね。

瀬戸　そのとおり。

『「結」の章』、のあとがき代わりに……
サラリーマン社長哲学。
「区間ランナー」は、「花道を飾らない」。
「業績が、さがる前に辞めちゃえ！」。

SETO'S KEY WORD 268
本当に、ぼくはすごくおもしろい人生を送ったと思っている。

瀬戸　本当に、ぼくはすごくおもしろい人生——社会人生活を送ったと思っている。トップからどん底、そしてトップへ——天国、地獄、そしてまた天国。波瀾万丈《はらんばんじょう》……キザに開き直れば、前にも、この表現は使いましたが、「地獄から天国まで見た男」（笑い）。ぼくの人生は、のほほんと毎日を過ごしている普通のサラリーマンが、味わったことがない人生だと思う。新入社員のときに「天国」から、いきなり「地獄」——どん底気分を味わって、社長のときに「天国」の気分を満喫して辞めるというのは、ちょっとカッコよすぎる？

アン　カッコよすぎます……シェア・トップをお取りになった何日かあとに会長になられましたね、あのとき。

瀬戸　トップ・シェアを取って、その確定が出た翌々日、平成十一（一九九九）年一月十三日に、会長になった。

アン　突然、社長をお辞めになった？

瀬戸　いや、前から辞めるつもりだった。ぼくは、平成十（一九九八）年九月一日に辞めようと思っていた。九月一日というのは、会計年度でも、なんでもないんだけども、ビールというのは、秋から来年度の対策を考えていたほうがいいわけです。だから、その時期に辞任すれば、新社長は次のシーズンの対策を自分の仕事として練れるわけでしょ。それをやろうと思ったんだけども、会長だった樋口さんが、当時、経営戦略会議の議長をやっていて、「おれ、経営戦略会議の議長をやっているから、もう少し、おまえ、社長をやれ」と言うから、その計画は頓挫《とんざ》。「経営戦略会議と、ぼくが社長をやっていることとは、なんの関係もない」と思ったけれど、樋口さんが、「もうちょっと会長をやりたい」ということなのかな、と思って（笑い）。

アン　それは、拡大解釈では……（笑い）。

瀬戸　そう、冗談を含めた拡大解釈（笑い）。しかし、樋口さんから、「お国のためじゃないか」と言われると、「お国のため」というのに、中学生のころから、ぼくは一番弱いんで（笑い）。「樋口さんが日本のために働いているのだから、そのおすそ分けであるにしても、日本のためなら、おれも、もうちょっと社長をやるか」なんて思って。そこで、「経営戦略会議の議長を、いつ辞めるんですか？」と聞いたら、「答申が出る年末で、ぼくの仕事は、だいたい終わる」「わかりました。それじゃ、年明け早々に辞めますよ」ということで、こうなった。前の年のビール業界の数字が全部出るのが一月の十二日だから、アサヒがトップ・シェアになったという結果が出れば、一番辞めるときとしてはいい。そこで新しいステージを、次の社長に引

SETO'S KEY WORD 269
社長は駅伝のランナー。

き継いでもらう。ちょっと、カッコよすぎるんだけど……そういうこと。

アン　さすが、慶應ボーイ！　So, smart！　いったん手にした権力の座に、きゅうきゅうとして、しがみつくタイプの多い日本の経営者にしては、めずらしい稀有《けう》なケース。業界全体のトップまで昇りつめようとしている業績のいい一流会社のトップであるわけですから、「しばらく、おれが社長として威張っていよう」と考えるのが普通ですが……。

瀬戸　ぼくは、社員にいつも言っている。「社長というのは、駅伝のランナーだ」と。箱根駅伝、アンさん、知ってる？　それぞれ担当の区間をランナーが襷《たすき》をかけて一所懸命走っている。社長というのも、あれと同じ。ぼくは、ある区間を責任を持って、きちっと走るのが、社長だと思っている。オーナー社長は違います。だけど、ぼくのようなサラリーマン社長というのは、「区間ランナー」。襷《たすき》を三番で引き継いだら、次のランナーに二番、できれば一番になって襷《たすき》を渡すのが、「区間ランナー」の仕事。

アン　わたしのようなヒヨッコは、ここで、へたなコメントを差しはさむのは、控えさせていただきます（笑い）……ただ、ひと言。瀬戸さんのような強力な「区間ランナー」を七区に配置することができた、「アサヒ・チーム」は幸せなチーム。

瀬戸　あのときの引き際のことを、うれしそうに話しすぎると、カッコよすぎると思われてしまうから、あまり多くを語らないようにしているのだけど、「瀬戸は、花道を飾った」なんて言うマスコミ人がいた。ぼくは、その人に、パッと抗議した。「花道を飾るという言いぐさは、なんだっ？　社長が花道を飾るということは、会社を私物化していることじゃないか！　ぼくは、オーナー社長じゃないから、『個

■（アサヒの成功は）行動的でフランクな社長の性格があってのことに違いない。（平成十［一九九八］年『週刊現代』九月二十六日号より文・松村保孝）■

SETO'S KEY WORD 270
サラリーマン社長は、「花道を飾らない」のが美学。

人の花道を飾った』なんてセリフを吐くのは、今後、いっさいやめてくれっ！」

アン ……わたしは、「花道を飾る」という日本語を知らなかったから、使わなくて良かった！（笑い）

瀬戸 （「花道を飾る」の語源を、懇切丁寧にアンに説明したあと）でも、アンさん、わかるでしょ？「花道を飾る」なんて感覚が、日本社会にあって、実際に、そうしたスタンド・プレーをやりたがる人がいる社会だから、社長なんかになると、威張っちゃうのね。みんなが、「社長、社長！」なんて言って、おだてるものだから、そのうちに「社長」が、なにか偉いように思ってしまうわけですよ。そんな人が「花道を飾ろう」なんて思っているうちに、どんどんどん会社の業績が悪くなって、「もうちょっと頑張ろう、もうちょっと頑張ろう」と思う（笑い）。ところが、そういうときは、えてして、さらに会社の業績は、さがっていくわけですよ（笑い）。こっちは、「さがる前に辞めちゃえ！」――それが、真相（大笑い）。

アン カッコいい！ よすぎます（笑い）。

■ 春からの引き締め
▽…今年のビール各社の販売計画が12日までに発表された。「業界の総需要は横ばいと見られるなかで、各社が大きな伸びを計画しているのだから悠々とはできない」と引き締めるのはアサヒビール会長の瀬戸雄三さん。
▽…昨年の1月には44年ぶりのビールシェア首位奪回を花道に会長に就いた。とはいえ、楽隠居どころか、相変わらず中国などを中心に海外へと忙しく飛び回っている。
▽…3日には、アサヒのクラブチームがアメフトで日本一に。15日には母校慶應がラグビーで日本一、17日のビール課税出荷量発表では、2年連続でビール首位を維持。「今年も春から縁起がいい」と言ったとか。
（平成十二［二〇〇〇］年一月十八日『日刊工業新聞』のコラム『四季』より）■

■豪放磊落で知られた一人の男が、社員食堂で開かれた内輪のパーティーで涙を流した。'99年1月12日夕刻。翌日には3期6年間務めた社長を退き、会長就任を発表する記者会見を控えていた。奇しくもその日、アサヒビールが年間のビール出荷数量で、ついに〝業界のガリバー〟といわれたキリンビールを45年ぶりに追い抜き、首位に返り咲いたことが確定したのである。瀬戸雄三会長(69歳)にとって、それは長年夢にまで見た勝利であった。社長としての責務を全うし、人生の大団円を迎えた喜びと感慨が、とめどもない涙となって頬を濡らしたのである。

アサヒビールは、かつてトップシェアを誇るビール会社の名門であった。だが、その後は転落の一途を辿り、ついには10%のシェアも保てない苦難の時代を迎える。業界からも「お荷物」と侮蔑されながら、営業の第一線を走り回った瀬戸会長らにとって、この苦汁の日々は生涯忘れることができない。それだけに苦節を乗り越えてきた人間たちには、鋼のような精神の強さと知恵、そして何よりも温かみと寛容さがある。瀬戸会長から伝わる印象も、まさにそれであった――。(中略)

――ポストスーパードライについてはどのように考えていますか?

瀬戸　日本人はすぐに新しいものを求めたがるが、世界を見てください。バドワイザーだって、コカコーラだって、ずっと続いているでしょう。スーパードライはまだ13年目ですよ。しかも伸びている。世界でも3番目のブランドになっている。そういう商品が、なぜここでブランドを捨てる必要があるのかということです。我々としてはスーパードライをもっともっと強くしたいし、大事にしたい。古い言葉ですが、このブランドには我々の魂が入っているんです。とはいっても、ライフスタイルが変わり、味覚や嗜好も変化していきますから、次世代型のビールは開発していかなければならない。そういうシーズは研究しています。(中略)

――グローバル化の現状は?

瀬戸　これだけボーダーレス化が進み、世界に国境がなくなったといわれる時代ですから、国内だけでビジネスをやっていこうというのはそもそもナンセンスでしょうね。ビール産業は成熟化しているといわれるが、中国や南アフリカ、南米などではずっと伸びている。ですから我々ビール産業が、これらの地域に進出するのは当たり前ですよ。私どもでは'93年から中国のビール企業に経営参加し、今では5社6工場ある。中国市場でのランキングも'98年は4位に入っています。'99年(1~8月期)はさらに伸びて、前年比170%。アメリカにも'98年に子会社を設立したが、105%の伸び。ヨーロッパは180%です。まあ、そういった意味で、世界でも非常におもしろい形がこれから生まれてくると思います。(平成十二[二〇〇〇]年『Men's Ex』一月号『リーダーたちの肖像』文　木内博)■

■（前略）今日久しぶりに日吉に参りまして、この記念館の盛大な卒業式の雰囲気に浸っておりますと、私自身の四十五年前の思い出が走馬燈のように駆けめぐって参りまして、誠に感慨深いものがございます。

私は、今日の来賓祝辞について塾長からご依頼がありましたときに、なぜ私なのかと正直いって戸惑いました。それは慶應義塾の塾員の中には、それこそ日本の政・財界をはじめ、いろいろなところで活躍しておられる先輩が大勢おられることが一つであります。二点目は、あまり大きな声ではいいたくないのでありますが、私はさきほど表彰を受けられた代表の方々のように、在学中、学業成績優秀ではなかったからであります。一晩考えさせていただくことをお許しいただいて、意を決しましたのは、今日の式典に出席させていただいて、卒業生の皆さんの大きな感動を、私も共有できたならと思ったからであります。

それでは今私が、会社を経営している人間といたしまして、日々体験しておりますことを二、三申し上げて、これから社会人としてスタートされる皆さん方へのお祝いの言葉といたしたいと思います。

一つは、いま世の中は高度情報化社会を迎え、グローバルな大きな変化・改革の時代を迎えているということであります。例えば、私どもの会社のことが、日本のマスコミに記事として載りますと、これが世界に流れます。そうすると海外の提携先の会社から、直ちにそれに対するコメントがインターネットを通じて入ってくるという時代であります。私も毎日、国内や海外にいる社員と電子メールでやりとりをし、イントラネットに上がってまいります市場の情報を見ておりますが、高度情報化社会では、いつでもどこでも、自分の欲する情報を自由に手に入れることができます。しかし一番大切なことは、情報機器を自由に使いこなせるだけでなくて、何のために、どういう情報が必要なのか、それをどう組み立てていくのか、といった能力こそが大切なのであります。従いまして、皆さんには、物事を考える力と、それを身につける努力をこれからも続けていっていただきたいと思います。それをするかしないかで、個人の能力や企業の業績に大きな格差が生じる。高度情報化社会とは、そういう変化、変革の社会であると認識していただきたいのです。

二つ目は「動く」ということであります。世の中が大きく変化しようとしているのでありますから、若い皆さん方は自分の身体を動かして、自分の肌で、変化の兆しを掴んで世間の動きに対応してほしいと思います。私は今週のうちの二日は東京の本社におりますが、四日間は全国に出張いたしまして、現場でいろいろな方と会っています。また年に五、六回は海外に出張いたしまして、提携先の方々と接触して、世間や世界の動きを肌で感じとるようにいたしております。それは変化の現象が起こってから対応したのでは、もう遅い。変化が起きる前には、現場で必ずその兆しが起きる。従って自分が現場へ出向いて、どろどろした濁流の中に身を投じることによって、最新の変化の兆しを掴んでいれば、いかなることが起きてもベストの対応ができると考えているからであります。

三つ目は、世界に目を向けて、世界の基準でものを考えてほしいということであります。私どもの会社は、現在、北米でスーパードライの現地生産を行っておりますが、今年からは中国とヨーロッパでも現地生産に踏み切ることにいたしました。それは、将来、世界を舞台にしたビールのマーケットで、グローバルなビジネスを行えるメーカーは、いずれは世界で数社に絞られる、それならば、われわれは世界という高い目標に挑戦をして、社員の諸君と、「夢と感動」を共有しようと思ったからであります。中国のビジネスでは、いま約三十名の若い社員が中国の技術陣の人たちや、現地採用の中国人のセールスの方々と一緒になって、技術の改善や市場の開拓に汗を流しています。彼らのこういう姿を見ていますと、世界はボーダーレスになった、と感じますとともに、日本の国内で仕事をしていてはとても味わえない、大きな感動を体験しているとつくづく感じるのであります。

今日皆さんに申し上げましたことは、「氾濫する情報の中で必要な情報を取り入れて、知識のレベルまで高めてほしい」ということであります。二番目には、「世の中が大きく変化しているので、自分で動いて自分の肌で、変化の現象を掴んでほしい」ということであります。三番目には、ボーダーレスになった現在、「世界に目を向けて行動してほしい」ということであります。これらは、今日、どの学部を卒業される方にも通じることだと思います。（後略）（平成十［一九九八］年五月発行の『三田評論　No.1002』に掲載された平成九［一九九七］年度慶應大学卒業式の来賓祝辞から一部抜粋）■

平成九［一九九七］年度慶應大学卒業式にて（撮影　畔田藤治©）

……そして、あらたな「起」の章

中国と組んで啤酒《ピーチュー》（ビール）をつくる。

■　——日本のトップブランドとなったスーパードライを世界のブランドに、というのが今年のテーマの一つですね。先ず日本でトップブランドを育て、今度はそれをもって海外市場で勝負、という展開には着実で骨太な戦略戦術の存在を感じます。いつ頃からこのような構想を。

瀬戸　ご存じのように、世界の流れはボーダレスになる、これは間違いありませんね。ビール業界もまた、先進国では成熟化してきている反面、中国やブラジルなどの成長国のビール消費量はどんどん増えている。つまり、先進国の

アン　……さあ、代表取締役会長にならられた。残すは、世界戦略のみ。

瀬戸　世界戦略の中で、やはり、なんといっても、今のアサヒがもっとも力を入れているのは、中国市場への展開です。国内は新社長にまかせて、ぼくは海外担当――平成五（一九九三）年十二月に、中国のビール事業に参画するという契約をして調印をした。その年の六月に、伊藤忠の室伏さん（当時の社長）から電話がかかってきた。「瀬戸さん、中国のビール事業を一緒にやりませんか？」と。

アン　たまたまの電話だったのですか？

瀬戸　たまたまの電話。当時、うちは中国のことは、まるでわからなかった。

アン　伊藤忠の社長は、なぜアサヒを選ばれたのですか？　お友だちだから？

瀬戸　友だちというよりも、伊藤忠とアサヒというのは取引の面で、昔から非常に親密な関係だったということと、おそらく室伏さんは、アサヒがこのところずっと成長しているから、「アサヒだったら話に乗ってくるだろう」と思ったのだと思います。それからもう一つ。伊藤忠というのは、昔から中国ビジネスにすごく強い。

アン　それは知っています。

瀬戸　ぼくは、その電話を受けて、「それ、おもしろいですね」と答えた。「それじゃ、調査団を出しましょう」ということに

ビール産業もどこか海外に販売拠点をつくらなければならないという、ボーダレス化時代を迎えているわけです。今後、世界のビール業界は、インターナショナルな展開ができる5－6社とドメスティックなビール会社に二極分化していくでしょう。

そこで、アサヒビールはインターナショナルなマーケットで活躍するビール会社を目指そうというわけです。

しかし、そういう展開をするための備えというものが当然、企業には必要です。その第一ステップが自国でのナンバーワン・ブランドを持つこと。スーパードライは昨年、それを達成しました。その次は、自国でのナンバーワンのビール会社になること。そんなことを5年ほど前から考えてました。

そこでまず、もっとも大きなった。そのときの対象工場は三つ。浙江省の杭州、それから嘉興、福建省の泉州。「この稼働している、三つの工場の経営を一緒にやりませんか？」というのが、室伏さんの主旨。香港にCSH——チャイナ・ストラテジック・ホールディング・カンパニー（Chaina Strategic Holdings Limited）という会社がありまして、そこの黄鴻年という社長が中国の国営会社をたくさん買収していました。その中に国営ビール会社も、八つか九つあったと思います。そのうちの三つを買いませんかという話が伊藤忠に来たと、室伏さんは言った。さっそく伊藤忠とアサヒで調査団を出した。合同調査。チェック・ポイントは、「いい水がありますか？　従業員のレベルは、高いですか？」

——この、二つ。

アン　結果は？

瀬戸　グッド！

アン　中国には、いい水が、あるんですか？

瀬戸　杭州というのは、龍井《ロンジン》ウォーターという、なかなかいい水が採れるんです。

アン　わたしのイメージでは、汚れた川がゴーと流れているのが中国（笑い）。洪水があって、「オー、ノー！」というイメージが、あるんですけども。

瀬戸　揚子江、黄河のイメージね。たしかに、あそこはどろどろの水が流れている。ヨーロッパの代表的河川のドナウ川も汚いけど……あれより、さらに中国の大きな河川は汚い。だけど、一方では、いい水も……

アン　……中国にある。

瀬戸　あるの。それと、中国の人は、たしかに、すべてが国営企業だったから、これまで、怠け者が多いというイメージがあるけど、従業員の資質は、「レベルが高い」というのが、合同調査の結果報告。

な成長を見せている中国、二つ目は世界最大のビール市場であるアメリカ、そしてもっとも歴史のある市場であるヨーロッパ、この三つの国や地域に進出するためのそれぞれのスタンスを決めてやっていこうというのがわれわれの国際戦略なんです。

——ほぼ同時期に3方向へ、となると大変なご苦労ですね。

瀬戸　中国の場合は「水がよいかどうか」「勤労意欲が高いかどうか」が進出を決めるポイントになりました。

もちろん二つともクリアし、現在、4社5工場の体制です。さらに、あの国営の青島ビールと契約し、広東省の深圳に今、工場を建築中です。同地で生産したビールを中国国内はもちろん、香港、さらには東南アジアに輸出していきたいと思っています。将

アン　調査団は何人ぐらい派遣されたんですか？

瀬戸　うちから三、四人ぐらい送ったかな。

アン　その人たちは、技術屋さんですね。

瀬戸　全部、技術屋さん。

アン　伊藤忠さんは？

瀬戸　伊藤忠は、現地の人間が調査に当たった。その人たちには、案内役をしていただいた……結論として、「水と従業員は、よろしい」ということで、「じゃあ、やろう」ということになった。

アン　瀬戸さんご自身が、やろうと決心なさったわけですね。

瀬戸　この決断は、すごく早かった。日本にいろんな企業提携を提案すると、結論が出るまでに一年はかかるのが普通だと思っていたのが、四か月ぐらいで、こっちが「オッケー」したから、「日本の企業にしては、すごく決断が早いな」と、中国

中国のビール会社との提携を　伊藤忠と共に発表する

来、5社6工場体制となると、北は北京から南は深圳までだいたい沿岸部ラインナップができるわけです。（平成十〔一九九八〕年『週刊現代』九月二十六日号より　インタビュアー　松村保孝）■

黄鴻年さん

側から冷やかされたけども……さっきも話したように平成五（一九九三）年十二月に北京で調印した。

アン　調印相手は、さきほどの？

瀬戸　黄鴻年。向こうの国営企業の株をみんな持っている香港の人。自分が持っている株を、アサヒと伊藤忠に譲った。もちろん、当人も持っている。原則的には、杭州だったら、杭州市政府が四五パーセント持って、残り五五パーセントを、アサヒと伊藤忠と黄鴻年の三者が持つという図式。ただし、この三者間のマジョリティの株をアサヒが持つということ。こういった仕組みです。そして、翌年には、実際にわが社の手によって稼働し始めたわけです。

調印式（平成5［1993］年12月25日）

SETO'S KEY WORD 271

最高品質のものをつくれば、かならず中国のマーケットは、受け入れてくれるというすごい信念を持って中国に出かけて行った。

欧米流を反面教師として……中国市場での瀬戸流コンセプト。

瀬戸　中国のビール会社と手を組むにあたって、しっかりしたコンセプトがいる。そこで、最高品質のものをつくれば、かならず中国のマーケットは、受け入れてくれるというすごい信念を持って中国に出かけて行ったんです。スーパードライの成功方式を中国のマーケットでやれば、かならず成功するという、揺るぎない信念。中国のビール市場というのは、アサヒが平成五（一九九三）年に乗り出す前から、すごく伸びていたわけです。だから、欧米のメーカーが、雪崩を打って中国の市場に入っていました。その欧米型のやり方は「マニュアル方式」。生産ライン一つに例を引いても、自分の工場のマニュアルに、きちんと沿ってマネジメントをする。さらには、自分の会社のブランドを中国のマーケットに、できるだけ広めていこうとした。バドワイザーも、ハイネケンも然り。たとえば、アンフォイザー・ブッシュは、武漢というところにほぼ独資――九〇パーセント近くの出資率だと思います――の工場を四年ほど前につくった。アンフォイザー・ブッシュは、この武漢工場で、一枚看板のバドワイザーのブランドを推し進めている。これ

SETO'S KEY WORD 272
中国の「文化」に、まず入っていく——「侵攻型」でなく「入りこみ型」で。

SETO'S KEY WORD 273
中国ふうのマネジメント、プラス、日本のマネジメントでやれば成功する。

と違ったやり方で、ぼくたちは、中国でやっていこうと決心した。まず、われわれが提携した会社の経営が良くなることに、全面協力することから始めることにした。自分のブランドだけを推し進めるという戦略をやった結果として、会社全体の経営が悪くなったら、なんにもならない。だから、合弁先の各社の看板啤酒《ビーチュー》（ビール）——杭州啤酒《ビーチュー》だったら、看板商品の西湖啤酒《ビーチュー》というオリジナルブランドの生産に、まず力を入れたうえで、朝日啤酒《ビーチュー》もあわせてつくりましょうという作戦を取った。西湖啤酒《ビーチュー》の品質をあげたうえで、朝日啤酒《ビーチュー》の品質もあげていく。要するに、欧米のメーカーとは、マネジメントの方式と商品政策が全然違う。今、欧米のメーカーは中国市場から、どんどん去っています。彼らは、自分のところのブランドを推し進めるために、ずいぶんお金を使いました。安売り政策をやったり、景品政策をやったり、いろんなことをやった。中国の人は賢いから、目先のそういったサービスには、すぐ飛びつきます。そのときは、売れます。しかし、それは長つづきしません。莫大《ばくだい》かつ膨大なサービスを、いつまでも、つづけることはできない。「お金の切れ目が縁の切れ目」で、お金を使わなくなったとたんに、そのブランドは沈滞していく。

アン　「侵攻型」と「入りこみ型」の差ですね。

瀬戸　そう、そう、そうですね。そういった違いがあるわけです。とにかく、われわれは、中国の「文化」に、まず入っていこう——国には、それぞれの文化があるんだから、それを尊重しないと事業は成功しないと思った。中国には、中国ふうのマネジメントがある。その中国の昔からのマネジメント、プラス、日本のマネジメントの良さをミックスしていけば成功

SETO'S KEY WORD 274

欧米は中国の巨大市場で荒稼ぎをしようとして、過剰サービスと低価格志向を残していった。

SETO'S KEY WORD 275

欧米は短期思考。

するんじゃないかと、こう思ったんです……欧米勢力は、ドーンと中国の巨大市場に入ってきて、荒稼ぎをしようと思ったが、思うようにいかないので、「やっぱり、これは、あわないなあ」ってことで引きあげるわけですよ。彼らは結果として敗退しつつあるんだけど、逃げるときに低価格志向が残った。過剰サービスと低価格のビールを中国市場に残して去っていきつつある。

アン　アサヒは、その欧米勢力がほぼ引きあげたあとに出ていらした?

瀬戸　いや、欧米がまだ張り切っているときに、ちょっと遅れて中国に参画した。

アン　若干遅れての進出――「進出」という言葉は良くないかもしれませんが。

瀬戸　「進出」という言葉は、良くない(笑い)。とにかく、平成九(一九九七)年から十年にかけて、若干、欧米のメーカーが逡巡したあと、今、彼らは、引きあげつつあります。

アン　アサヒが、成功しつつあるのは、彼らを反面教師としたから? あるいは、アジア人同士という利点がある? 欧米人とアジア人がなかなか接点をつくれないという「西と東」の永遠のテーマの間隙を突いてアサヒは、しぶとく中国市場で生き残っているという見方は、ちょっと極端でしょうか?

瀬戸　たしかに、それはありますね。

アン　欧米人が中国のビジネスで挫折するというか、中国人とぶつかる根底には、どこか白人の優越感――アジア人は欧米人より下だと見くだしているような感覚が、「中華思想」のプライドの高い中国人にカチンときて、うまくいかないってところもあるのではないでしょうか?

瀬戸　うん、あのね、やっぱし……(即答型の瀬戸さんらしくなく、しばらく沈黙したあと)短期思考なんだね、欧米は。

「五人の神様」、ありがとう！

アン　それにしても、アサヒの中国市場への参画のコンセプトは、すばらしい！　もう少し、具体的なお話を……。

瀬戸　例をあげれば、中国の技術者の階層には、技術者グループと技能者グループがある。技術者というのは、いっさい現場に行かない。これは、若干欧米と似ている。技能者というのは、現場で働くだけ。ところが、日本の生産現場には、技術者とか技能者という分け方はありません。管理職と一般社員が一体となって生産に従事する。「作業能力を、どうしたらあげられるか？　もっといい職場環境をつくるには、どうしたらいいか？」――こうしたことを、現場でみんなで考えながらマネジメントをしていく。われわれが、中国へ行ってみたら、上は命令をするだけ、下は上からの命令に従うだけというふうなマネジメントが、そこにあった。これは、一つの中国の「文化」。「そんなやり方は、古い。日本のやり方のほうがいい」と「日本式マニュアル」を相手に押しつけないで、中国のいいところは、残していかなければいけない。くどいようだが、相手の「文化」を認めたうえで、日本式マネジメントを推し進めることが肝心。そこで、われわれは、まず工場の現場にアサヒのベテランを配置していくことにした。ここで、アサヒのもっとも歴史のある吹田工場の出番。この工場では、たくさん

SETO'S KEY WORD 276
相手の「文化」を認めたうえで、日本式マネジメントを推し進めることが肝心。

の人たちが、醸造の技術やパッケージングの技術や、いろんな技術を習って育っていった。高校を卒業して、すぐに工場に入って、醸造一筋やパッケージング技術一筋でやってきた人が、ずいぶんたくさんいる中で、六十歳ちょっとで定年を迎えて辞めた人がいます。そういう人たちに、「中国で働いてくれないか」と頼んだわけです。醸造の神様、パッケージングの神様——とりあえず大ベテランの五人に中国の工場の現場に行ってもらった。

アン　「四人組」じゃなくて、伝説の「五人の神様」の登場！（笑い）。

瀬戸　泉州と杭州の工場に「五人の神様」を配置。彼らは、工場の現場に長靴を履いて出向いて、醸造の釜の中に入って掃除をするとか、いろんな指導を現場でやった。中国の人たちは、日本の技術陣は、おそらく中国式に、上から「こうせい、ああせい」と言うだけかと思っていたから、彼らが実際にみんなと汗を流して、同じ苦労を分かちあったことで心と心が結ばれて、「感動の共有」が生まれた。半年か一年ぐらい経って彼らのだれかが誕生日を迎えたときに、工場の従業員たち全員がカンパしたお金でバースデー・ケーキを贈ってくれたとかいううるわしい話がいっぱいあるわけです。上も下も一体となって努力することで信頼感を持ちあって生産効率をあげるという日本方式を、「五人の神様」は体で示すことで自然に中国に持ちこんだ。さらに、そういったベーシックな製造関係の人間関係、信頼関係を元にして、いいビールをつくる方向にもっていこうと、向こうからも、ずいぶんと技術屋さんが日本に来ました。もちろん、アサヒからも「五人の神様」以外に、たくさんの技術者が向こうに行って、一緒になって中国での製品開発を一所懸命にやっているわけです。

SETO'S KEY WORD 277

上も下も一体となって努力することで信頼感を持ちあって生産効率をあげるという日本方式を、「五人の神様」とぼくが呼んでいるアサヒのベテラン技術者が、体で示すことで自然に中国に持ちこんだ。

三社の経営がうまくいって、北京や煙台でも……。

アン　話をちょっと前後させて申しわけないんですが……これは、カナダのマニトバ州駐日代表を、平成十二（二〇〇〇）年三月まで六年間やっていて、いろいろと中国とかかわって、いろんな思いをしたわたしの偏見ですが、株以外に「中国に乗り出してくるのならば、お金を持ってこい」と相手は言わなかったんですか？

瀬戸　言わない。株式だけの関係。いろんなリーガルのほうも、ちゃんとやりました——こんな専門的な話は、あまり関係ないか——とにかく、これが第一回目の中国とのかかわり。その三つの会社の運営は、ぼくが描いたコンセプトどおり、「五人の神様」をはじめ、現場の人の血の出るような努力の結果、非常にうまくいきました。次に黄鴻年が、自分が持っている、首都北京にある北京啤酒《ビーチュー》と山東省の煙台啤酒《ビーチュー》の株を買わないかと言ってきた。

アン　こうやってお話をうかがっていますと、黄鴻年という方は相当な実力派ですね。

瀬戸　彼は、投資をしてリターンを求めるという典型的な投資家です——とにかく、実業家ではなくて投資家です。だから彼について中国政府は、二つの目で見ています。一つは、「国営企業を安く買って、外国に安く売り渡した」という見方。もう一つは、「外資を入れることで、中国の事業を良くするために貢献した」という見方。

アン　その大人物は、いろいろ……

瀬戸　……と、タイヤとか、情報通信とか、いろんな株を持っている人。

アン　そうした株を中国で安く買って、それに利益をつけて売る天才的な人なんですね。

瀬戸　彼は、ぼくと最初に会ったときに、にこやかに言いました。「最初日本に来たときに、スーパードライを飲んで、それ以来スーパードライ以外は飲んだことがない。日本で一番うまいのはスーパードライだ」――そういう男（笑い）。

アン　中国人、うまいですね。

SETO'S KEY WORD 278
業績の悪い、北京のビール会社を買うことについては、正直言ってずいぶん迷った。社内に反対する人もいた。

瀬戸　うまい、うまい。

アン　どんな人物ですか？

瀬戸　年格好は……四十五歳ぐらいかな。非常に商才に長けた人。でも、けっして、悪い人じゃない。悪い人じゃないけども、利潤を徹底的に追求する人。わかる？お金儲け大好き人間。

アン　ボーダレス時代の新ビジネスマン。ところで、その二つも……

瀬戸　……また同じ条件で買った。北京啤酒《ビーチュー》と山東半島の煙台の工場。北京啤酒《ビーチュー》というのは、利益の出ていない会社だった。業績の悪い、そんな会社を買うことについては、正直言ってずいぶん迷った。社内に反対する人もいた。

北京ビールの視察（右から三人目がぼく　その左隣が黄鴻年さん）

北京啤酒との合弁は、「男のロマン」。

アン　即断即決の瀬戸さんが迷われるとは、よっぽどのことですね。

瀬戸　ぼくの独断で、ことを進めると、ぼくのリスクになると思ったが、どうしても北京啤酒《ビーチュー》は買いたかった。これは、やっぱり男のロマン。中国の首都に工場があって、首都の名前をつけている。中国のビールというと、だいたい青島啤酒《ビーチュー》というのが代名詞だけど、その次に、名前が言いやすい、覚えやすいのが北京啤酒《ビーチュー》。中国で国の賓客が来たときに出すビールが北京啤酒《ビーチュー》だった。要するに宮内庁御用達ビール。それぐらい昔からずっと伝統的にブランドの通っていた会社なんです。ところが、北京に陣取って、自分たちは名門であるという意識が強い。そのプライドは、それでいいんだけど、燕京啤酒《ビーチュー》という、やはり北京にある新興勢力のビール会社が、どんどん売上をあげてきたあおりを食らって、北京啤酒《ビーチュー》は、どんどんシュリンクしていった——なんか、ぼくにとっては、昔のアサヒを見るような気がして、身につまされるような話じゃないですか——だから、今は落ちぶれて、売上規模はものすごく小さい。アサヒが、株を買わないかと言われたころには、かつては八〇パーセントのシェアを誇っていた北京啤酒《ビーチュー》は逆転されて、燕京啤酒《ビーチュー》が九十としたら、十ぐらいの力しかなくなっていた……北京啤酒《ビーチュー》というのは、われわれの先輩がつくった工場だという一点にも心が動いた。戦争中にアサヒとサッポロの前身である大日本麦酒がつくったんです。北京啤酒《ビーチュー》のレンガづくりの醸造棟に星のマークがついている。黄鴻年が最初に、「これはおまえのライバルの会社が、昔つくった工場だ」と言ったから、ぼくは、「それは違う。ライバルではない。当時、大日本麦酒は、アサヒとサッポロとユニオンビールと、三つの商標を持っていた。サッポロの商標は星のマークだった。だから、この工場はわれわれの先輩がつくったんだ」と力説した。今の大成建設の前身の大倉土木というところがつくった工場で、古い建物がそのまま残っている。ノスタルジーに浸るわけではないけど、ロマンみたいなものも、ちょっと感じて、ぜひ買おうと……。中国のビール事業展開で、われわれが、これまでに成功した南――杭州と泉州で成功した実績をひっさげて、北にある北京に二年遅れで、乗り出したわけですが、はじめから北京の関係者がアサヒのやり方を非常に信頼してくれたのは、うれしかった。中国のマーケットというのは、南はプラクティカルで、北はポリティカルなんです。だからプラクティカルなところで成功することによって、北のポリティカルなところは、従ってくれるわけですね。

星のマークがついている北京ビールの醸造棟

SETO'S KEY WORD 279
中国のマーケットというのは、南はプラクティカルで、北はポリティカル。

平成十二（二〇〇〇）年現在、北京啤酒《ピーチュー》の赤字が中国ビジネスの足を……。

北京で天安門城楼をバックに

瀬戸　「男のロマン」は、いいんだけど、北京啤酒《ピーチュー》が、いまだに、中国ビジネスの足を引っ張っているわけ（笑い）。

アン　えっ!?　前の三社のように、うまくいかなかったんですか？

瀬戸　これが、大赤字。買ってからも、どんどんどんどんシェアがさがって、平成十一（一九九九）年の年間生産量は、三万五千キロリッター。それでも、前の年とくらべて一六％増。やっと増え始めた。それまでは、落ちっぱなし。

アン　昔のアサヒと同じ……。

瀬戸　イエス！　イエス！　そうなんです。またまた……

アン　……中国バージョンを、おやりになろうとしている（笑い）。谷から山へ登ることに情熱を燃やしていらっしゃる（笑い）。瀬戸さんは、南極探検家のスコットが、南極の氷の中で書いた遺書じゃないですが、『家の中の暖かい暖炉の前に座っているよりも、このほうが、どれだけ幸せであることか』――安定よりも波瀾《はらん》

SETO'S KEY WORD 280
ぼくは「さがる」のが大嫌い。

がお好きな方（笑い）。

瀬戸　山登りや探検は苦手ですが、「さがる」のが大嫌いだから。

アン　「あがる」のは、大好きですね。『山あり谷あり』で、谷から山に「登る」のではなく、仙人のように「飛ぶ」男（笑い）……冗談はさておき、北京啤酒《ピーチュー》は、そんなに業績が悪いのですか？

瀬戸　今年（平成十二［二〇〇〇］年）の年間生産量は、七万キロリッター。倍増です。こうやって明かりが見えてきたのだけど、この北京啤酒《ピーチュー》を立て直すためにどうするかということが、われわれの中国ビジネスの目下の課題。五社のうち、四社の経営は、全部うまくいっているのに、北京啤酒《ピーチュー》が足を引っ張って、その赤字が全体の黒字を全部食っちゃってトータルで赤字なんです。名前だけは通っているけど、まだ実力がつかない。われわれの戦略としては、まずなにはともあれ、北京市内で売上をあげようということで、三年前から、会社の総経理——社長を日本人がやっている。今は二代目の社長。

アン　アサヒからの出向社長ですか？

瀬戸　そう。二番目の社長は山田昭一君といって、今まで埼玉の支社長をやっていた人。彼が今すごく頑張って、改革をやっているわけです。

アン　味についても、梃《てこ》入れなさっているわけですか？

瀬戸　そう。各工場に技術者さんを二人ずつ配置している。アサヒのノウハウをぶちこんでいくの。品質の改善をしながら、朝日啤酒《ピーチュー》の新しいブランドをつくっているわけです。

アン　北京啤酒《ピーチュー》という名前は、残す方針ですよね？

瀬戸　地元のビールは、それぞれ生産したうえに朝日啤酒《ピーチュー》を出しているわけです。中国の人にアサヒと言ったって、そんな

SETO'S KEY WORD 281
スーパードライを中国のプレミアム・ビールにしたい。

に知られていないわけだから、さっきも言ったように、まず地元のブランドのレベルをもっともっとあげて、品質を良くして、そして販売量を増やして、その会社自体の経営を良くしていかなければいけません。さっき話したように、それに乗っかって朝日啤酒《ビーチュー》もつくって、だんだん朝日啤酒《ビーチュー》も広めていこうという作戦なんです。

アン　朝日啤酒《ビーチュー》の製造は、中国のほかの各社でも？

瀬戸　ほかの工場でもつくっています。

アン　スーパードライとは、味は違うんですか？

瀬戸　違う。今スーパードライをつくっているのは、煙台の工場。このあいだまで朝日啤酒《ビーチュー》をつくっていたのですが、それをやめて、平成十（一九九八）年の三月からスーパードライに変えた。

アン　どうして煙台でそれを？

瀬戸　煙台は、生産技術のレベルが高い。最終的には全部の工場でスーパードライを生産できるようにしたいと思っています。もう一つのわれわれの計画は、スーパードライをプレミアムビールにすることです。価格的にいうと、だいたい七元ぐらいの価格で売る。それで、今、売っている朝日啤酒《ビーチュー》を普及版として、だいたい三元から四元ぐらいにしたいと思っています。ちなみに、地元のほかのビールは、だいたい二・五元から三元……北京啤酒は、あと二、三年で黒字になると思います。

こんな展開になるとは、若いころには、思ってもいなかった。

アン　中国市場に関して、日本の同業他社の動向は、どんな具合ですか？

瀬戸　みんな追ってきていますけども、こんなに大きく事業展開をしているのは、アサヒだけです。地図でご覧いただくとわかるんですけれども、北京に始まり、ずっと沿岸部を、わが社の合弁工場はライン・アップしています。

アン　オーウ、ワーオ。でも、なんか、わくわくしてきますね。二一世紀のアサヒが、「島国」の中だけではなくて、「大陸」で活躍することを思うと。

瀬戸　そう、わくわくしてくる。このへんがね（と、胸のあたりを大きなジェスチャーで揺さぶる。その少年のような仕草が笑いを誘う）。このあいだも、うちの連中と話していたんですけども、ぼくらが会社に入ってきたときに、日本から外へ出て行って仕事をすることになるなんて——外国でビールをつくって売るなんてことは、これっぽっちも思っていなかったわけじゃないですか。そりゃ、これから中国でアサヒが根づくまでは大変でしょうけども、広大な中国を股にかけて、仕事ができることに、やっぱりロマンを感じますね。

SETO'S KEY WORD 282
広大な中国を股にかけて、仕事ができることに、ロマンを感じる。

青島啤酒《ピーチュー》と組んで深圳に環境保全型の新工場をつくった。

瀬戸　中国にかける夢には、実は、もう一つ、新作戦があります。平成九（一九九七）年に青島啤酒《ピーチュー》と新たに合弁しました。広東省の深圳に新工場をつくりました。出資率は中国側五一対日本側四十九——このことについては、あとでくわしく話しましょう。

アン　青島啤酒《ピーチュー》には、たしかバドワイザーの資本が入っていたのでは？

瀬戸　バドワイザーは青島啤酒《ピーチュー》に五パーセントの出資をしています。だけどなぜ青島啤酒《ピーチュー》と、うまくいかなかったのかというと、バドワイザー——アンホイザー・ブッシュは、「世界でナンバーワンのビール会社である」ということで相当強い圧力を青島啤酒《ピーチュー》にかけたわけです。ずばり、「バドワイザー・ブランドをもっとつくれ」と。

アン　上から抑えにかかった……いかにも、アメリカふう（笑い）。

瀬戸　それで青島啤酒《ピーチュー》側は、ずいぶんそれによって面子をつぶされたといいますか……感情問題に発展しました。結果、この五パーセントの出資比率は、そのまま今も「かたち」としては残っていますけど、出資の効力は、ほとんどなくなった。

そこで、アサヒの出番。われわれは、今までは既存の工場と提携してきたわけですが、今度はまるっきり新しい工場をつくった。平成十一（一九九九）年六月に完成して、七月に開業式をやりました。これはまさに、今までの中国に託したロマンの集大成。中国の中では、最新鋭の設備、なおかつ環境に優しい工場をつくったわけです。われわれが、「環境問題に本気で取り組む企業」のあり方のモデルケースとして完成させた日本の四国工場とまでは、いきませんが、中国のレベルで言うと最高の工場。廃水処理もきちっとできて、いっさいの汚水を流さないとかね。

アン　中国の現状では、すごいことですね。

瀬戸　これは中国の工場革命。工場の中に緑の木をふんだんにあしらって、工場見学の通路もきちっとつけて。あの工場をつくりあげたのは、青島啤酒《ピーチュー》とアサヒの若い技術者のロマンの結集だと思うんです。立派な工場ができたということがいいだけじゃなくて、青島啤酒《ピーチュー》の若い技術者とアサヒの技術陣が本当に情熱をかけてつくったというところに、ぼくは意味があると思うんです。日本から、多いときには、三十数名の技術屋が出向いていました。生産が軌道に乗ってきた今は、十人程度がいるだけですが。

アン　こういう言い方は、ちょっと失礼になるかもしれませんが、中国の人がレベルの違い——とくに環境に対する意識格差に、よくついてこれましたね。

瀬戸　青島啤酒《ピーチュー》に彭さんという総経理（社長）がいまして、彼がかねてから、日本のアサヒの今までの生まれ変わり方に強い関心を持っていたわけです。「中国のビール・ビジネスで打ち勝つためには、品質で勝たなければいけない」という経営哲学を持つ彼は、スーパードライの品質

SETO'S KEY WORD 283
中国でアサヒがつくった工場は中国の工場革命。

青島啤酒と組んで深圳に環境保全型の新工場をつくった。

についても非常に深い理解をしておりまして、できれば生ビールで、中国のビール・ビジネスに勝ちたいという発想を彭さんは、持っているんです。

アン　なかなか偉い人ですね。

瀬戸　偉い人なの。ですから、今度の合弁の工場も、最初はスーパードライと青島啤酒《ビーチュー》の両方をつくりまして、殺菌したビールを出しました。これはどういうことかというと、工場の中をきちっとサニタリー――いろいろと微生物管理をやらなきゃいけない。それがきちんと軌道に乗ってくれれば、生ビールをつくろうという作戦です。そして、予定どおり生ビールの生産は平成十二（二〇〇〇）年二月から、もう始めています。

アン　わたし、実は、平成十一（一九九九）年の年の暮れに、深圳の新工場を、『環境保全型企業宣言！』（清水弘文堂書房から、『ASAHI ECO BOOKS』のSPECIAL ISSUEとして近日刊行予定）の取材班にくっついて行って、見学してきました……そのときに、総経理の岩崎さんをはじめ、アサヒから出向いていらっしゃる幹部の方たちと、お目にかかって、丸一日、いろんなお話を聞かせてもらったんですけど、一日の最後は、やはり日本式に「一献傾けながら」ということになり（笑い）、新工場の近く、深圳郊外の小さな田舎町にある日本ふう居酒屋で、中国でできたてのスーパードライの生をご馳走になったんです。あのときは、ほんとに感激しました。まさか、中国の片田舎で、スーパドライの生をジョッキで味わうことのできる時代が、やって来るとは、夢にも思いませんでした。

青島啤酒《ピーチュー》との提携裏話。キリンと合弁を競りあって……。

瀬戸　なぜ青島啤酒《ピーチュー》と組んだか。中国の情報誌によると、中国には、平成五（一九九三）年当時は八百社のビール会社があっただろうと言われている……嘘八百と言いまして（笑い）……三とか八という数字が出ると、たいてい嘘っぽいんだけれども……とにかく、八百社あったって、中国側は言うんですよ。それが今は、どんどんどんどん淘汰されました。欧米のメーカーが出てきて低価格競争をやった話は、さっきしましたけれど、そういった過当競争に耐えきれなくなって倒産したとか、大きい企業に吸収されたとか、いろいろあって、平成十一（一九九九）年には、中国のビール会社は、だいたい五百二十社くらいになったと言われています。八百社のほとんどが、国営のビール会社だった。国営ということは、省政府か市政府が、ビール会社の経営をやっていたということです。中国は連邦政府みたいなものですから、中央政府の直営というのはない。それぞれ、省か市の管理。こういった企業を総称して国営会社と言っているんですけども、国営ビール会社というのは、言ってみれば「親方日の丸」だから、極端に言えば怠け者集団。技術革

青島啤酒との提携裏話。キリンと合弁を競りあって……。

新もしない。営業努力もしない。そういった企業が、三百社ほど淘汰されていったわけです。そうなると、中国政府にしてみれば、税収にも差しつかえるわけだし、当然、省や市政府にしてみても、不良会社を抱えていますと、当然、配当がもらえないから困るわけですね。結局、中国は国営十三社のビール会社に「重点特化をする」という政策を二年前から始めました。鉄鋼会社をはじめ、あらゆるジャンルで企業を見直し、絞りこんだわけですが、ビール業界では十三社にしようということになった。その筆頭として青島啤酒《ビーチュー》が、生き残ったんです。二番目が燕京――例の北京啤酒《ビーチュー》の強敵。それから、珠江。こういったところを中心とした十三社。中国はこの十三社に対してすごい優遇措置を取った。

アン　北京啤酒《ビーチュー》は全然入ってないんですね。

瀬戸　当然、入っていません。政府はつぶれたほうがいいと思っているんですから（笑い）。だからこっちは必死になっているわけです……その優遇措置は、すごいんです。「つぶれかけのビール会社を、どんどん買収しなさい。その場合、つぶれかけた会社の今までの累積赤字は全部免除してやる」……こんないいことはありませんよね。すごいですよ。前置きが長くなりましたが、こういう情勢の中で、アサヒは、「保険をかける」意味も含めて、青島啤酒《ビーチュー》と組もうとしたわけです。だって、今まで、われわれが合弁した四つのビール会社は、その国営十三社に入れない会社ですからね。たしかに、北京市とか、煙台とか、杭州とか泉州では、それぞれ代表的なブランドであることは間違いないが、その一つ一つは、言ってみりゃあ、中国の中央政府から見たときには、なんの存在感もない。

アン　政府から見ると地ビールといったところですか。

瀬戸　地ビール。平成五（一九九三）年以来、われわれは、その地ビールの品質をあげ、営業のレベルをあげ、ずいぶん努力してきました。去年（平成十一［一九九九］年）の段階では、四つのビール会社の生産量は、トータルで四〇万トンになりました。これは、中国のビール会社のランキングでいくと、第五番目なんです。結構あるんですよ、あわせれば。これから、この四社を一つに集団化していくつもりです。こちらのグループのとりあえずの生産目標は五〇万トン。あと一〇万トン。これは軽くいけるはずです。参考までに数字をあげれば、日本におけるアサヒの年間生産量は二四〇万トンです……四つのビール会社のグループ化について、今年（平成十二［二〇〇〇］年）二月に国家軽工業局長——日本の通産大臣に当たりますか——におうかがいを立てたら「いい」ということだったので、集団化することに決めたんですが、それはそれでいいとして、一方では、やはり中国政府のビール業界に対する方針もストレートに受けてキャッチしていかないと、アサヒが中国のビール事業をこれから進めていくうえにおいて、非常に不安定になる。従って、われわれは青島啤酒《ビーチュー》と組もうという決断をしたわけです。

アン　二本立て興業ですね。

瀬戸　そう。プラットホームを二つつくったわけです。一つのプラットホームは四つの集団会社であり、もう一つは青島啤酒《ビーチュー》……その青島啤酒《ビーチュー》との合弁契約は、ずいぶんすったもんだしたんです。最低どんなことが、あってもフィフティー・フィフティーでなければというのが、ぼくのスタンス。

アン　当然、そうでしょうね。

SETO'S KEYWORD 284
中国の市場での安定を狙って青島啤酒《ビーチュー》と組んだ。

SETO'S KEYWORD 285
これまでに合弁した四社は、集団化していく。

SETO'S KEY WORD 286
青島啤酒《チンタオビーチュー》と組むことによって、中国のビールビジネスの情報量が多くなった。

瀬戸　青島啤酒《ビーチュー》の社長が、「それはわかった。きちっとテイク・ノートしておいて、いずれ時期が来れば、あなたの要望をかなえよう。しかし今、中国政府の方針として、外資を五〇パーセント以上入れる許可は、おりない」ということで、とりあえず五一対四九でスタートしたのです。このことで、スタート時に、あんまりごたごたしないで、「いずれ、ときが来れば」と思ったんですけど、はっきり言って、なかなか「とき」は、来ませんな。しかし、どんな「かたち」であれ、青島啤酒《ビーチュー》と組むことによって、われわれが得られる中国のビール・ビジネスの情報というのは、ずいぶん多くなりました。だから、一ポイントや二ポイントのいわゆる出資比率よりも、われわれが得るものは多かったと思います。それに、これから中国がWTOに加盟すると、国際ルールを逸脱した行為は許されないから、資本比率を盾に取った無茶なことは、やらんでしょう。だんだんだんだん国際慣行に中国がなれてくることも見越しまして、一つやっていこうということになったんです。それと、とりあえず、この不利な条件を飲んで、大急ぎで合弁に踏み切った背景には、キリンが青島啤酒《ビーチュー》との合弁に食指を動かしたということがあるんです。青島啤酒《ビーチュー》の中にもキリンと組もうという勢力がある。その一派は過去のキリンの業績をよく知っている人たちで、アサヒの最近の躍進ぶりを知らない。そういう昔の人は、キリンと組みたがった。このことで、だいぶんトラブりました。でも、最終的に、アサヒが取ったわけです。これはなにも、ぼくの手柄ではなくて、夜久亢宥さんのお陰。この人は、アサヒの生産関係の仕事をずっとやってきていまして、一時、アサヒビール食品という会社の社長をやったことがある。そのときに、中国から乾燥ネギ購入の契約をした。その契約をした相手先が、奇しくも、当時は乾燥ネギを輸出する会社の社長で、今は青島啤酒《ビーチュー》の社長をやっている彭さんだった。彭さんはたまたま、あの会社の社長になられたんですね。これは、われわれにとってラッキーだった。その彭さんと夜久さんとは……

アン ……老朋友《ラオポンユー》だったんですね。

瀬戸 そう、老朋友《ラオポンユー》。顔社会の中国では、夜久さんと彭さんの関係は、ありがたかった。またわれわれも、膝をつきあわせて、青島啤酒《ビーチュー》の幹部と話して、最終的にアサヒに落ちたわけです。

SETO'S KEY WORD 287
中国は顔社会。老朋友《ラオポンユー》の存在が大きい。

アン ネギ鴨ですね。ネギが鴨を背負って来た（笑い）。アサヒの命を救ったのは乾燥ネギ（笑い）。

瀬戸 いいねえ。うまいジョークだ（笑い）。アサヒに決まったあとで、今度は三菱商事が青島啤酒《ビーチュー》に乗りこんできて……

アン ……いろいろ大変だったんですね。中国に舞台が移っても、アサヒ対キリンの熾烈《しれつ》な戦いがつづく。

瀬戸 宿命というか、宿敵というかねえ（笑い）……こうやって、すったもんだの末に合弁が成立して、シンボリックな工場をつくろうということになって、深圳に深圳青島啤酒《ビーチュー》朝日有限公司というのをつくったわけです。

アンの感想。「深圳の新工場のたたずまいは感動的。そのレベルの高さに感心」

アン　話を元に戻して、深圳の新工場についてのわたしの感想——まずつくりがすごい。吹き抜けのエントランスのところは、まるでホテルみたい。まわりには、近代建築がほとんどなにもない地域に、あのたたずまいは感動的です。

瀬戸　ありがとうございます。あそこの総経理の岩崎次弥君の部屋なんか、ぼくの会長室より大きいんだもの。許せない（笑い）。入った、あの部屋？

アン　入りました。もうびっくりして……。（大きな重役応接室を見まわしながら）この部屋の倍はあります。岩崎さんは、「こんなところで働いていたら、日本に帰れなくなるかもしれない」って、おっしゃっていました（笑い）。

瀬戸　そうなのよ、それぐらい設備がいい、あそこは。岩崎君、一生中国にいてもらうか（笑い）。

アン　岩崎総経理は、外からいらっしゃったんですね？

瀬戸　石川島播磨。ＩＨＩ。海外での事業展開のスペシャリスト。
アン　会長時代の樋口さんに石川島播磨から引き抜かれて、おもに財界関係を受け持つ樋口さんの秘書役をおやりになっていたときに、当時社長だった瀬戸さんにエレベーターの中で、「君、ぼくと一緒に中国に賭けてみないか?」って声をかけられて、感動したとおっしゃっていましたが……その岩崎さんが、「生産量倍増計画」に取りかかっていると張り切っていらっしゃいましたが……。
瀬戸　その程度じゃ駄目よ。
アン　えっ!?　駄目（笑い）……生産量のことはとにかく、頭の中であの深圳の新工場の風景を思い出すと竜巻状態になるんですけど……まわりは昔ながらの中国的カオス。その中に、あんなにすばらしいものをつくるというのは、本当にすごい。中国の方たちを表に立てて、裏から静かに物事を促進させるという姿を見ると、日本人って謙虚な国民だと、あらためて思います。あの工場は、それをシンボライズしていると思うんです。アサヒが海外におつくりになる工場のレベルの高さを実感しました。日本人は、「グローバル・スタンダード」と口ではよく言いますが、実際に、発展途上国に工場を持っていくときには、「この国には、取り締まる法律がないし、自律的に厳しい基準なんて、つくらなくったっていいじゃないか」ということで、結構、レベルを落として海外「進出」をする企業が多いんですよね。
瀬戸　うん、うん。
アン　揚げ句の果てに、環境破壊をするし、人間の扱い方も荒くなっていくというのが、残念ながら日本の企業の発展途上国への「進出」の一般的パターン。日本だけではありません。二〇世紀の欧米型の海外「進出」論は、「安くつくれるところで、安く人を使って……」という「搾取

アンの感想。「深圳の新工場のたたずまいは感動的。そのレベルの高さに感心」

SETO'S KEY WORD 288

中国のビール産業に参画することを決めた当初から、「日本と同じレベルの技術水準と商品の品質水準を、きちっと守っていこう」というのが合言葉だった。

型」が主流だったんですけど、アサヒが中国と組む方法論は、世界のモデルになると思います。環境に対する基準も、きちんと日本と同じレベルで自発的に当てはめて、あの工場をおつくりになっただけですごいと思いますが、そのうえ、あそこは働く人の扱い方も、質が高いんですね。たとえば、芝生や木の世話をしているお兄さんなんかに対する岩崎さんはじめ日本人の幹部の方の接し方を拝見しているだけで、そのことがわかります。あの工場で働いている中国人の労働者の方たちは、全寮制で三食を工場の食堂で食べているわけですが、日本人のスタッフも、同じ食事を、昼食はみんなで食べていらっしゃる……感心しました。総合的に言えば、アサヒがあそこでやっている仕事は、本当に一流という印象を受けました。

瀬戸　ああ、そう。アンさんに、こうやって褒めてもらうと、中国作戦を陣頭指揮しているぼくは、ハッピーな気分になる。ありがとうございます。中国のビール産業に参画するってことを決めた当初から、「日本と同じレベルの技術水準と商品の品質水準を、きちっと守っていこう」というのが合言葉だったんですが、あれから七年、現場が初心を忘れないで頑張っていてくれるのは、うれしいことです。

アン　話はちょっと横にそれるのですが、あの新工場の庭に、瀬戸さんのサイン入りの『われら、ここに新工場を建てたり』みたいな大きな石碑が立っていますね。

瀬戸　そう、青島啤酒《ビーチュー》の総経理の彭さんの署名入りのやつと二つ並んでいる。あれ、実は、はじめアサヒの石碑のほうが小さかったから、クレームをつけて、彭さんに断って、同じ大きさにつくり変えさせたの（笑い）。

深圳新工場余話。中国人のおおらかさ。

アン　深圳の新工場でおもしろかったことが、あります。いろんな地元の物売りが、自転車とかリュックサック姿で工場にやって来る。その人たちを、工場の中に出入り自由にさせているのは、すごいと思いました。「あっちに行け！」と追いやらないで、日本人もその人たちから、にこやかに物を買ったりしている――なんでもない風景だけど、とっても重要だと思うんです、こういうのって。

瀬戸　そうですね。へんな優越感を持たないで、現地の人と接することは大切。

アン　瀬戸さんのおっしゃるように、出入り業者を大切にしている（笑い）……しかし、それにしても、あんなすばらしい寮が完備していて、そのうえ、あんな清潔な工場で働き、中国のレベルでは「高給」をもらったうえに、三食つきの朝から晩までのいい生活――あの人たちにとっては、あそこは「天国」です。だから、働いている中国人のプライドが、いい意味ですごく高い。最高の仕事に自分がついているという満足感が、どの労働者からも伝わってくる。それにしても、中国では、「三食つき全寮制」じゃないとダメっていうのは、会社側にしてみれば大変ですね。

瀬戸　「三食全寮お風呂つき」ってやつね。これは裏話になるけど、北京ビールでも、お風呂を二十四時間、焚《た》いてんのよ。なんでそうしなければならないと思います？　もちろん、「従業員のために風呂を提供する」というのは、労働契約書にちゃんと書いてあるんだけど、従業員千人くらいの工場――本当は、あの工場に千人もいらないの。日本だったら二百人で十分なんだけど――で、そんなふうにお風呂を焚《た》かなければいけないかっていうと、近所の人も入りにくるからなんですって。会社のお風呂にだれが入っているか、わからないっていうんだから、どうしようもない……とにかく、おおらかなんですよ。

アン　深圳でも立派にできあがっている工場ツアーのためのコースを、いまだにオープンできないのは、日本のアサヒの各工場でやっているように、工場見学のあとにサービスの生ビールを一杯ふるまったりしたら、人がワーッとおしかけてきて収拾がつかないから、やれないでいると現地の幹部の方が悩んでいました。

北京啤酒《ピーチュー》生まれ変わり作戦。

瀬戸　まだ、まだ、中国での作戦展開には、先があるんです。

アン　えっ!?　まだあるんですか！「男のロマン」って際限がない……（笑い）。

瀬戸　まもなく黒字になることを前提条件として、だいぶん古くなった北京啤酒《ピーチュー》の工場――昭和十七（一九四二）年にできた、もう六十年近くたっている老朽工場をリニューアルしようと思っています。北京啤酒《ピーチュー》の工場というのは北京市内の中心――北京大飯店から車で二十分ぐらいのところにあります。そこにある今の工場を全部取り壊して、できればテーマパークのようなものをくっつけた新しい工場をつくろうという計画を今、考えています。ビアホールも隣接させる。新工場を建てるにあたって、そのそばに「北京市民の憩いの場所を、つくることができないだろうか？」というコンセプト。ロサンゼルスをはじめ、アメリカ各地にブッシュガーデンというのがありますでしょ。あのように、工場周辺にたくさん緑を入れて、環境問題にしっかり配慮のいきとどいた工場づくり。青島啤酒《ピーチュー》との合弁会社でつくった深圳の工場よりも、さらなる環境対策をやりたいと思っています。もちろん、深圳の工場も、相当なレベルだとは、自負していますが。

アン　すばらしい計画！　瀬戸さんご自

SETO'S KEY WORD 289

北京啤酒《ピーチュー》の新工場は、青島啤酒《ピーチュー》との合弁会社でつくった深圳の工場よりも、さらなる環境対策をやる。

北京啤酒生まれ変わり作戦。

日本朝日(株)社长
杨志海副局长会见

…日本朝日(株)…长在京会见
…日本朝日(株)社长瀬户雄三先生一行。

瀬户社长感谢国家轻工业局领导对于朝日公司在华合作所给予的支持，并简要通报了该公司在中国建立的4家合资企业的发展情况。朝日公司在北京、烟台、杭州和泉州设立的合资企业去年总产量已达40万吨，比1998年增长了16%。他们的下一个目标是将4个合资企业组建成一…集团公司。

尽管朝日公司合资建立北京啤酒厂遇到了一些困…，产量出现下滑，但1998…已经走出低谷，产量达…万吨，增长了16%。今年…啤"的生产目标是7万…明年计划将产量扩大到…吨，并将"北啤"逐步培…出口创汇型企业。…朝日公司不仅注重提高…业的产品质量，还注重加强企业原有…值。由于北京市市…要求，"北啤"将搬…外，虽然目前厂址尚…但朝日公司将新厂建…化环保型企业的目标…定。瀬户社长向杨志…了拟建新厂的模型，…介绍。

杨志海肯定了朝日…在华开展的合作，并希…日公司能和百威以及国…"珠啤"、"燕京"等啤酒…企业成为友好的竞争伙…共同推动中国啤酒工业的…展。关于拟建的"北啤"…厂，杨志海认为设想很好，…符合市政发展的要求。作…行业主管部门，国家轻工业…局将予以支持。杨志海指出…"厂址搬迁是'北啤'发展的…一个机遇，希望该厂能重新…占领北京乃至全国的市场。…工作中遇到困难，我们也会…给予力所能及的帮助…持。"

『楊志海副局長　日本アサヒビール㈱社長（会長の誤り）と会見』と報じる二〇〇〇（平成十二）年の『中国軽工業報』。

身が、先頭に立たれて交渉にあたられているようですが……。

瀬戸　今、北京の政府とも何回も話しあっています。向こうの人は、環境対策について、こちらのビジョンを語ると、もうすごく乗り気になる。具体的な金の話になると、腰が引けるんだけど……それは、とにかく今中国にとって環境問題というのは、一番の大問題。冬場に石炭を焚《た》いて、煙突からもくもくと煙を出す国だから。だから、国の大方針として環境問題に真剣に取り組もうとしている。たとえば、北京市に例を引けば、北京市は、中国の中で三大汚染都市に指定されている。行かれたらわかりますけども、北京市内に入ったら石炭の匂いがすごい。空気が澱《よど》んでいて、本当にあの環境の悪さは、すごい。そういったことから、北京市政府は、環境対策上、中心部にある工場は全部郊外に出すという決定をした。三環路と

北京啤酒《ビーチュー》の新工場プラン

四環路——●環状三号線と四号線のあいだにある工場は、全部立ち退かなければならない。北京啤酒《ビーチュー》もそこにある。

アン　都市計画に引っかかるわけですね。

瀬戸　移転するにあたって、これをわれわれも一つのチャンスとして受け止めようということで、今話したようなビジョンを描いたわけです。「北京啤酒《ビーチュー》を環境保全型の企業にしたいと思う」と言ったら、「大賛成だ」と言うわけよ。新工場の大きさは、縦横四百五十メートルと四百二十メートル。敷地面積が十八万九千平方メートル。生産能力は年間十万トン。製造品種として北京啤酒《ビーチュー》、純鮮啤酒《ビーチュー》、朝日啤酒《ビーチュー》、スーパードライをつくる——こういう工場設計をやったわけです。「これをできるだけ、北京の中心から近いところに、つくらせていただきたい」と北京と中国の政府にお願いしている。日本と違って中国の土地は、全部国有ですからね。

だから政府が土地を斡旋してくれないとできない。（ここで計画図面をアンに見せながら瀬戸さんは熱心に説明）見学通路をはさんで生産設備と「市民の憩いの広場」をセパレートしているのが特徴です。

アン 今までにないユニークなやり方！

瀬戸 そうなんです。いわゆる「市民の憩いの広場」を大きく取って、一般市民に解放する。その一角にあるビアホールで、できたてのビールを飲んでもらおうという計画。北京市長とか副市長とか、北京政府のみんなに集まってもらった席でプレゼンテーションをやったら、すごく喜んでくれて、「全面的に協力しましょう」ということになった。

アン 総工費は、どれくらいでしょう。

瀬戸 百二十億円。

アン アサヒの全額負担ですか？

瀬戸 具体的な詰めは、まだこれからです。今、北京市へ、「土地は全部提供してください。それから市民の憩いの広場の設備も、できれば北京市がつくってください。アサヒは、環境保全型の最新工場を、きちんとつくりましょう」と提案している。そうすれば、両方でプラスになるじゃないですか。

アン ここにできるビアホールは、はやるでしょうね……このままのコンセプトで実現すると、これは世界のモデルになります。大袈裟じゃないです、絶対に。

瀬戸 北京は中国の首都だから、ここでいい工場をつくって、いいビールを出せば……この新作戦は勝負どころ。ぼくの会社生活の最後の大仕事。

アン 新工場は、いつ完成ですか？

瀬戸 できれば、今年（平成十二［二〇〇〇］年）の十月に土地を決定してもらって、それから設計にかかって、来年から着工して、再来年（平成十四［二〇〇二］年）の三月くらいに出荷したい。

北京啤酒《ピーチュー》新工場の具体的な環境対策の青写真。

アン　話が、ちょっと飛ぶようで恐縮ですが、アサヒの四国工場を拝見して感動したのは、「水循環のシステム」です。ご案内いただいた方が、「大阪の水道よりも排水が綺麗《きれい》だ」って、おっしゃっていました。工場のオープニングのときに、四国工場の建設に情熱を注がれた当時の薄葉久副社長が、その水を飲むパフォーマンスをおやりになったそうですが……わたしは、「二一世紀のビールを考える」ために「特別限定ビール」として、「工場の排水からつくる新製品」というアイデアを出したら、「日本人は、感覚的に排水を使った飲料水を絶対に受け入れない」と、即座に「却下」されましたが（笑い）、おおらかな中国——慢性水不足の中国で、アサヒの「水循環のシステム」技術を生かして、排水を使うビールを市場ベースに乗せることができたら、絶対に「二一世紀型ビール」として、革命的なことだと思うんですけど……こういった「水循環のシステム」も、完璧《かんぺき》におやりになるんですか？

瀬戸　もちろん。排水は当然です。それから省エネルギー。もちろんごみゼロ。それから排水も、もちろん四国工場なみに綺麗《きれい》に。排煙の問題。そういうのを全部完備した北京啤酒新工場の具体的な環境対策の青写真。

SETO'S KEY WORD 290
中国で新しい工場を立ちあげるという経験をすることは、うちの社員にとって、すごくいい勉強になる。

中国一のモデル生産工場にしたい。フロンに関しては、名古屋工場のような、完全な一〇〇パーセント・ノンフロンは、ちょっと無理。コストの問題がありますから。しかし、最初からフロンガスを使わないアンモニア冷房でやっていけば、フロンの大量排出は避けられる……いろんな各論検討は、これからだけど、北京の市内で北京の人たちが誇れるような代表的な環境対策を完備した工場をつくりあげていこうというビジョンだけは、なんとしても貫く。環境対策だけでなく、一人あたりの生産量も、あげたい。中国は人件費が安いですから、人を減らすということに対して、中国側はあまり関心がないんですけど、将来、人件費があがっていくのは、わかっていますから、一人あたりの生産性というのを考えると、やはり生産効率の高い製造ラインをはじめ、効率のいい製造設備をつくっていくことも新工場の課題。

アン　ところで、今まで、いくらくらいつぎこまれたんですか、北京啤酒《ピーチュー》に。

瀬戸　いままでの投下資金は、たいしたこと、ありません。おそらく十億円くらい。資本を入れても、二十億円くらいじゃないでしょうか。

アン　とすると、この新しい作戦に百二十億円というのは、大変なことですね。それだけの大作戦に、どういうスタッフを北京に送られるんですか？

瀬戸　スタッフは国内から送ります。中国で新しい工場を立ちあげるという経験をすることは、うちの社員にとって、すごくいい勉強になる。

アン　それが、社の目に見えない財産になっていくわけですね。

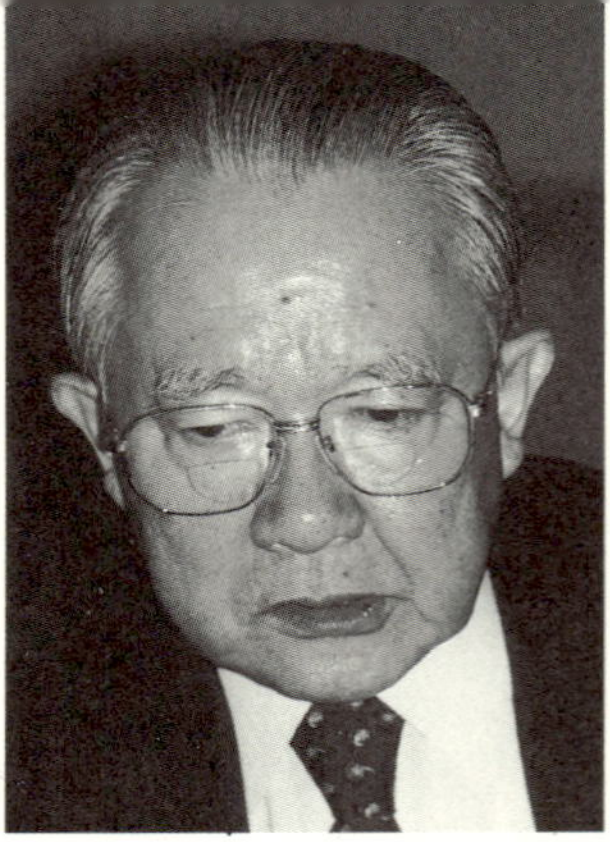

国際舞台で通用するアサヒマンの養成。

アン　優秀な生産関係者をはじめ国内の販売とか営業マンは、アサヒにはベテランが揃っていらっしゃるわけですが、これから国際舞台で通用する人を、どう育てていくかというのが懸案事項ですね。あともう一つ。海外で活躍した人が、日本に帰ってきたときに、身につけたノウハウを生かせる受け皿が、ちゃんとした「かたち」で、あるかないかっていうのが、これからの課題のような気がするんですけど……。

瀬戸　そう、北京啤酒《ピーチュー》にいました岩上伸君というのが、去年（平成十一［一九九九］年）、東京工場長として、帰ってきました。彼は、今度名古屋工場長になります。昨日（平成十二［二〇〇〇］年三月三十日）、彼と会ったんですけども、彼は中国にいるあいだ、日本のハイレベルの技術と中国のまさに原始的な技術のギャップを埋めるために苦労しました。そのことで、彼は日本におけるわれわれの恵まれた環境を肌で感じたと思いますね。彼は昨日も言っていました。「中国に行って、つらいことは、たくさんありました。今度は名古屋でその経験をもっと生かしていきます」と。日本に帰ってきて、なにか浦島太郎みたいになって、全然、立ちあがれないとなると、これは当人のためにもマイナスだし、アサヒにとってもマイナスなんです。その点、ぼくは生産関係

国際舞台で通用するアサヒマンの養成。

の人は、つらかった経験を日本に帰ってきてから生かす人が多いと思っています。

アン　営業畑の人は、どうでしょうか？

瀬戸　営業畑の人には、海外勤務はもっといい経験になると思う。日本では、アサヒと言うとだれでも知っているから、なんだかんだと言っても営業がやりやすい。ところが中国へ行けば、アサヒなんてだれも知らない。自分で仕事を見つけてこないと、営業にならないわけですよ。上海に、もし今度いらっしゃったら、上海事務所に行っていただくと、非常におもしろいと思う。浦東に森ビルという上海で一番高いビルがあります。この森ビルの四十六階にアサヒの上海事務所があるんだけども、宮崎支店から出向いたそこのリーダーの伊原寛隆君も、すごいんだ。彼とこのあいだ、会った。「中国の仕事はすっごく楽しい。なぜ楽しいかっていうと、上からの指示を受けてやる仕事が、まったくありませんから。自分でものを考えて、自分で積極的にマーケットに乗り出していく。もうそれしかないんです。積極的に乗り出していったら、かならず反応が返ってくる。動けば売上があがる。なんらかの実績が残せる。こういう楽しい仕事は、日本では、とても味わえない」と彼が言っていた。今、中国に行っている連中は、年恰好から言うと三十五歳から四十歳くらいまでかな……みんな若い。

アン　わたしは、深圳の工場に出向しているアサヒマンに、非常にいい印象を受けました。もっとも、あそこは、技術屋さんが多かったですけどね。

瀬戸　今度、営業も見てください。杭州の事務所長は、鈴木芳信君っていうんですけど、彼は今まで大連に行っていたんです。そこで、一人で中国人のセールスを十人ほど使って営業活動をしていた。彼が大連に行ったはじめのころに、ぼく

SETO'S KEY WORD 291
社員を「蝶よ花よ」で大事に育てるんじゃなくて、荒波の中に一人だけポーンと放り出して、頑張ってもらっている。

もやはり心配だったので、北京に行く前に鈴木君に会ってみようと思って、大連にちょっと寄ってみた。そしたら、彼の顔が引きつっちゃっていた。そりゃそうでしょう。言葉もあんまりわからないのに十人の中国人セールスを使って孤軍奮闘しているわけだから。

アン それは、大変。でも、そういうスタッフが、世界のあっちこっちで、ご苦労なさって、海外での営業活動のノウハウを体で覚えられることが、アサヒが国際トレンドになるための第一歩であるような気がするんですが。若手を海外にどんどん送りこんで、国際感覚を身につけた社員を増やすことが急務ですね。本当に、わたし、そう思います。もちろんドメスティックな企業として、アサヒは今や日の出の勢いであるわけですが、ドメスティックをインターナショナルな企業に劇的に転換するには、相当な血と汗を流さなければ、不可能だと思います。この転換をうまく図らないと、三十年たったら、またダウンする可能性もありますものね、はっきり言って……生意気を言ってすみません。

瀬戸 だから、「蝶よ花よ」で大事に育てるんじゃなくて、荒波の中に一人だけポーンと放り出して、頑張ってもらっている。その後、深圳の事務所長になった鈴木君に去年（平成十一［一九九九］年）に北京で会いましたけども、ずいぶんたくましくなっていた。人間として成長していた。本当に、体つきが、ひとまわり大きくなったように見えるわけですよ。これはやっぱり自信のなせる技でね、話すことも堂々としてくるんですね、そうなると。アンさん、今度杭州に行かれることがあったら、鈴木君に会って、大連の苦労話とか、杭州に行ってからの今の仕事のことを聞くとすごくおもしろいと思い

SETO'S KEY WORD 292
中国派遣社員の選考には、「やりたい」という本人の意思表示が第一。

ますよ。

アン　中国には、農漁村調査をはじめ、あれこれ用があって、しょちゅう出かけますので、その折りに、ぜひ各地のアサヒの営業拠点をお訪ねしたいと思います。

瀬戸　上海にみんなを集めてもいい。みんな喜んで上海に集まって、いろいろな苦労話をしてくれると思います。ぼくなんかの上から見たものの見方じゃなくて、もっと現場に立脚した物語をしてくれると思う。

アン　それをわたしが、また瀬戸さんにご報告申しあげる（笑い）……そうした海外向けの人材の選択は、どういうふうになさっているのですか？

瀬戸　基本的には志願です。「やりたい」という本人の意思表示が第一。アサヒには、中国語語学研修という制度があります。半年間、北京大学が、いわゆる外国人短期留学みたいな「かたち」でうちの社員を受け入れてくれる。この研修を終えた社員に、卒業すると同時に、志望を聞く。

アン　中国へ派遣が決まった社員のための語学研修じゃなくて……

瀬戸　……じゃなくて。純粋な中国語学研修。アメリカで英語を学ぶ研修制度もあります。

アン　それは新入社員であれ、ベテラン社員であれ、希望された方は、だれでも受けられるわけですか？

瀬戸　何年かキャリアはいると思います。入社後三年か四年か経った社員を有資格者として、社内でまず選考して、試験を受けたあと、通った人が行けるわけです。

アン　研修が終わったあと、「どうしたい？」と聞いたら……

瀬戸　……ほとんどの人が、「中国で仕事をしたい」と言います。

アン　そういえば、深圳の工場にも、若い方が、一人いらっしゃった。「中国語、うまいですね」と言ったら、「語学研修で最初は、中国に来たんですよ」って、おっしゃった方が。

瀬戸　今、北京にいる北雅州君なんてのは、滋賀支店の営業だったんですが、ぼくが社長時代に、ぼくのところに、しょっちゅうメールをよこしていた。「社長、ぜひ、わたしは中国という大きな市場で働き、成果をあげたいと思います。なにかありましたら、社長、ひとつわたしをバック・アップしてください」というメールを。「頑張れ」なんて返事を書いていたんだが、半年か一年ぐらいあとに、「社長、おかげさまで中国の語学研修の試験にパスしました。喜んで行ってまいります。語学研修を卒業した暁には中国でビールの販売をやってまいります」というメール——そして、今、北京でビールを売っている。

中国の営業現場のすさまじさに
アン、びっくり。

アン　しかし、それにしても、あの中国のビール販売の最先端――「大箱」のビアホールというかレストランというか、あああいう場所の販売合戦は、すさまじいですね。女の子にメーカの名前入りの襷《たすき》をかけさせて、各社が競ってお客さんにビールを売る、あの姿には驚きました。

瀬戸　キャンペーン・ガール。ハイネケンもいるわ、サッポロも来るわ……。

アン　十社くらいのビール会社のキャンペーン・ガールが、入り混じって、自分の社のビールをお客さんにすすめる。お客さんが、買ってくれると、女の子たちは、

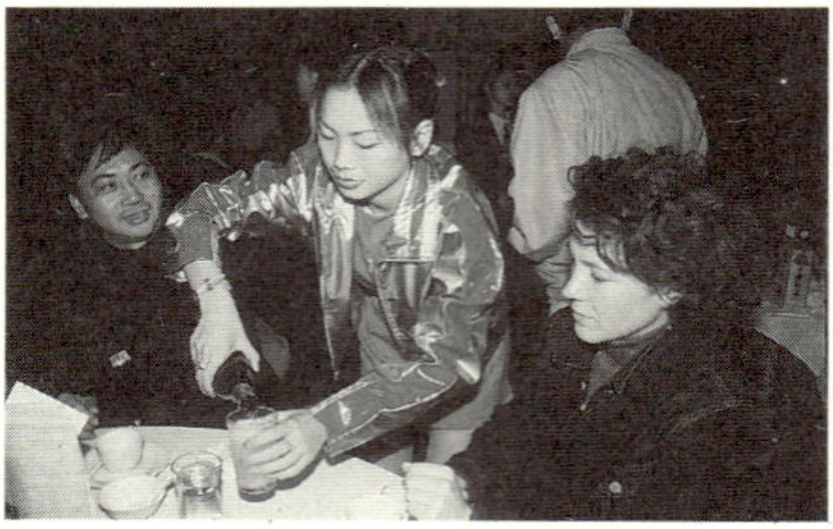

キャンペン・ガールに朝日啤酒《ビーチュー》をついでもらっているアン（右）

その王冠を取っておいて、あとで歩合をもらう。ハングリーな精神で、女性たちが必死になってビールを売ろうとしている姿に、もう涙が出る、見るだけで。その姿に感動して、飲んであげなければいけないという脅迫概念にかられて、「じゃ、もう一杯、もう一杯」ってことになる（笑い）。

瀬戸　ほんと、かわいそうな気持ちになる。そういうふうな気持ちを持つ必要はないんでしょうけど……彼女たちは彼女たちなりに、ビジネスとしてやっているわけだから。

アン　そうです。しかし、あれにはびっくりしました。あの販売方法には。

瀬戸　ぼくも去年（平成十一［一九九九］年）の十月か十一月に北京の長富宮飯店というニューオータニ近くのおいしい中華料理屋さんに、そこにはアサヒがあるというので入ったのよ。冷蔵庫もアサヒなの。ところが、パッと襷《たすき》がけで出てきたのは、サッポロのキャンペーン・ガール（笑い）。

アン　そう、あの子たちは、敵の牙城に乗りこんで行って、好き勝手にやる――「仁義なき戦い」。

瀬戸　それで、そのキャンペーン・ガールが、なんともいえない声で「サッポロ、サッポロビール、サッポロ啤酒《ビーチュー》」って言うから、ぼくは、「朝日啤酒《ビーチュー》!!」と大声をあげた（笑い）。それで、はじめてアサヒがでてくるんだけど、すさまじい戦いよ。

アン　深圳でも、岩崎さんたちに、アサヒのキャンペーン・ガールがいるところに、連れて行っていただき、かわいい女性からアサヒを買って飲もうとすると、燕京をはじめ、いろんなビールのキャンペーン・ガールが、五、六人ワーっと割りこんできて、自分の銘柄のビールを売りつけようとする。キャバレーみたいな……キ

中国の営業現場のすさまじさにアン、びっくり。

SETO'S KEY WORD 293
強いカルチャー・ショックを受け、それを乗り越えたあと、たくましい人間になる。

ャバレーと言ったら、ちょっと語弊がありますが、こちらは、ただ目を白黒させながら、うしろに押しのけられたアサヒのキャンペーン・ガールから、必死になって「うちのビール」を買わなければいけないんです。

瀬戸　普通、日本だったら、アサヒを売っているところには、アサヒのキャンペーン・ガールがいて、「もっとアサヒを売ってもらうように、飲んでもらうように」ってキャンペーンするじゃない。中国は、そうじゃない。ほんとに、「仁義なき戦い」——向こうの経営者も、そんな仁義や義理なんてあんまり感じない。「ところで、おまえのところのビールを、ここで売って、こちらにいくらよこすんだ？　その歩合だったら、オッケー、わかった。勝手に売ってくれ」ということになるわけです。そういう国なの。

アン　だから、営業の方はご苦労だなと思いましたよ。

瀬戸　そうですよ。だから、まずそういうカルチャーになれるまで、ずいぶんとショックを受けるわけですよ……だけど、それを乗り越えたら、さっきも言ったように、すごくたくましい人間になるんです。アンさんの話じゃないけれど、そんな人が日本に帰ってきたときには、筋金入りの社員になることは間違いない。ぼくは、この場合、国際感覚というよりも、日本もアジアの国だから、五年、六年と交流することで、アジアのみなさんと同じ感覚で動けるような人間に、うちの社員を育てることは、非常に大事だと思うんです。もちろん、欧米に行くことも大事だけど、やっぱり、まず身近なところ——「お隣さん」にわれわれは生産拠点と販売拠点を置いてそこで勉強していくことが、非常に大事じゃないかと。

アン　実は、中国の工場を訪ねたあと、

SETO'S KEY WORD 294
政治もカルチャーのレベルも違う中で、なんらかの共通点を、あらゆる段階で一つ一つ詰めていかなければ、いけないと思う。

ヨーロッパに行って、あちらに一か月滞在して、アサヒのヨーロッパでの活躍の一端を、チラっと見せていただいたあと、また香港経由で日本に帰ってきたんですけど、やっぱりアジアはアジア同士、もっと仲良くしなければいけないと、しみじみ、わたしも感じました。ヨーロッパは、もう完全にEU一色。いろいろ問題があるにしても、とにかく、「統一」に向かって大きな一歩を歩み出している。北米も北米なりにやっている。北米はアメリカのうしろにカナダとメキシコが、やむなく、ついていっているという格好ですけども……そこで、アジアを見てみると、アジアは、おたがいの近所づきあいの壁が厚いんですよね。

瀬戸　厚いですね。

アン　これをなんとかしなければ、アジアの諸問題は解決しないと、わたしは思っています。そんな中でアサヒの活動は、とっても重要だと思っているんです。

瀬戸　そうですね。いわゆる国のレベル——政治もカルチャーのレベルも違う中で、なんらかの共通点を、あらゆる段階で一つ一つ詰めていかなければいけないと思います。政治の段階での共通の問題はなにかと大上段にかまえるのは、今、ちょっと脇に置いておいて企業の段階で、アサヒは現地に出かけて行って、試行錯誤しながら、現地の人と一緒に汗を流しながら仕事をして、さっきアンさんも言っていたように、「もっと仲良く」というか、もっと「結合」ができないかどうか、一所懸命にやっている。

香港にて　家内とともに

北京啤酒《ピーチュー》を青島啤酒《ピーチュー》と並ぶくらいの輸出ビールにしていきたい。

SETO'S KEY WORD 295
日中合作の北京啤酒《ペキンピーチュー》を青島《チンタオ》啤酒《ピーチュー》と並ぶくらいの輸出ビールにしていきたい。

瀬戸　話が、現場主義者のぼくの苦手な概念論になってきましたが……話を現実に戻すと、ぼくは日中合作の北京啤酒《ピーチュー》を青島啤酒《ピーチュー》と並ぶくらいの輸出ビールにしていきたいんです。

アン　中国発信のアサヒの輸出ビール？　日本にも入れるんですか？

瀬戸　もちろん。

アン　アサヒと喧嘩になったりして……（笑い）。

アン　青島啤酒《ピーチュー》の販売網は世界中を網羅していますが……わたしは、瀬戸さんがそこに目をつけられて、青島啤酒《ピーチュー》と合弁なさったのかと憶測していたのですが……「製品開発のアサヒ」が「世界に販売網を持つ青島啤酒《ピーチュー》」とタイ・アップすることで、アサヒのスーパードライを世界に広げようとなさったのでは？

瀬戸　いや、青島の販売網とは、関係なく北京啤酒《ピーチュー》に青島啤酒《ピーチュー》と並ぶだけの力をつけようと思っている。北京啤酒《ピーチュー》の品質は、確実にこれまでもあがっているのですが、さらに今度新工場ができますと、ご覧いただいた深圳の青島啤酒《ピーチュー》の工場でつくるビールよりも、もっとレベルの高い生ビールがつくれますから。

中国啤酒《ピーチュー》業界余話。中国の工場のつくり方はおもしろい。

アン　北京啤酒《ピーチュー》の新工場建設で思い出したんですが、深圳工場をつくったときの中国方式のお話を現地で聞いて、わたしは、びっくりしました。あの独特のおもしろいやり方には、ただただ感服。工場が完成していなくても、ビールの生産に入るというのは、ユニーク（笑い）。

瀬戸　すべての設備ができあがって開業式をやる前にビールができているなんて、すごいよね。ぼくら日本人は、まず開業式をやってから、ビール生産を考えようとするが、中国の人は、おおざっぱというか、おおらかにやる。

アン　日本式と中国式のスケジュール調整というのは……

瀬戸　……大変。中国で日本人が、仕事をするのは、「忍耐」の一言。

アン　中国では、まずレンガの「箱」（建物の外観）をつくる。その中に労働者が、寝泊りしながら、窓や戸をポンポンと開けていく。同時にビールをつくる機械を「箱」の中に入れて、内装ができていようが、いまいがおかまいなく、ビールの生産を始める。こんな方法論を容認しながら、適切な指導をして工場をゼロからつくった日本人は、えらい！

これからの日本企業の海外参画は、環境保全型でやってほしい。

瀬戸　カナダ政府も一緒に組んでやりますか（笑い）。

アン　はい、やりましょう！　と即答したいところですが……わたし、まだ、カナダの首相ではありませんので。将来、決定権を持つような立場に、万が一なったら、やりましょう（笑い）。

瀬戸　それは、わが社のほうも次世代の課題かな？（笑い）……冗談はさておき、世界中の国の政府が、新工場を建てるときに、こういう発想に立って、企業と協力して完全な環境保全型工場をつくることに本気で取り組むべきだと、ぼくは思っています。それは、次世代のためでもあります。政府が、そんなたくさんのお金を出す必要はないけども……中国政府に対して、いい意味での刺激を与える意味でも、今回の計画の「環境にかかわる部分」に、日本政府も、もっと補助金を出してくれと言っている。われわれも出す。ただ単に、利潤追求を目的としていないこのような計画は、一つの企業が単体でできるわけがないとぼくは力説している。中国との関係に話を戻せば、もう一点、強調しておきたいことがあります。ちょっと、おこがましい言い方になりますが、わ

SETO'S KEY WORD 296
世界中の国の政府が、新工場を建てるときに、企業と協力して完全な環境保全型工場をつくることに本気で取り組むべきだと、ぼくは思っている。それは、次世代のためでもある。

SETO'S KEY WORD 297
環境保全型工場のコンセプトをひっさげて中国に参画することで、「発想の転換」を中国にうながすことができればいいと思っている。

SETO'S KEY WORD 298
これからは、企業全体の品質というものを問われる時代になる。その中で、環境というのは大きなファクター。

れわれが、環境保全型工場のコンセプトをひっさげて中国に参画することで、「発想の転換」を中国にうながすことができればいいと思っています。「企業は、こういうふうにすればいいんですよ」という啓蒙《けいもう》運動。実際に、すでに実行に移した深圳の新ビール工場の例をあげながら、ぼくが向こうに行くときには、北京政府とか中央政府に、このことをアピールしているわけ。それと、われわれビール・ビジネスだけが、こうしたビジョンを明確にして中国市場に参画するだけでなく、他産業が中国に新工場を建てるときには、企業の種類によって、やり方はいろいろあるでしょうが、環境保全ということを頭に置いて中国に出かけてほしいと思っています。もちろん、ほかの国に出かけるときも。

アン　こういう言い方は、誤解を招きそうですが、いい意味で、今、環境もビジネスになる時代ですから。

瀬戸　そうなの。やっぱり企業というのは、商品だけの品質で云々《うんぬん》しては、いけません。今後は、企業全体の品質というものを問われる時代になるということ。その中で、「環境というのは大きなファクターですよ」と、声を大にして、申しあげておきたい。それは、企業のグッドウィルだと思います。

アン　フィランソロピィー。

ケルンのフォーラムで、アサヒの中国作戦成功のスピーチ。

ヨーロッパ各国企業のトップはみんな友達……（ミュンヘンにて）

瀬戸　去年（平成十一［一九九九］年）十月に、ドイツのケルンで世界のビールとビバレッジのフォーラムがあり、それに出席しました。ヨーロッパ各国の企業のトップ同士は、みんな友だちです。たとえば、ビール業界のこうした会合でも、ファースト・ネームで、おたがいを呼びあっています。「ヘイ、ボブ！」とかやっていますよ。そういう感じなんですね。その席で、「アサヒが中国のビール・ビジネスで成功してることについて話をしろ」という要請があり、スピーチをしました。

そのときに私が話したのは、「まず、われわれは中国のマーケットに溶けこむというか、中国の風土に溶けこむことから始めた。次に、品質というものを考えてやってきました。さらに、あなたたちは、短いあいだに成果をあげようとしすぎる。中国では、短期的にものを考えてはいけない。長期的なものの考え方で、われわれは仕事をしてきました。こういったことすべてを含めますと、中国のマーケットで成功するかしないかは『忍耐』です。この一つの言葉です」と話した。みんなわからないんだね（笑い）。『忍耐』ということについて、もう少しくわしく説明

ドイツにはよく行く（左から三人目がぼく　オクトーバーフェストにて）

してくれ」って。次に、今度は、「やっぱり、心と心だ」と言った。連中は、ますます、わからない顔をする（笑い）。

アン　哲学論ですね（笑い）。「感動の共有だよ」なんて、欧米式思考法では、ちょっと……（笑い）。

瀬戸　そのへんに、やっぱり欧米式と日本式の若干の違いがあると思います。日本式といっても、中国に出て行った日本の企業でも、七〇パーセントは、失敗して帰ってきている。残りの三〇パーセントが成功してるわけだけど、勝敗を分けたのは、やはり、今言ったようなことがベースとしてあるのではないかというふうに思います。

アン　アサヒが昭和四十（一九六五）年から昭和六十（一九八五）年まで耐えに耐えたことを思い出せば、中国では、たかがまだ七年とも言えますね（笑い）。

瀬戸　そうなんです（笑い）。

中国から香港、東南アジアへ……。

瀬戸　アサヒのこれからの世界戦略ですが、深圳の新工場を東南アジアの輸出の拠点にしていきたいと思っているわけです。そこでつくるスーパードライを香港をはじめ、東南アジアに出荷しようという作戦。

アン　香港は、これまでキリンが強かったのでしたっけ?

瀬戸　そう。その香港のマーケットに生ビール――樽生ビールを近場の深圳から運んで巻き返そうと。

アン　お言葉を返すようですが、香港というマーケットは、輸入品――外産マーケットですよね。バドワイザーを飲むのが、おしゃれみたいな風土がありますね。

そこへ、中国製のスーパードライというと、どうなんでしょうか? 日本から輸入するアサヒビールは、おしゃれな飲み物というとらえ方を香港の人はするでしょうが、中国製の朝日啤酒《ビーチュー》のラベルでは、売れないのではないでしょうか?

瀬戸　そう、たしかに、そうなんです。ただ、深圳産でも生ビールだったら問題ない。ジョッキとかグラスをスマートなおしゃれなものにして売れば、ファッションとして香港でも通用すると、ぼくは思っています。そして、タイ、ベトナム、それからシンガポール。そういったマーケットを開発していく。

アン　アジアは中国のマーケットのノウ

SETO'S KEY WORD 299
深圳の新工場を東南アジアの輸出の拠点にする。そこでつくるスーパードライを香港をはじめ、東南アジアに出荷しようという作戦を取る。

ハウを生かして、おやりになるわけですね。

瀬戸　生かさないと日本の高コストのビールを輸出したのでは、採算があわない。高い人件費と高いエネルギー・コストで、高い原価償却費のかかっている日本製のビールでは、とても勝負に打って出れないのです。

アン　中国と日本の製造単価は、どれくらい違うのですか?

瀬戸　中国でも複数の価格帯の商品があるわけですが、もっとも一般的な価格帯の商品で比較すると、三五〇ミリリットルの缶ビールで、一本約二十円ほど、中国のほうが安いでしょう。

アン　ちょっと主題をそれますが、そういうことなら、中国でつくったビールを日本に持ってきて売るわけにはいかないんですか?

瀬戸　いや、持ってきますよ。すでに、青島啤酒《ピーチュー》は、メルシャンさんのルートで中国料理屋さんに入っています。今までメルシャンさんが培ってきたルートだから、これを、われわれがいただくということは、ちょっとやめようと……その代わりというわけではないんですが、今度、北京啤酒《ピーチュー》を日本へ持ってきます。

アン　スーパードライは持ってこないんですか?

瀬戸　持ってきません。これを持ってくると、市場が混乱します。

アメリカとヨーロッパでは……。

アン　話を元に戻しますが……香港、東南アジアの次は？

瀬戸　アメリカでしょうね。情報発信基地としての価値がアメリカ市場にはあります。今でもアメリカの輸出・輸入ビール市場は結構、堅調なんです。平成十一（一九九九）年度に例を引くと、アメリカのビール市場全体としては一億九千八百七十七万五千バレル（日本の大びんに換算すると十八億四千四百六十三万二千函）で、前年比でプラス一・六パーセント。そのうち国内品は、一億八千六十七万五千バレル（日本の大びん換算、十六億七千六百六十六万四千函）で、前年比でプラス〇・九パーセント。輸入ビールは、一千八百十万バレル（日本の大びん換算、一億六千七百九十六万八千函）で、一〇・一パーセント伸びています。アメリカという国は、国が大きいこともあるんでしょうが、国産とか国外産ということに、あんまりこだわらない国。ビールってアメリカでは、そんなに高くないじゃないの。たかだか百円のものだから、ちょっと変わったものが飲みたいという人に、輸入ビールは受け入れられる——アメリカは輸入ビールに対して非常に寛容です。日本では、「国産のビールが二百円として、せめて百二十円、三十円だったら輸入ビールを買うけども」ということで、日本の輸入ビールのマーケットは、すごくかぎられ

■アメリカには販売会社をつくってロサンゼルスに本社、ニューヨーク、ホノルルに支社を置いています。社員は中国に約五十名、アメリカに約二十名、若い社員が行っています。

　さらに進出が難しいといわれるヨーロッパにも5月、イギリスに販売会社をつくりました。今ではコンビニ、スーパーなどにスーパードライが置かれています。

　また去年、伝統的なドイツのミュンヘンで4年に1度のビール産業のメッセ（見本市）があり、「コロナが売れてスーパードライが売れないわけが

ない」ということで、樽を持ち込んで10日間フリードリンクを提供しました。飲んで頂くだけじゃもったいない、ということでアンケートにも答えて頂いた結果「初めて飲んだがうまい。家に持ち帰って、妻にも飲ませたい」というお褒めの言葉も入れた肯定派が95％、逆に否定派が5％でした。まあ、お世辞もありますから、だいたい7割ぐらいの方に「東洋からきたビールを飲んでみたが、結構いけるじゃないか」と好評でした。この結果に自信を持ち、販促活動を強化。今ドイツでは120軒のレストランに、またカールシュタットというデパートには定番の形でスーパードライが置かれています。

　さらに6月には、パリに回転寿司を出店しました。日本の食文化と一緒にスーパードライ

ています。アメリカは、そういうところがおおらかなんです。

アン　移民者の国と島国との差かもしれないですね。

瀬戸　そう、それは言える。

アン　アメリカに行くと、昔はアサヒは、全然買えなかったけど、最近は、ちょっと大きいスーパーに行けば、買えるようになりましたね。

瀬戸　主要都市に行けば、あると思います。たとえば、ニューヨークやロスでは、買えるところが増えました。

アン　ラスベガスでも手に入りますからね。日本食料店のあるところでは、かならず売っています……アメリカ戦略の次は？

瀬戸　同時並行でヨーロッパなんですけど、あそこは、なかなか、むずかしい。ある程度、それぞれの国の拠点をトントントントンと抑えていけばいいんじゃないでしょうか。たとえばパリでは、どういうところで売れるとか、ドイツではどうとか、イギリスのロンドンでは、だいたいこんなところとか。ギリシャでは、ここ とか……そんな感じでいいと思っています。ヨーロッパでは、残念ながら、とても面では広がらない。その実験のために、平成十二（二〇〇〇）年一月から、チェコのプラハビール社でライセンス生産を始めています。

アン　アメリカやヨーロッパに工場をおつくりになるご予定はないんですか？

瀬戸　とても、今のところ、そこまでは、まだ手がまわならい。

アン　南米などのラテン系の国々への展開は、考えていらっしゃらないんですか？　とっても、「おいしいマーケット」と思えるんですが……ラテン系のどこかの会社との合併は？　ラテン市場はむずかしいのでしょうか？

ライを、というわけです。

おかげ様でヨーロッパでは前年比5割増しで売り上げが伸びています。（平成十［一九九八］年『週刊現代』九月二十六日号より　『「世界ブランド」への挑戦』取材・構成　松村保孝）■

SETO'S KEYWORD 300

これから伸びるマーケットは南米・中国・南アフリカ。

瀬戸　スペインは、すごくいいマーケットだと思っています。南米もいいと思います。今、ブラジルが去年かおととしくらいから、ちょっと不景気になりまして、インフレもありまして、マーケットが停滞気味ですが、これから、やっぱし伸びるマーケットは南米・中国・南アフリカ――この三つでしょう。南アフリカは、これからおもしろいと思います。今あげた三つ以外のマーケットでは、ビールの消費は横ばいでしょう。

アン　ここで整理しますと、中国を拠点にして、そこから東南アジアに、じわじわと出かけられる。一方では、アメリカを視野に入れながら、ヨーロッパでは、「点作戦」をお取りになる。南米・南アフリカ市場は有力なマーケットと分析していらっしゃるが、まだ本格的には手はつけていらっしゃらないということですか。

瀬戸　そういうことです。

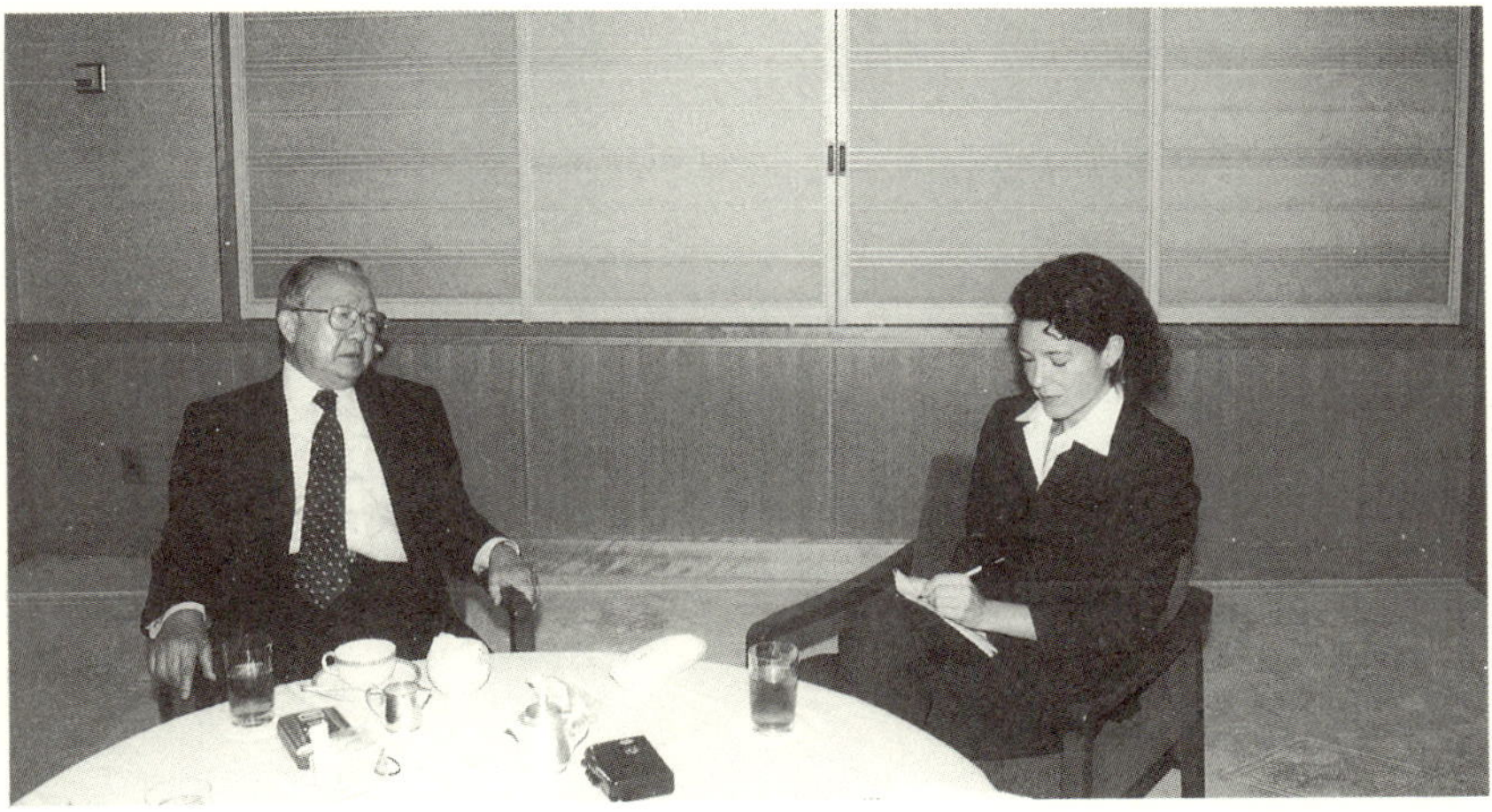

最後の重要挿話。このままいけば、数年後には、アサヒは、無借金会社。

瀬戸　とにかく、くどいようですが、アサヒの海外戦略は、やっぱり中国で完全に成功をおさめることが、第一歩です。日本では、今、われわれは、「中期五か年計画」というのをやっていますけども、この計画どおり進みますと、数年後にはアサヒは、無借金の会社になります。無借金経営になると、ずいぶんたくさんのキャッシュ・フローが生まれます。このキャッシュ・フローを使って、まず中国作戦をさらに完璧《かんぺき》に成功させ、さっきアンさんが、おっしゃったような南米のマーケットとか、南アフリカのマーケットに本格的に参画することができるわけです。工場を

最後の重要挿話。このままいけば、数年後には、アサヒは、無借金会社。

建設するのか、それとも販路を求めて、輸入業者を使ってマーケットを広げていくのか、道はいろいろあると思いますけれど……（とここで、感慨深そうな顔で）前に、『瀬戸流企業経営論　その三』の項でちょっと触れましたが、ぼくが、社長になったときの借金は、七千五百億円。当時の売上が六千四百億円だったから、売上よりも借入金が多かったんです。それ以外に、まだ、いろんな含み損を抱えた株式とか、マイナス要因がいっぱいあったわけですから、そのことを考えると、とにかく、この七、八年でここまでもってこれて、中国作戦だの南米作戦のことを語れるのは、夢のようなもんですよね……それはそれとして、今、変化の時代と言われていますけれども、「昨日の勝者は明日の勝者ではない。逆に今日の敗者は明日の勝者になりうるということを肝に銘じて、つねに、ことに当たれ！」と常々社員に口をすっぱくして言っているんだけど……。

アン　「勝って兜《かぶと》の緒を締めよ」ですね……わたしのような経済の素人でも、こんな時代には、借金をゼロにしておいて、どっちでも顔を向けるようにしておかないと生き残れないということが、なんとなく理解できるような気がします。日本のビール会社の体質の強さというと……宿敵キリンは、どうなんですか？

瀬戸　キリンの体質は強い。キリンには、借金が、ほとんどありません。昔から培った財産があるからキリンの財務内容は抜群にいいんですよ。キリンとうちとの比較からいうと、財務体質は圧倒的に向こうのほうがいい。しかし今年と来年、うちがきちんと売上をあげて、さっき言ったように無借金の体質になったら、うちのほうがはるかに良くなります。なぜかというとアサヒは、生産性が高いのです。今から十五年前にどん底になったあと、昭和六十二（一九八七）年からのぼり調子になってきたおかげで、工場設備を全部新しいものにしたわけです。ですから、工場従業員一人あたりの生産性というのは、平成十（一九九八）年度の各社有価証券報告書によれば、アサヒが一六四八キロリットル。今現在（平成十二［二〇〇〇］年）は、一七五〇キロリットルで、国内のビール各社と比較するとダントツの生産性です。また、世界のビール会社と比べても一〜二位を争っています。話がちょっと横にそれましたが、このままいけばアサヒが、相当体質の強い会社になるのは、たしか。

アン　……今年（平成十二［二〇〇〇］年）三月三十日に、これまで四十人いらっしゃった取締役を十人に減らされ、慶應大学教授の竹中平蔵さんや、元外交官だった岡本行夫さんなどの社外取締役も迎えられた執行役員制度を導入され、瀬戸さんが取締役会議長・最高経営責任者（CEO）になられ、経営会議の議長に最高執行責任者（COO）として福地社長が就任するという大組織改革をおやりになったのも、世界戦略に向けての布石と考えていいのでしょうか？

瀬戸　そんなおおげさなことじゃないとしても、竹中さんや岡本さんのように、異なったバックグラウンドから来られた方の社外常識が、われわれの社内常識を大きく変えつつあるのは確か。これまで、大人数の「かたち」だけの取締役会から、身軽になった取締役会で、どんどん経営戦略議論が出るのが楽しみです。「かたち」が支配するシステムから、脱却することが、即、わが社の未来につながる。

■　――スーパードライは世界のブランドになりますか。

瀬戸　今ブランド・ランキングでいうと世界で三番目ですが、米アンホイザー・ブッシュとかハイネケンに比べると、まだドメスティックで世界中に広がっていませんから、世界市場での販売強化をしていきます。現在、世界でのシェアは二％ですが、五年先には一〇％に持っていきたい。そうすれば世界で認知されたといっていい。（中略）ビールメーカのトップテンを見ると、大体先進国にある。伸びる市場に進出しないと成長できない。アサヒビールは

そして……。

アン　これからのアサヒは、キャッシュ・フローを含めた会社の持つ力を、国内と海外に、どのようにお使いになるんでしょうか？

瀬戸　八〇パーセントが国内でしょう。残りの二〇パーセントが海外。

アン　これはちょっと失礼な言い方になりますが、海外に対して二〇パーセントくらいの力を入れるだけで、グローバル社会の中で、会社として生き残れるのでしょうか？　ドメスティックな会社として、国内の市場を支配できても、グローバル世界で生き残れますでしょうか？

瀬戸　（ちょっと、「余計なお世話だ」という顔で）それは、企業経営のセンスの問題。

アン　（めげないで、しつこく）国際社会で通用する社員も育成しなきゃいけませんね。

瀬戸　それもセンス。感覚的に、どんな世界のマーケットでもビジネスが、できるような社員が増えることは、たしかに必要です。

アン　生意気を言ったついでに、もう一言生意気を言わせていただくならば、わたしは、「まず人間。人が主体」と思うのですが……。

瀬戸　そう、そのとおり。ビジネスが、ボーダーレスの時代だから。国の政策には、すべて国境がある。これは仕方がな

当然、そのグローバルな市場に進出していく一社になります。世界戦略を志向するのは、社員にとっても大きな活力、エネルギーの元になります。（平成十一［一九九九］年七月三日号『週刊東洋経済編集長インタビュー』）■

■――西暦二〇一〇年には、どんな会社になっているでしょう。

瀬戸　やはり、世界で三本の指に入るビール会社になっていないといけないでしょうね。夢を持つなら、その夢に日付けをつけようと。叶えれば自信となって、次のパワーになる。そのリズムを作っていきたいのです。（平成十［一九九八］年『週刊』九月十二日号『TOP INTER VIEW COUNTDOWN 2001』より）

■

い。とは言っても、かつて、EUだとか、カナダとアメリカのあいだの問題とか、いろいろあったが、それもボーダーレスになりかかっている。一方、ビジネスの世界では、インターネットがこれだけ発展してくると、もう完全にボーダーレス。いわゆるリアルタイムに情報が流れて、あっというまに変化が起きるわけですから、地球の表とか裏とかいう感覚がもうないわけです。「すべてが隣」――ビジネスの世界では、隣との境が、なにもない――こういうふうな気持ちを持って、ことに望まないといけないと思います。そういうセンスを持った人間がたくさんいる会社が最後に勝つ。

アン　こう考えてくると、ビールというそのままグローバルに世界で通用する製品を売り物として持っていらっしゃるアサヒは、幸せですね。

瀬戸　そうなんですね。おっしゃるとおりですね。ですから、これから、ビール業界は、いろんな国のビール会社と横の連携を保っていく時代になるでしょう。企業の主体は、それぞれの会社が持っているけども、世界各国にある有力なビール会社が、なにか連合体みたいな「かたち」になる結合の仕方もあるのかなと。

アン　なんにせよ、これから大変な時代に向かって、世界中の会社が、しっかりしたビジョンを持って生き残りを模索しなければならない「地球的極限状況」の中にあって、瀬戸さんのような現場主義者で現実主義者で、そのうえ、ちゃんとしたビジョンをお持ちのすごいリーダーを頭に抱いているアサヒは、幸せな会社だというのが、わたしの結論です。

瀬戸　最後の最後にそれは、ちょっと褒めすぎ。アンさん、あなたは、自称「草の根外交官」を何年もやっていたせいか、人をおだてるのがうまい（笑い）。

「あとがき」代わりに。

瀬戸　七十歳になった記念に、家内と二人で南西諸島クルーズに行ってきました。ぼくが船が好きだということは、ご承知でしょうけれども。

アン　平成十二（二〇〇〇）年二月二十五日の誕生日に？

瀬戸　誕生日の翌日の二十六日から、沖縄とか、石垣島とか、八泊九日のクルーズ。船は、ふじ丸――日本で一番大きい客船は、飛鳥。その次に大きいのが、今度ぼくが乗った商船三井のふじ丸。

アン　船旅は、快適でしたか？

瀬戸　天候は、大荒れ。冬の南の島の海は荒れるんですって。石垣島から帰るときには、クルーも船酔いするぐらい。

アン　経路は？

瀬戸　東京を出まして、四国の南を通って、九州のはじをかすめて沖縄へ。ノンストップで那覇まで三日。東京を出てから中一日置いて那覇です。そこで上陸して一泊……那覇で、お客様のところをちょっとまわって……これは、働きバチふうで、良くないね……夜は、うちの沖縄アサヒ販売株式会社の社員をみんな知っていますんで、連中と沖縄料理を食べて。

アン　アサヒは、沖縄では、強いんですか？

瀬戸　弱いです。沖縄はオリオンビールの天下ですから。

アン　帰りは？

瀬戸　石垣島から、最後に沖永良部島。そこから東京へ帰るんです。

アン　夜は、タキシードで晩餐会ですか？

瀬戸　フォーマル・ナイトというのがあって、タキシードまたは、ダーク・スーツ。ぼくは、タキシードを着るの嫌いだから、ダーク・スーツで通しました。

アン　船は満杯ですか？

瀬戸　六〇パーセントの乗客率。年配者が多かった。そりゃそうでしょ。八泊九日というのは、日本ではロング・バカンス。でも、世界の感覚から言うとショート・バカンスですがね……この南西諸島クルーズに参加した大きな理由の一つは、船が沖永良部島まで行ったから。ぼくの神戸の青年会議所時代の仲間に、武　重治さんという人がいました。その方は若くて亡くなられた。すごい人格者で、神戸の産業界の中でユニークな存在で、われわれに、すごく影響を与えてくれた人。その武さんが、沖永良部島の出身なんです。奥さんは、神戸にまだいらっしゃるんだけど……沖永良部島に行ったら、親戚かだれか武さんとゆかりの人が、いるだろうと思って……陸にあがって探してみました。「全体で一万二千人の島ですから、言ってみれば全部親戚みたいなものです。かならず探します」とお願いした人が言ってくれて……お昼ご飯を食べているときに、武さんのお兄さんの子供さん、四十歳ぐらいのおいごさんが来てくれたんですよ。すごく喜んでくれましてね。「そんな三十年前のご縁を……」と……すごくいい出会いでしたよ。

アン　本当に、瀬戸さんのお人柄がにじみ出ているような、いいエピソードを最後の最後に聞かせていただきました……半年以上にわたって、激務の合間にこの本のために何十時間も時間を取っていただいて、本当にありがとうございました。瀬戸さんのような、きさくでオープンな——こんな言い方は失礼なんですが、「日本人離れしたすばらしい日本人」にお会いできて、じっくりお話を聞かせていただいたことは、生涯の財産になります。おかげさまで、わたしの日本研究の奥行きが深まりました。日本って奥が深い。いろんな方がいらっしゃる……。

瀬戸　そう、そう、南西諸島クルーズの最初の二日間、船の図書館にこもりっ切りで、この本の初校のゲラに目を通していたら、クルーが、「ご勉強、精が出ますね」と言ったのはいいとして、家内が、「あなた、せっかくのお休みに、なにをなさっているの？　それじゃ意味がないじゃありませんか！」と（笑い）。

アン　ただただ、感謝、感謝、感謝です。それ以外、言葉もありません。

（対談まとめ文責・礒貝　浩）

■瀬戸氏が執務する会長室は、いつもドアが開いている。だれでも気楽に入ってこれるようにしているのだという。驚いたことに、ある部長がまるで友人に話しかけるように会長と談笑していた。瀬戸氏も柔和に応えながら、「おい、普通の会社だと、会長というのは偉いんだぞ」と冗談を飛ばす。少しも尊大ぶることがないのだ。その気さくさが、また社員にとってはたまらない魅力となっているのであろう。

アサヒビールのシェアは、'99年9月、ついにビール単体で45%を超えた。瀬戸氏が目指してきた〝感動の舞台〟は、まだ当分幕を閉じそうにない。

Q　自分の性格を分析すると？

A　ネアカでオープンで前向き。

Q　尊敬する人物は誰ですか。

A　母です。（中略）

Q　趣味は何ですか。

A　船を見ること、船に乗ること。

Q　好きなテレビ番組は？

A　報道番組。時事・経済番組など。

Q　好きな女優さんは？

A　十朱幸代さん。（中略）

Q　ファッションにたいするこだわりはありますか？

A　なし。家内におまかせです。

Q　何か健康法はありますか。

A　ビールを飲んで、エビオスを食べてクヨクヨしないこと。

Q　一番印象に残っている景色は？

A　蓼科からみた八ケ岳連峰。

（平成十二［二〇〇〇］年『Men's Ex』一月号『リーダーたちの肖像』文　木内博）

33 三…	595…
34 三井物産	550億2200万円
35 小野薬品工業	549億5000万円
36 松下通信工業	545億7400万円
37 キリンビール	537億5700万円
38 九州電力	520億900万円
39 丸紅	516億200万円
40 京セラ	514億1800万円
41 伊藤忠商事	512億7700万円
42 積水ハウス	505億7900万円
43 富士重工業	505億1500万円
44 西日本旅客鉄道	503億8600万円
45 セコム	502億3800万円
46 アサヒビール	497億7400万円
47 新日本製鐵	486億1000万円
48 マツダ	480億9200万円
49 ローム	
50 中国電力	

37 大日…	769億…
38 三菱商事	767億3700万円
39 デンソー	754億7800万円
40 住友信託銀行	726億2000万円
41 任天堂	702億8900万円
42 山之内製薬	694億7100万円
43 東海旅客鉄道	687億1200万円
44 京セラ	682億2000万円
45 住友商事	665億2200万円
46 九州電力	661億6200万円
47 ローム	658億5500万円
48 アサヒビール	655億4800万円
49 NEC	
50 キリンビール	

〔'99年▷今年〕経常利益トップ50社

…名	'99年経常利益
	5780億3500万円

企業名	今年の経常利益
1 トヨタ自動車	5418億2400万円
2 東京電力	3459億4800万円
野村證券	3033億1400万円
…ドコモ	2327億3600万円
	2233億4000万円

経常利益で
アサヒはキリンを抜いた
（平成十二〔二〇〇〇〕年七月
二十日号『週刊宝石』より）

ANNE'S TOP GUN SERIES 1

泡の中の感動　NON STOP DRY

発行　二〇〇一年二月二十五日　第一刷

著者　瀬戸雄三　あん・まくどなるど

発行者　礒貝　浩

発行所　株式会社　清水弘文堂書房

郵便番号　一五三―〇〇四四

住　所　東京都目黒区大橋一―三―七　大橋スカイハイツ二〇七

電話番号　〇三―三七七〇―一九二二 FAX〇三―三七七〇―一九二三

郵便振替　〇〇一八〇―一―八〇二二二

Eメール　simizukobundo@nyc.odn.ne.jp

編集室　清水弘文堂書房ITセンター

郵便番号　二二二―〇〇一一

住　所　横浜市港北区菊名三―三―一四　KIKUNA N HOUSE 3F

電話番号　〇四五―四三一―三五六六　FAX　〇四五―四三一―三五六六

郵便振替　〇〇二六〇―三―五九九三九

印刷所　株式会社　ホーユー

郵便番号　一〇一―〇〇四六　東京都千代田区神田多町二―八―一〇

電話番号　〇三―五二九六―八三一一 FAX 〇三―五二五六―七五五八

□乱丁・落丁本はおとりかえいたします□

 ISBN4－87950－542－0 C0095

白日夢・イメージ・空想
——幼児から老人までの心理学的意義
J・L・シンガー
秋山信道
小山睦央 訳
多様な方法を用いた三十年にわたる心理学的調査と実験的研究に基づいてフロイト理論の欠陥を克服し、白日夢の創造的生産性を評価。
1600円

学習の心理学
E・R・ガスリー
富田達彦訳
アリストテレス以来の連合学習理論に基づき条件反応、反復の効果、忘却、習慣の崩壊、報酬と罰、試行錯誤、知覚と思考などを論究。
2800円

J・デューイと実践主義哲学の精神
C・W・ヘンデル編
杉浦　宏訳
イエール大哲学教授C・W・ヘンデルの編集によるデューイ生誕百年記念公開講演の訳。デューイ哲学を総合的に概観する基本文献。
1000円

アメリカ教育哲学の展望
杉浦　宏編
わが国に及ぼしたアメリカの教育の影響は、はかりしれない。アメリカの精神風土の画一と多様の全体を把握するためのカギを展望する。
3600円

民主主義の倫理と教育
草谷晴夫
自由と責任を基調とするデューイの教育理念をふまえ、現在の日本の教育の混乱にスポットをあて人間中心の教育をめざす好論文集。
3200円

児童精神病理学
座間味宗和
子供を多彩な病理現象から守るための本。教育関係者、障害児治療の実践家、研究者やケースワーカー、カウンセラーなど必読の文献。
4300円

行動心理学と行動療法
付・日本における行動療法

A・ブライ
富田達彦訳

パブロフからスキナーに至る行動心理学、行動療法の理論による客観的な観察、環境との直接的因果関係を、諸学者の解説とともに展開。

1000円

条件反応のメカニズム

W・ヴィルヴィッカ
富田達彦訳

パブロフの古典条件反応、ソーンダイクの手段条件づけ理論などに生ずる疑問に解答を試みた労作。用語解説を加えた長年の研究成果。

1200円

報酬と罰
——動機づけの学習心理学

F・A・ローガン
富田達彦訳

報酬と罰が行動に与える影響を、刺激性質、反応性質・誘因性質の三項目によって体系づけた実験心理学の学習の基礎。

1000円

業（ごう）と運命

佐々木現順

宇宙に遍満する宇宙的エネルギー——業とはこの力の分割、人倫の世界に現出した現象という東洋の業論を西洋の運命論に対置して説く。

1600円

原始仏教から大乗仏教へ

佐々木現順

単なる史実の羅列を超えて一人の人間の生活体験のなかに重層的に秘められている想念を歴史的思想として捉え、その思想的段階を追求する。

1900円

パーリ・ダンマ（リプリント版）

原始仏教研究に不可欠の資料として著名な文献。哲学的分析力と綜合力とにより諸原典を分析し分類規定、法の理説を導き出す。

3000円

比較文学

P・V・ティーゲム
富田 仁訳

一九世紀から二〇世紀へかけてフランスの比較文学史研究に大きな足跡を残した著者の名著の全訳。詳細な文献目録と索引を付す。

1800円

エズラ・パウンド

G・S・フレイザー
佐藤幸雄訳

多言語の構築。時空を自由に飛翔する詩。ほぼ一世紀を生き一九七三年放浪と衰亡の運命に没した英国詩人についての最良の評論。

1400円

ヘミングウェイ

S・サンダースン
福田陸太郎
小林祐二 訳

英国リーズ大学の方言民族研究所長である著者が造詣深い米文学を背景に、作家の成長、逃亡、生と死、スペイン、詩などを重厚に叙述。

1200円

比較文学講座　全四巻

編集　中島健蔵／太田三郎／福田陸太郎

I　比較文学——目的と意義

影響、受容、感化、模倣、借用、翻案、剽窃、風土など多岐にわたって、各国の文学を方法論的に比較。

1500円

III　日本近代小説——比較文学的にみた

明治大正期の小説理論の問題を追求。作家と作品において逍遥、漱石、龍之介から現代作家までをとりあげる。

1400円

IV　日本近代評論——比較文学的にみた

啓蒙運動、「平和」と北村透谷、白樺派、新感覚派、社会主義系、心理派に及ぶ文芸評論の核心を追求。

1400円

（第二巻は在庫切れ）

政治哲学序説■今井仙一　１６４８円

古代地中海世界
古代ギリシャ・ローマ史論集■伊藤　正・桂　正人・安永信二編　４８００円

今なぜ民間非営利団体なのか■田淵節也編　１９４２円

超・大統一理論による　宇宙の開闢■小沢直宏　１９０５円

●その他の文学書

短歌の文法■奈雲行夫　１４４２円

作句と鑑賞のための俳句の文法■高浜年尾監修　大木葉末　１５４５円

芭蕉俳句鑑賞■赤羽　学　１５４５円

幽玄美の探究■赤羽　学　１５４５０円

桜のごとき人ありき■田中亮吉　２０６０円

日本文芸論の世界■實方　清　２８８４円

日本現代小説の世界■實方　清編著　１８５４円

日本文学概論■實方　清　１３３９円

近代とその開削
［石坂　巌教授退任記念論文集］■飯岡秀夫・宮本純男編　２５７５円

現代につながる「太平記」の世界■山地悠一郎　２０００円

「太平記」の疑問を探る■山地悠一郎　２０００円

ソルジェニーツィン　人と作品■C・ムディ　石田敏治訳　１３３９円

菊島隆三シナリオ選集　Ⅰ（ケース）　６１８０円

菊島隆三シナリオ選集　Ⅱ（ケース）　６１８０円

菊島隆三シナリオ選集　Ⅲ　６１８０円

菊島隆三シナリオ選集　Ⅰ（並）　１８５４円

菊島隆三シナリオ選集　Ⅱ（並）　１８５４円

キャフエのテラスで■山田五郎　１０３０円

母の初恋■岡井耀毅　１２６２円

尾瀬へ　辻田新・作品集2■辻田新　２０００円

最後の尾瀬■辻田　新　１９０５円

●創作集団ぐるーぷ・ぱあめの本

日本って!?　PART1■アン・マクドナルド　２０００円

日本って!?　PART2■アン・マクドナルド　１９０５円

とどかないさよなら■アン・マクドナルド　１０００円

原日本人挽歌■アン・マクドナルド　１５００円

すっぱり東京■アン・マクドナルド著　二葉幾久超訳　１４００円

創業の思想　ニュービジネスの旗手たち■野田一夫　１６００円

太平洋ひとりぼっち■堀江謙一　１８００円

飲みつ飲まれつ■森　怠風　１８００円

ころがる石ころになりたくて■G&A　１３００円

ふくおか100年■江頭　光　２０００円

C・W・ニコルのおいしい博物誌■C・W・ニコル　１６００円

C・W・ニコルのおいしい博物誌　2■C・W・ニコル　１０００円